零基礎學 FPGA 設計
——理解硬體程式編輯概念

零基础学 FPGA 设计理解硬件编程思想

杜　勇　原著
葉濰銘　編譯
陸瑞強　校閱

毅青國際有限公司
Sagacity Genesis International Co. Ltd.

電子工業出版社
Publishing House of Electronics Industry
北京•BEIJING

內 容 簡 介

　　本書是針對 FPGA 初學者編著的入門級圖書，以高雲公司的 FPGA 和 Verilog HDL 為開發平臺，詳細闡述 FPGA 設計所需的基礎知識、基本語法、設計流程、設計技巧，全面、細緻、深刻地剖析了 Verilog HDL 與 C 語言等傳統順序語言的本質區別，使讀者通過簡單的實例逐步理解 FPGA 的硬體設計思想，實現快速掌握 FPGA 設計方法的目的。本書思路清晰、語言流暢、分析透徹，在簡明闡述設計方法的基礎上，重點辨析讀者易於與常規順序語言混淆的概念，力求使讀者在較短的時間內理解硬體程式設計思想，掌握 FPGA 設計方法。

　　本書適合從事 FPGA 技術領域的工程師、科研人員，以及相關專業的本科生、研究生使用。

　　本書的配套資源包含完整的 Verilog HDL 實例工程程式碼。讀者可以關注作者的公眾號"杜勇 FPGA"免費下載程式資料及開發環境，關注 B 站 UP 主"杜勇 FPGA"免費觀看配套教學視頻。

如您對 FPGA 設計應用有興趣進一步了解，歡迎與我們聯繫：
SERVICE@SNGIC.COM.TW

作者簡介

　　杜勇，四川省廣安市人，高級工程師、副教授，現任教於四川工商學院，居住於成都。1999 年於湖南大學獲電子工程專業學士學位，2005 年於國防科技大學獲資訊與通信工程專業碩士學位。發表學術論文十餘篇，出版《數位濾波器的 MATLAB 與 FPGA 實現》《數位通信同步技術的 MATLAB 與 FPGA 實現》《數位調製解調技術的 MATLAB 與 FPGA 實現》《鎖相環技術原理及 FPGA 實現》《Intel FPGA 數位信號處理設計—基礎版》等多部著作。

　　大學畢業後在酒泉衛星發射中心從事航太測控工作，參與和見證了祖國航太事業的飛速發展，近距離體會到"大漠孤煙直、長河落日圓"的壯觀景色。金秋燦爛絢麗的胡楊，初夏潺潺流淌的河水，永遠印刻在腦海裡。

　　退伍後回到成都，先後在多家企業從事 FPGA 技術相關的研發工作。2018 年回到大學校園，主要講授"數位信號處理""FPGA 技術及應用""FPGA 高級設計及應用""FPGA 數位信號處理設計""FPGA 綜合實訓"等課程，專注於教學及 FPGA 技術的推廣應用。

　　人生四十余載，大學畢業已二十餘年。常自豪於自己退伍軍人、電子工程師、高校教師的身份，且電子工程師的身份伴隨了整個工作經歷。或許熱愛不需要理由，從讀研時初次接觸 FPGA 技術起，就被其深深吸引，長期揣摩研習，樂此不疲。

推薦序

　　很開心地向各位讀者推薦這本深入淺出的 FPGA 教科書。杜老師以深厚的科研知識和豐富的教學經驗，提供了一條通往 FPGA 領域的探索之路。本書分為基礎篇、初識篇、入門篇和進階篇，共計 16 章，旨在循序漸進地引領讀者從 FPGA 的基礎認識到高級應用。本書以淺顯易懂的方式介紹了 FPGA 的基礎知識和設計思想，適合經驗不多的初學者輕鬆上手。又提供了豐富的實例和進階內容，有助於深化對 FPGA 設計的理解與擴展，適於稍有基礎的進階者。篇幅安排上更合適於 FPGA 相關實習課程所需。

　　基礎篇涵蓋了必備的數位邏輯電路知識、可程式設計邏輯元件基礎及開發環境的安裝方法，使讀者能夠輕鬆理解 FPGA 設計所需的數位和類比電路知識，不需翻閱多本書籍。初識篇則以 "流水燈" 實例為引，深入講解 FPGA 全設計流程，並引導讀者從組合邏輯電路出發，深刻感受 Verilog HDL "繪製" 電路的設計思想。作者形象地稱 D 型正反器為 FPGA 的靈魂，計數器為其精華，並強調深刻理解硬體程式設計的思想需要從這些基本部件開始。

　　入門篇透過實際的電路模組如碼錶、密碼鎖、電子琴等，引導讀者掌握簡潔、規範、高效的 Verilog HDL 語言，並理解 FPGA 的設計規則。這部分強調了不僅僅要實現電路功能，更要理解程式碼的設計思想，這是 FPGA 初學者的重要階段。進階篇涉及時序約束、IP 核設計、線上邏輯分析儀除錯等內容，引領讀者深入探討 FPGA 的高級技巧，包括如何解決工作頻率較高的時序約束、使用 IP 核提高設計效率等。

　　值得一提的是，本書特別介紹了關於 FPGA 開發平臺的選擇。在眾多 FPGA 供應商中，本書推薦使用高雲（GoWin）的 FPGA 作為開發平臺。考慮到成本和開發軟體的易用性，高雲 FPGA 成為本書的首選。一旦讀者掌握到設計思路和方法之後，可輕易轉換到其他開發平臺或無障礙銜接其他 FPGA 晶片。是故，本書除了可以使用 CGD100 開發板（或類似開發板）外，大多數實例都可以輕鬆移植到其他開發板上進行驗證。

　　希望各位讀者在閱讀這本 FPGA 教科書的過程中，能夠深入了解硬體程式設計的精華，掌握 Verilog HDL 語言，並成功踏上 FPGA 設計之路。

陸瑞強　教授

前言

為什麼要寫這本書

時光如水，流逝悄無聲息，從初次接觸 FPGA 開始，不知不覺已二十餘年。十餘年前，我開始寫 FPGA 方面的著作，第一本《FPGA/VHDL 設計入門與進階》本是希望為菜鳥寫本入門書籍，現在翻看當時的文字，感覺自己當時也不過是有些自以為是的超級菜鳥而已。後來寫通信技術 FPGA 設計方面的書籍，本意不過是將自己在設計過程中頗有心得的設計經驗公之於眾，為在通信技術 FPGA 設計領域的工程師提供有益的參考，所幸確實幫助到不少工程師和同學，與讀者交流的郵件讓我備感欣慰。

自 2011 年開始編寫《數位濾波器的 MATLAB 與 FPGA 實現》（"數位通信技術的 FPGA 實現系列"圖書的第一本）後，我先後完成《數位濾波器的 MATLAB 與 FPGA 實現》《數位通信同步技術的 MATLAB 與 FPGA 實現》《數位調製解調技術的 MATLAB 與 FPGA 實現》三本圖書的編寫。這三本圖書（簡稱 Xilinx/VHDL 版）是基於 AMD 公司的 FPGA 元件和 VHDL 語言編寫的 後來又基於 Intel 公司的 FPGA 和 Verilog HDL 語言改寫了上面三本圖書（簡稱 Altera/Verilog 版）。由於載波鎖相環技術難度大且應用較為廣泛，我又專門針對這個專題編寫了《鎖相環技術原理及 FPGA 實現》一書。由於"數位通信技術的 FPGA 實現系列"圖書專業性較強，要同時理解一大堆繁雜的公式和 FPGA 設計知識，無疑是一件極具挑戰的事。為此，我又先後出版關於數位信號處理技術更為基礎的著作《Xilinx FPGA 數位信號處理設計——基礎版》《Intel FPGA 數位信號處理設計——基礎版》。

數位信號處理技術理論性強，FPGA 技術入門難，要將兩者有機結合完成 FPGA 數位信號處理設計，對工程師的要求很高。在收到的讀者交流郵件中，有很大一部分讀者其實在諮詢 FPGA 設計的基礎知識。九層之台，起於累土，學習不可操之過急。先打好基礎，掌握 FPGA 的基本設計方法，熟悉 FPGA 設計流程，透徹理解 FPGA 設計所需的硬體思想，再加上數位信號處理的專業知識，才可以自由地完成數位信號處理的 FPGA 設計。

雖然市面上關於 FPGA 入門的書籍多如繁星，但具有原創性和鮮明特性的書籍還比較少。

何必又要寫入門級別的書籍？無它，只是想將自己對 FPGA 設計的一些獨特的理解和心得公之於眾，為讀者提供有益參考。既然是心得，那麼書中的實例和書中對 FPGA 設計方法的理解都有很強的原創性，讀者不用擔心會看到過多與其他圖書明顯雷同的內容。

　　所謂集腋成裘，聚沙成塔。任何技能或技術都不是一蹴而就的，掌握它都需要讀者長期的練習和思考，如江湖油翁，神箭穿楊。

　　如果有一本好書，能夠講解透徹、思路清晰、語言流暢，作者剛好又是講授相關課程的老師，且是在行業混跡多年的工程師，相信會加快初學者成裘成塔的速度。

本書的內容安排

　　本書分為基礎篇、初識篇、入門篇和進階篇，共 16 章。

　　基礎篇包括必備的數位邏輯電路知識、可程式設計邏輯元件基礎及開發環境的安裝方法，主要對 FPGA 設計所需要瞭解的數位電路、類比電路知識進行簡單介紹，讀者不用再翻閱《數位電路技術》《類比電路技術》等書籍。

　　初識篇正式開啟 FPGA 程式設計的學習之旅。首先詳細介紹經典的"流水燈"實例，手把手講解 FPGA 的全設計流程。接著從組合邏輯電路講起，感受 Verilog HDL "繪製"電路的設計思想。正如所有紛繁複雜的數位產品本質上都是由"0"和"1"組成的數字遊戲，掌握 FPGA 的靈魂和精華，就打開了絢爛至極的 FPGA 設計技術之門。D 型正反器就是 FPGA 的靈魂，計數器就是 FPGA 的精華。幾乎所有的 FPGA 語法結構都可以套用描述 D 型正反器的語法結構，幾乎所有的 FPGA 時序電路都可以分解為功能單一的計數器。D 型正反器雖然簡單，計數器僅需三五行程式碼即可描述，但 FPGA 工程師的價值正是利用這些簡單的基本部件，融合設計者的思想，形成滿足使用者需求的功能電路。理解硬體程式設計的思想，需要從透徹理解 D 型正反器和計數器開始。在初識篇裡，除了理解 D 型正反器和計數器，還需要掌握 Verilog HDL "並行語句"的概念，從而悟透 Verilog HDL 與 C 語言的本質區別。

　　入門篇包括對碼錶電路、密碼鎖電路、電子琴電路、串列埠通訊電路及狀態機的討論。這些電路模組看似功能簡單，如何能夠採用簡潔、規範、高效的 Verilog HDL 語言完成電路的設計，需要設計者熟知 FPGA 的設計規則。從網路上找到類似功能電路的 Verilog HDL 程式碼很容易，由於這些電路一般不需要用到 IP 核，全是用 Verilog HDL 實現的，很容易實現程式碼移植，只需約束相應的接腳，瞭解電路頂層介面的信號功能，即可將編譯後的程式碼下載到開發板上驗證。能夠在開發板上成功驗證功能電路，實現正確的碼錶、密碼鎖、電子琴、串列埠通訊功能無疑會讓人感到非常高興。但對於 FPGA 初學者來講，驗證電路功能並不是最重要的，重要的是理解程式碼的設計思想。要在不參考任何程式碼的情況下，從頭開始，在頭腦中形成具體的電路模型，指間隨心流淌 Verilog HDL 程式碼，最終完成正確的功能電路設計卻需要艱苦卓絕的努力。唯有經過如此的練習，才能真正理解這些功能電路的設計方法。如果能夠達到這樣的狀態，說明你已跨進 FPGA 設計的大門了。狀態機一直是數位電路技術課程中的重要內容之一，雖然狀態機也是一種比較常用的 FPGA 設計方式，但是作者仍然不推薦採用狀態機的方式描述電路。第 12 章闡述了狀態機的設計方法，並對狀態機描述電路的利弊進行了分析。

　　進階篇包括時序約束、IP 核設計、線上邏輯分析儀除錯和常用的 FPGA 設計技巧等內容。當 FPGA 電路系統工作頻率較高時，時序約束的重要性就凸顯出來，設計出滿足時序要求的 Verilog HDL 程式，首先要深刻理解 FPGA 程式運行速度的極限。IP 核是經過驗證的成熟設計模組，是一種提高設計效率的極佳設計方式，何況 FPGA 開發環境提供了很多免費的 IP 核。要解決 FPGA 工程師和硬體製版工程師之間的爭端，弄清到底是 FPGA 程式的問題還是硬體電路板的問題，通常需要對 FPGA 程式進行線上除錯。將 FPGA 程式下載到目標元件上觀察電路的運行情況，線上邏輯分析儀提供了很好的除錯手段。本書最後介紹了一些常用的 FPGA 設計技巧，如預設接腳狀態設置、重置信號處理方法、時鐘致能信號使用方法等，並以浮點乘法器爲例討論了 FPGA 電路的設計技巧，希望給讀者更多有益的參考。

關於 FPGA 開發平臺的說明

眾所周知，目前 AMD 公司（2022 年收購了 Xilinx 公司）和 Intel 公司（2015 年收購了 Altera 公司）的 FPGA 產品佔據全球 90% 以上的 FPGA 市場。可以說，在一定程度上正是由於兩家公司的相互競爭，才有力地推動了 FPGA 技術的不斷發展。

但是，近年來國際上的晶片產業呈現出異乎尋常的競爭發展態勢，尤其國際上 FPGA 主要生產廠商的晶片在國內的售價持續上漲，且供貨管道不暢，很大程度上影響了本書對開發平臺的選擇。本書定位於 FPGA 初學者，在選用開發平臺時主要考慮開發板的成本及開發軟體的易用性。近年來，國產 FPGA 的發展勢頭十分迅猛，綜合考慮後，本書選用了高雲 FPGA 作爲本書的開發平臺。

雖然硬體描述語言（HDL）的編譯及綜合環境可以採用協力廠商公司開發的產品，如 ModelSim、Synplify 等，但 FPGA 的物理實現必須採用各自公司開發的軟體平臺，無法通用。例如，AMD 公司的 FPGA 使用 Vivado 和 ISE 系列開發工具，Intel 公司的 FPGA 使用 Quartus 系列開發工具，高雲公司的 FPGA 使用雲源軟體。與 FPGA 的開發工具類似，HDL 也存在兩種難以取捨的選擇：VHDL 和 Verilog HDL。

學習 FPGA 開發技術的難點之一在於開發工具的使用，AMD 公司、Intel 公司，以及各家國產 FPGA 公司，爲了適應不斷更新的開發需求，主要是適應不斷推出的新型 FPGA 元件，開發工具的版本更新速度很快。開發工具的更新除了對開發環境本身進行完善，還需要不斷加強對新上市的 FPGA 元件的支持。本書所有實例均採用雲源軟體進行編寫。相對於 Quartus、ISE、Vivado 而言，雲源軟體的功能和介面都更爲簡潔，更適於初學者學習。

應當如何選擇 HDL 呢？其實，對於有志於從事 FPGA 開發的技術人員，選擇哪種 HDL 並不重要，因爲兩種 HDL 具有很多相似之處，精通一種 HDL 後，再學習另一種 HDL 也不是一件困難的事。通常來講，可以根據周圍同事、朋友、同學或公司的使用情況來選擇 HDL，這樣在學習過程中，可以很方便地找到能夠給你指點迷津的專業人士，從而加快學習進度。

本書採用高雲公司的 FPGA 作爲開發平臺，採用 Gowin_v1.9.8.07 作爲開發工具，採用 Verilog HDL 作爲設計語言，使用 ModelSim 進行模擬測試。由於 Verilog HDL 並不依賴於具體的 FPGA 元件，因此本書中的 Verilog HDL 程式可以很方便地移植到 AMD 或 Intel 公司的 FPGA 上。如果 Verilog HDL 程式中使用了 IP 核，由於不同公司的 IP

核不能通用，因此需要根據 IP 核的參數，在另外一個平臺上重新生成 IP 核，或重新編寫 Verilog HDL 程式。

有人曾經說過，技術只是一個工具，關鍵在於思想。將這句話套用過來，對於本書來講，具體的開發平臺和 HDL 只是實現技術的工具，關鍵在於設計的思路和方法。讀者完全沒有必要過於在意開發平臺的差別，只要掌握了設計思路和方法，加上讀者已經具備的 FPGA 開發經驗，採用任何一種 FPGA 都可以很快地設計出滿足使用者需求的產品。

如何使用本書

本書是專為 FPGA 初學者編寫的入門級圖書。一般來講，FPGA 設計者同時需要熟悉 Verilog HDL 語法，熟悉 FPGA 開發環境（如 Quartus II、ISE、Vivado、雲源軟體），熟悉數位電路基礎知識。由於 FPGA 需要綜合應用這些知識，加之 Verilog HDL 與 C 語言（工科學生一般首先接觸到 C 語言，先入為主地形成了順序程式設計思維）又存在本質的區別，因此初學者總是感覺 FPGA 設計入門比較難。本書的基礎篇對 FPGA 設計所需的基礎知識進行了簡要介紹，後面介紹 FPGA 設計時，採用實例設計的方法，將雲源軟體 和 Verilog HDL 語法融合在一起進行討論，並在實例過程中，詳細、深刻、反復、多角度地討論一些較難理解的 FPGA 設計概念，讀者要細心體會這些簡單的實例，理解 FPGA 設計的本質是設計電路，理解 FPGA 並行語句的概念，理解硬體程式設計思想。

為便於讀者學習，本書的絕大多數實例均可以在 CGD100 開發板上進行驗證。由於本書的實例並不複雜，大多數實例沒有用到 IP 核，因此讀者可以很容易地將本書的實例移植到其他開發板上進行驗證，只需修改 FPGA 工程的目標 FPGA 型號，修改頂層檔信號埠對應的接腳約束即可。

致謝

有人說，每個人都有他存在的使命，如果迷失了使命，就失去了存在的價值。不只是每個人，每件物品也都有其存在的使命。對於一本圖書來講，其存在的使命就是被閱讀，並給讀者帶來收穫。如果本書能對讀者的工作和學習有所幫助，將給作者莫大的欣慰。

在本書的編寫過程中，作者得到了高雲半導體公司的大力支持和幫助，在此表示衷心的感謝。該書配套的 FPGA 教學開發板由武漢易思達科技有限公司和米恩工作室聯合研製，在此一併表示感謝。作者查閱了大量的資料，在此對資料的作者及提供者表示衷心的感謝。

FPGA 技術博大精深，本書遠沒有討論完 FPGA 設計的全部內容，僅針對 FPGA 初學者需要掌握的知識展開了詳細的討論。學習的過程充滿艱辛、彷徨、痛苦和快樂，深入理解基本概念，透徹理解硬體設計思想，不急不躁，一定可以體會到 FPGA 設計的美妙。

　　由於作者水準有限，書中難免會存在不足和疏漏之處，敬請廣大讀者批評指正。歡迎讀者就相關技術問題與作者進行交流，或對本書提出改進意見及建議。本書的配套資源包含完整的 Verilog HDL 實例工程程式碼。讀者可以關注作者的公眾號“杜勇 FPGA”免費下載程式資料及開發環境，關注 B 站 UP 主“杜勇 FPGA”免費觀看配套教學視頻。如果需要本書配套的 CGD100 開發板，請到官方網店購買：https://shop574143230.taobao.com/。

杜　勇

2022 年 11 月

目錄

第一篇　基礎篇

第1章　必備的數位邏輯電路知識 3
1.1 數位邏輯和邏輯電壓準位(Logic Level) 3
1.1.1 類比元件構成的數位電路 3
1.1.2 TTL 反相器電路 4
1.1.3 現實中的數位信號波形 5
1.1.4 瞭解常用的邏輯電壓準位 6
1.2 布林代數 7
1.2.1 布林和幾個基本運算規則 7
1.2.2 常用的布林代數法則 8
1.3 組合邏輯電路基礎 9
1.3.1 組合邏輯電路的表示方法 9
1.3.2 為什麼會產生競爭冒險 10
1.4 時序邏輯電路基礎 11
1.4.1 時序邏輯電路的結構 11
1.4.2 D 型正反器(D Flip-Flop)的工作波形 12
1.4.3 計數器與暫存器電路 14
1.5 小結 16

第2章　可程式化邏輯元件基礎 19
2.1 可程式化邏輯元件的歷史 19
2.1.1 PROM 是可程式化邏輯元件 19
2.1.2 從 PROM 到 GAL 21
2.1.3 從 SPLD 到 CPLD 23
2.1.4 FPGA 的時代 24
2.2 FPGA 的發展趨勢 26
2.3 FPGA 的結構 28
2.4 FPGA 與其他處理平臺的比較 30
2.4.1 ASIC、DSP、ARM 的特點 31
2.4.2 FPGA 的特點及優勢 32
2.4.3 FPGA 與 CPLD 的區別 33
2.5 工程中如何選擇 FPGA 元件 33
2.6 小結 34

第 3 章　準備好開發環境..35

　3.1　安裝 FPGA 開發環境..35

　　　3.1.1　安裝高雲雲源軟體..35

　　　3.1.2　安裝 ModelSim 軟體...37

　3.2　開發平臺 CGD100 簡介...40

　3.3　Verilog HDL 基本語法...41

　　　3.3.1　Verilog HDL 的程式結構..41

　　　3.3.2　資料類型及基本運算元..44

　　　3.3.3　運算元優先順序及關鍵字..46

　　　3.3.4　設定陳述式與區塊描述..47

　　　3.3.5　條件陳述式和分支陳述式..49

　3.4　小結...51

第二篇　初識篇

第 4 章　FPGA 設計流程──LED 流水燈電路............................55

　4.1　FPGA 設計流程..55

　4.2　流水燈設計實例要求...58

　4.3　讀懂電路原理圖...59

　4.4　流水燈的設計輸入..61

　　　4.4.1　建立 FPGA 工程..61

　　　4.4.2　Verilog HDL 程式輸入..63

　4.5　程式檔下載...66

　4.6　小結...68

第 5 章　從組合邏輯電路學起...69

　5.1　從最簡單的反及閘電路開始..69

　　　5.1.1　調用閘級結構描述反及閘..69

　　　5.1.2　二合一的命名原則..70

　　　5.1.3　用閘級電路搭建一個投票電路..71

　5.2　設計複雜一點的投票電路...72

　　　5.2.1　閘電路設計方法的短板..72

　　　5.2.2　利用 assign 語句完成閘電路功能....................................73

　　　5.2.3　常用的 if…else 語句..75

　　　5.2.4　reg 與 wire 的用法區別...77

　　　5.2.5　記住 “<=” 與 “=” 賦值(Assignments)的規則....................78

　　　5.2.6　非常重要的概念──信號位元寬......................................79

　　　5.2.7　行為級建模的 5 人投票電路...80

　5.3　ModelSim 模擬電路功能..81

5.3.1　4 線-2 線編碼器設計 81
5.3.2　建立 ModelSim 工程 82
5.3.3　設計測試激勵檔 83
5.3.4　查看 ModelSim 模擬波形 86

5.4　典型組合邏輯電路 Verilog HDL 設計 89
5.4.1　8421BCD 編碼器電路 90
5.4.2　8 線-3 線優先編碼器電路 91
5.4.3　74LS138 解碼器電路 93
5.4.4　與 if...else 語句齊名的 case 語句 95
5.4.5　資料分配器與資料選擇器電路 96

5.5　LED 數碼管靜態顯示電路設計 98
5.5.1　LED 數碼管的基本工作原理 98
5.5.2　實例需求及電路原理分析 99
5.5.3　LED 數碼管顯示電路 Verilog HDL 設計 100
5.5.4　板載測試 103

5.6　小結 104

第 6 章　時序邏輯電路的靈魂─D 型正反器 105

6.1　深入理解 D 型正反器 105
6.1.1　D 型正反器產生一個時鐘週期的延遲 105
6.1.2　D 型正反器能工作的最高時鐘頻率分析 106

6.2　D 型正反器的描述方法 108
6.2.1　單個 D 型正反器的 Verilog HDL 設計 108
6.2.2　非同步重置的 D 型正反器 110
6.2.3　同步重置的 D 型正反器 112
6.2.4　時鐘致能的 D 型正反器 114
6.2.5　D 型正反器的 ModelSim 模擬 115
6.2.6　其他形式的 D 型正反器 117

6.3　初試牛刀──邊緣檢測電路設計 118
6.3.1　邊緣檢測電路的功能描述 118
6.3.2　邊緣檢測電路的 Verilog HDL 設計 118
6.3.3　改進的邊緣檢測電路 120

6.4　連續序列檢測電路──邊緣檢測電路的升級 121
6.4.1　連續序列檢測電路設計 121
6.4.2　分析 Verilog HDL 並行語句 123
6.4.3　再論"<="與"="賦值 124
6.4.4　序列檢測電路的 ModelSim 模擬 126

6.5　任意序列檢測器──感受 D 型正反器的強大 129
6.5.1　完成飲料品質檢測電路功能設計 129
6.5.2　優化檢測電路的設計程式碼 133

6.6　小結 134

第 7 章　時序邏輯電路的精華——計數器 135

7.1　簡單的十六進位計數器 135
　　7.1.1　計數器設計 135
　　7.1.2　計數器就是加法器和正反器 137

7.2　十進位計數器 138
　　7.2.1　具有重置及時鐘致能功能的計數器 138
　　7.2.2　討論計數器的進制 139
　　7.2.3　計數器程式碼的花式寫法 140

7.3　計數器是流水燈的核心 141
　　7.3.1　設計一個秒信號 141
　　7.3.2　流水燈電路的設計方案 143
　　7.3.3　閃爍頻率可控制的流水燈 144
　　7.3.4　採用移位元運算設計流水燈電路 146

7.4　Verilog 的本質是並行語言 146
　　7.4.1　典型的 Verilog 錯誤用法——同一信號重複賦值 146
　　7.4.2　並行語言與順序語言 148
　　7.4.3　採用並行思維分析信號重複賦值問題 149

7.5　呼吸燈電路設計 150
　　7.5.1　呼吸燈的工作原理 150
　　7.5.2　設計思路分析 151
　　7.5.3　亮度實現模組 Verilog HDL 設計 152
　　7.5.4　亮度控制模組 Verilog HDL 設計 153
　　7.5.5　頂層模組 Verilog HDL 設計 154

7.6　小結 155

第三篇　入門篇

第 8 章　設計簡潔美觀的碼錶電路 159

8.1　設定一個目標——4 位元碼錶電路 159
　　8.1.1　明確功能需求 159
　　8.1.2　形成設計方案 160

8.2　頂層檔的 Verilog HDL 設計 161

8.3　設計一個完善的 LED 數碼管顯示模組 162

8.4　碼錶計數模組的 Verilog HDL 設計 164
　　8.4.1　碼錶計數電路設計 164
　　8.4.2　碼錶計數電路的 ModelSim 模擬 167
　　8.4.3　簡潔美觀的碼錶計數器設計 167
　　8.4.4　實現碼錶的啟停功能 170

8.5 按鍵防彈跳模組的 Verilog HDL 設計 171

　　8.5.1 按鍵防彈跳產生的原理 171

　　8.5.2 按鍵防彈跳模組 Verilog HDL 設計 172

　　8.5.3 將按鍵防彈跳模組整合到碼錶電路中 173

8.6 小結 174

第 9 章　數位密碼鎖電路設計 175

9.1 數位密碼鎖的功能描述 175

9.2 規劃好數位密碼鎖的功能模組 176

　　9.2.1 數位密碼鎖整體結構框圖 176

　　9.2.2 數位密碼鎖的頂層模組設計 176

9.3 數位密碼鎖功能子模組設計 178

　　9.3.1 按鍵防彈跳模組 Verilog HDL 設計 178

　　9.3.2 計數模組 Verilog HDL 設計 179

　　9.3.3 密碼設置模組才是核心模組 180

9.4 小結 182

第 10 章　簡易電子琴電路設計 183

10.1 音符產生原理 183

10.2 琴鍵功能電路設計 184

　　10.2.1 頂層模組設計 184

　　10.2.2 琴鍵模組設計 186

　　10.2.3 音符產生模組設計 187

10.3 自動演奏樂曲《梁祝》 189

　　10.3.1 自動演奏樂曲的原理 189

　　10.3.2 自動演奏樂曲《梁祝》片段 190

10.4 完整的電子琴電路設計 193

10.5 小結 195

第 11 章　應用廣泛的串列埠通訊電路 197

11.1 RS-232 串列埠通訊的概念 197

11.2 串列埠硬體電路原理分析 198

11.3 串列埠通訊電路 Verilog HDL 設計 199

　　11.3.1 頂層檔的 Verilog HDL 設計 199

　　11.3.2 時鐘模組的 Verilog HDL 設計 201

　　11.3.3 接收模組的 Verilog HDL 設計 202

　　11.3.4 發送模組的 Verilog HDL 設計 204

　　11.3.5 FPGA 實現及板載測試 205

11.4 採用串列埠控制碼錶電路 207

　　11.4.1 設計需求分析 207

11.4.2 頂層檔的 Verilog HDL 設計 208
11.4.3 碼錶時間獲取模組 Verilog HDL 設計 210
11.4.4 完善碼錶電路頂層模組 Verilog HDL 程式碼.....................212
11.4.5 完善碼錶計數模組 Verilog HDL 程式碼 213
11.4.6 FPGA 實現及板載測試 216
11.5 小結 216

第 12 章 對狀態機的討論 217
12.1 有限狀態機的概念 217
12.2 狀態機的 Verilog 設計方法 218
12.2.1 一段式狀態機 Verilog 程式碼..218
12.2.2 二段式狀態機 Verilog 程式碼..219
12.2.3 三段式狀態機 Verilog HDL 程式碼 221
12.3 計數器電路的狀態機描述方法 222
12.4 序列檢測器的狀態機描述方法 224
12.5 小結 227

第四篇 進階篇

第 13 章 基本的時序約束方法 231
13.1 電路的速度極限 231
13.2 時序約束方法 233
13.2.1 查看計數器的邏輯電路結構 233
13.2.2 計數器電路添加時鐘週期約束 235
13.3 速度與面積的取捨 237
13.3.1 多輸入加法器電路的結構分析 237
13.3.2 流水線操作的本質——討論多輸入加法器的運行速度.....239
13.3.3 用一個加法器完成 4 輸入加法 241
13.3.4 串列加法器時序分析 244
13.4 小結 245

第 14 章 採用 IP 核設計 247
14.1 FPGA 設計中的"拿來主義"——使用 IP 核 247
14.1.1 IP 核的一般概念 247
14.1.2 FPGA 設計中的 IP 核類型 248
14.2 時鐘 IP 核 250
14.2.1 全域時鐘資源 250
14.2.2 採用時鐘 IP 核生成多輸入時鐘信號 250
14.3 乘法器 IP 核 254
14.3.1 乘法器 IP 核參數的設置 254

14.3.2　乘法器 IP 核的功能模擬 256

14.4 記憶體 IP 核 257

14.4.1　ROM 257

14.4.2　RAM 261

14.5 小結 266

第 15 章　採用線上邏輯分析儀偵錯工具 267

15.1 線上邏輯分析儀的優勢 267

15.2 GAO 的使用流程 268

15.3 採用 GAO 除錯串列埠通訊程式 269

15.3.1　除錯目的 269

15.3.2　添加 GAO 到項目中 269

15.3.3　設置觸發信號及觸發條件 270

15.3.4　設置擷取信號參數 271

15.3.5　觀察串列埠收發信號波形 273

15.4 小結 274

第 16 章　常用的 FPGA 設計技巧 275

16.1 預設接腳狀態設置 275

16.2 重置信號的處理方法 277

16.3 合理利用時鐘致能信號設計 278

16.4 利用移位相加實現乘法運算 279

16.5 根據晶片結構制定設計方案 280

16.6 浮點乘法器設計 281

16.6.1　單精確度浮點數據格式 281

16.6.2　單精確度浮點數乘法運算分析 282

16.6.3　自訂浮點數據格式 282

16.6.4　自訂浮點數據乘法演算法設計 283

16.6.5　演算法 Verilog HDL 實現 284

16.7 小結 290

參考文獻 291

基礎篇

　　基礎篇包括必備的數位邏輯電路知識、可程式化邏輯元件的基礎知識,以及開發環境的安裝方法。本篇主要對 FPGA 設計所需要瞭解的數位電路、類比電路知識進行了整理,讀者無須再重新翻閱厚厚的介紹數位電路技術、類比電路技術的書籍,以免迷失在繁雜的理論細節中。

01/
必備的數位邏輯電路知識

02/
可程式化邏輯元件基礎

03/
準備好開發環境

第 1 章

必備的數位邏輯電路知識

　　無論多麼天才的鋼琴演奏家都要經常彈奏練習曲，即使天生的歌唱家每天也要用幾個基本的音符來練聲，所謂絕頂武術高手也要時常練習最基本的招式。我想說的是，紮實的基本功是進階成為高手的起碼條件。本書所要討論的 FPGA（Field Programmable Gate Array，現場可程式化邏輯閘陣列）號稱數位電路設計中的萬能元件，而 FPGA 元件的基本構成及設計原理卻很簡單。

　　這一章我們先來複習一下數位電路的一些基礎知識。雖然數位電路看起來並不複雜，但要弄清楚厚厚一本書所講的全部細節內容，仍然是一件十分困難的事。好在由於 FPGA 開發軟體強大的設計能力，工程師並不需要理解過於紛繁複雜的底層原理知識，只需瞭解數位電路的一些基本概念即可開始設計。

1.1　數位邏輯和邏輯電壓準位(Logic Level)

1.1.1　類比元件構成的數位電路

　　科技在近幾十年裡發生了翻天覆地的變化，其變化的速度幾乎顛覆了所有人的想像。科技改變世界，科技改變生活。今天無處不在的壓縮視頻、數位通信、無線網路、互聯網、虛擬技術等統統都可歸結為數位世界，而數位世界最基本的構成僅僅是 0 和 1 這兩個數學裡最簡單的符號。人類知識大廈中的基礎支柱——數學理論的每一次重大突破都會引起其他學科的變革，進而極大地推動科技的革命。真實的世界是類比的世界。人們運用模數轉換將真實的類比世界變換到數位域，再應用人類幾千年研究探索的數學知識完成各種複雜的處理，最後通過數模轉換回到真實的世界。在這轉換之間，世界已經發生了徹底的改變！

　　複雜的數學公式只出現在課本裡當然沒有意義，半導體技術賦予了這些精妙理論以絕佳的舞臺。電子元件的開關狀態與數位世界中的 0 和 1 有天然的對應關係，難以計數的電子元件在人們的精心組織下完成了看似不可能完成的海量資訊處理。可以說，離開了半導體技術，這個數位時代將黯淡無光。

　　所謂類比元件構成的數位電路，指的是利用類比元件——二極體或三極管的開關特性來構建的電路。最簡單的具有開關特性的開關元件是二極體，不過對於邏輯閘電路來講，爲實現更加複雜的邏輯功能以及更便於大型積體電路設計，最常用的是三極管。

　　眾所周知，數位邏輯的基本單元就是"閘"，由眾多的"閘"即可實現各式各樣複雜的邏輯功能。FPGA 也就成爲數位領域的"樂高"，用它幾乎可以搭建出任何作品。最常用最基本的邏輯閘電路是 TTL（Transistor-Transistor Logic，電晶體－電晶體邏輯）反相器電路和 CMOS（Complementary Metal Oxide Semiconductor，互補金屬氧化物半導體）反相器電路。因此，瞭解這兩種邏輯閘電路也就瞭解了構成 FPGA 的基本粒子。無論是 TTL 還是 CMOS，本質上都是由不同種類的類比元件——電晶體構成的。

　　"與"閘、"或"閘、"非"閘是最基本的三種邏輯閘電路，其中最基礎的是"非"閘電路。由於 TTL 和 CMOS 的主要區別在於高低電壓準位的定義、輸入輸出電壓準位的範圍、功耗等方面，對於 FPGA 工程師來講，只需關注信號的高低電壓準位狀態即可。雖然 FPGA 工程師在設計過程中，不需要關注 FPGA 內部底層電路的工作原理，但如果能夠對其有一定的瞭解，對於快速形成硬體程式設計思維仍然有明顯的促進作用。

　　接下來簡單回顧 TTL 反相器的工作原理。

1.1.2　TTL 反相器電路

　　圖 1-1 爲由 NPN 型三極管形成反相器的基本電路原理圖。根據三極管的工作特性，可將工作區分爲截止區、放大區和飽和區。當三極管的發射結正向偏置、集電結反向偏置時，該三極管就工作在放大狀態；當三極管的發射結和集電結都正向偏置時，該三極管就工作在飽和狀態；當三極管的發射結和集電結都反向偏置時，該三極管就工作在截止狀態。

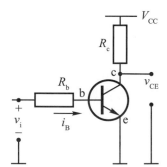

圖 1-1　反相器的基本電路原理圖

　　當三極管工作在飽和區，輸入爲高電壓準位（$v_i > v_{BE} > 0.7 \text{ V}$）時，輸出爲低電壓準位（$v_{CE} \approx 0.3 \text{ V}$）；當三極管工作在截止區，輸入爲低電壓準位（$v_i < 0.3\text{V}$）時，輸出爲高電壓準位（$v_{CE} \approx V_{CC}$）。三極管的這種工作狀態正是典型的反相器特性。

　　對於數位信號來講，輸入信號高低電壓準位的轉換在理想情況下是瞬間完成的，這就要求反相器的輸出能夠對輸入信號狀態進行快速回應。然而三極管反相器的結構特點

決定了其開關速度不夠高，遠遠滿足不了一般邏輯電路的速度要求。為了改善它的開關
速度和其他性能，往往還需要增加若干其他元件，從而形成現在仍在使用的 TTL 電路。

　　關於 TTL 反相器電路的工作原理、開關特性、傳輸特性等不再詳細闡述，對於 FPGA
設計工程師來講，瞭解前面介紹的這些基本知識已經足夠了，我們只需要知道三極管可
以實現反相器功能，TTL 是改善了開關速度性能的反相器電路即可。圖 1-2（a）所示為
大多數工科學生在數位電路技術實驗課程中見過的反相器積體電路晶片，圖 1-2（b）為
其接腳及結構原理圖。在學習了 Verilog HDL 之後，我們會發現這類晶片的功能只需用
幾行程式碼就可以完美地實現。

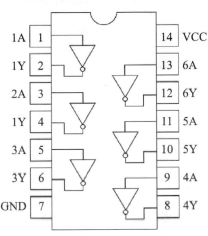

（a）晶片實物圖　　　　　　　　　　　　　（b）晶片接腳及結構原理圖
圖 1-2　TTL 反相器積體電路晶片 SN74LS06N

1.1.3　現實中的數位信號波形

　　理想中的數位信號波形（簡稱數位波形）只有兩種狀態：高電壓準位和低電壓準位。
數位波形高低電壓準位的轉換是在瞬間完成的，不需要任何轉換時間。實際電路高低電
壓準位的轉換是不可能瞬間完成的。元件高低電壓準位的轉換時間決定了元件的工作速
度。因此，在實際的數位系統中，數位波形不可能立即上升或下降，而要經歷一段時間，
只是分析某些特定電路工作狀態時，數位波形的轉換時間足夠短，可以採用理想化模型
進行分析，且不影響分析結果。當分析電路的工作速度時，數位波形或元件狀態的轉換
時間就顯得格外重要了。

　　下面我們介紹單個數位波形中的四個重要參數：上升時間、下降時間、脈衝寬度、
占空比。

　　一般來講，數位波形上升時間的定義是，從脈衝幅值的 10% 上升到 90% 所經歷的
時間。下降時間則相反，即從脈衝幅值的 90% 下降到 10% 所經歷的時間。脈衝寬度則
定義為脈衝幅值 50% 的兩個時間點所跨越的時間。占空比定義為，數位波形的一個週期
中，高電壓準位脈衝寬度所占的百分比。

　　圖 1-3 是占空比為 40%的理想數位波形和實際波形圖，圖中，高電壓準位為 5V，上升時間定義為從 0.5V 上升至 4.5V 的時間（10ns）；下降時間定義為從 4.5V 下降到 0.5V 的時間（10ns）；脈衝寬度為 40ns，波形週期為 100ns（週期為 10MHz），占空比為 40%。

（a）理想波形　　　　　　　　　　　　　　（b）實際波形

圖 1-3　占空比為 40%的理想數位波形和實際波形圖

1.1.4　瞭解常用的邏輯電壓準位

　　在數位電路中，數位信號往往表現為突變的電壓或電流，並且只有兩種可能的狀態，即高電壓準位或低電壓準位，所以可以用二值資訊"0"和"1"來表示數位信號。這裡的"0"和"1"不代表數值的大小，只反應兩種對立的狀態（如"斷開"與"關閉"，"高"與"低"，"是"與"非"等）。因此，我們把"0"和"1"這兩個數字僅當作兩個不同的符號，稱為邏輯 0 和邏輯 1，由於只有兩種狀態，因此又稱為二值數位邏輯（簡稱數位邏輯）。

　　二值數位邏輯的兩種狀態，可用電子元件的開關特性來實現，由此形成離散信號電壓或數位電壓。數位電壓通常用邏輯電壓準位來表示。應當注意，邏輯電壓準位不是物理量，而是物理量的相對表示。

　　規定用"1"表示高電壓準位，用"0"表示低電壓準位，這種表示方法為正邏輯標記法；反之，用"0"表示高電壓準位，用"1"表示低電壓準位，這種表示方法為負邏輯標記法。本書若未做特別說明，均採用正邏輯標記法。

　　目前常用的電壓準位標準有 TTL、CMOS、LVTTL（Low Voltage TTL，低電壓 TTL）、LVCMOS（Low Voltage CMOS，低電壓 CMOS）、ECL（Emitter Coupled Logic，發射極耦合邏輯，此電壓準位具有差分結構）、PECL（Positive ECL，正射極 ECL）、LVPECL（Low Voltage PECL，低電壓 PECL）、LVDS（Low Voltage Differential Signal，低電壓差動信號，此電壓準位為差分對輸入輸出）等。為便於對比，表 1-1 給出了常用邏輯電壓準位標準及注意事項。

表 1-1　常用邏輯電壓準位標準及注意事項

名　稱	供 電 電 源	電壓準位標準	注 意 事 項
TTL	+5V	$V_{oh} \geq 2.4V$；$V_{ol} \leq 0.4V$；$V_{ih} \geq 2V$；$V_{il} \leq 0.8V$	因為 2.4V 與 5V 之間還有很大空間，對改善雜訊容限並沒有好處，還會增大系統功耗和影響速度，所以後來就把一部分"砍"掉了，也就是後面的 LVTTL。LVTTL 又分 3.3V、2.5V 及更低電壓的 LVTTL
3.3V LVTTL	+3.3V	$V_{oh} \geq 2.4V$；$V_{ol} \leq 0.4V$；$V_{ih} \geq 2V$；$V_{il} \leq 0.8V$	
2.5V LVTTL	+2.5V	$V_{oh} \geq 2.0V$；$V_{ol} \leq 0.2V$；$V_{ih} \geq 1.7V$；$V_{il} \leq 0.7V$	更低電壓的 LVTTL 多用在處理器等高速晶片中，使用時查看晶片手冊就可以了

續表

名　　　稱	供 電 電 源	電壓準位標準	注 意 事 項
CMOS	+5V	$V_{oh}\geq4.5V$；$V_{ol}\leq0.5V$；$V_{ih}\geq3.5V$；$V_{il}\leq1.5V$	相對 TTL 有了更大的雜訊容限，輸入阻抗遠大於 TTL 輸入阻抗。對應 3.3V 的 LVTTL，出現了 LVCMOS，它可以與 3.3V 的 LVTTL 直接相互驅動
3.3V LVCMOS	+3.3V	$V_{oh}\geq3.2V$；$V_{ol}\leq0.1V$；$V_{ih}\geq2.0V$；$V_{il}\leq0.7V$	
2.5V LVCMOS	+3.3V	$V_{oh}\geq-2.0V$；$V_{ol}\leq-0.1V$；$V_{ih}\geq-1.7V$；$V_{il}\leq-0.7V$	
ECL	正電壓：0V；負電壓：-5.2V	$V_{oh}\geq-0.88V$；$V_{ol}\leq-1.72V$；$V_{ih}\geq-1.24V$；$V_{il}\leq-1.36V$	速度快，驅動能力強，雜訊小，很容易達到幾百 MHz 的應用，但是功耗大，需要負電源。爲簡化電源，出現了 PECL（ECL 結構，改用正電壓供電）和 LVPECL
PECL	+5V	$V_{oh}\geq4.12V$；$V_{ol}\leq3.28V$；$V_{ih}\geq3.78V$；$V_{il}\leq3.64V$	ECL、PECL、LVPECL 使用時需要注意，不同電壓準位不能直接驅動，中間可用交流耦合、電阻網路或專用晶片進行轉換
LVPECL	+5V	$V_{oh}\geq2.42V$；$V_{ol}\leq1.58V$；$V_{ih}\geq2.06V$；$V_{il}\leq1.94V$	
LVDS	LVDS 的驅動器由驅動差分線對的電流源組成，電流通常爲 3.5mA。LVDS 接收器具有很高的輸入阻抗，因此驅動器輸出的大部分電流都流過 100Ω 的匹配電阻，並在接收器的輸入端產生大約 350mV 的電壓。當驅動器翻轉時，它改變流經電阻的電流方向，因此產生有效的邏輯"1"和邏輯"0"狀態	前面的電壓準位標準振幅都比較大，爲降低電磁輻射，同時提高開關速度，又推出 LVDS 電壓準位標準。LVDS 可以達到 600MHz 以上，PCB 要求較高，差分線要求嚴格等長，誤差最好不超過 10mil（0.25mm）

1.2　布林代數

1.2.1　布林和幾個基本運算規則

　　數位邏輯的狀態只有兩種，而要處理這兩種狀態的數學基礎就是接下來要討論的邏輯代數。邏輯代數是分析和設計邏輯電路的數學基礎。由於邏輯代數是由喬治·布林（George·Boole，1815—1864）在 1854 年出版的《思維規律的研究》中提出的，爲紀念布林對邏輯代數做出的巨大貢獻，邏輯代數又稱爲布林代數。

　　布林代數規定參與邏輯運算的變數稱爲邏輯變數，每個變數的取值非 0 即 1。前面已經講過，0、1 不表示數的大小，也不表示具體的數值，只代表兩種不同的邏輯狀態。

　　布林代數的基本運算規則有以下幾條：

　　（1）所有可能出現的數只有 0 和 1 兩個。

　　（2）基本運算只有"與""或""非"三種。

　　（3）"非"的運算元號用上畫線"‾"或右上角一撇（如 A'）表示，定義爲：$\overline{0}=1$，$\overline{1}=0$。

　　（4）"或"的運算元號用"+"表示，定義爲：0+0=0，0+1=1，1+1=1。

　　（5）"與"的運算元號用"•"表示，定義爲：0•0=0，0•1=0，1•1=1。

布林代數如此簡單，卻是整個邏輯電路設計的基礎。世界上很多看似複雜的事物，其基本原理都十分簡單。比如馮·諾依曼（von Neumann）提出的現代電腦體系結構的原則只有短短的幾條。

雖然布林代數的基本運算規則只有幾條，但其完備的數學邏輯要遠比呈現出的這幾條規則複雜得多。布林代數是數學發展過程中的產物，有興趣的讀者可以閱讀《古今數學思想》和《什麼是數學》等著作以瞭解更多的細節內容。

接下來我們就根據前面介紹的基本運算規則推導出一些常用的布林代數法則。

1.2.2　常用的布林代數法則

為便於描述，先定義變數 A、B 等，這些變數只可能取值 0 或 1。

1）幾種簡單的邏輯運算

與 0 和 1 的簡單運算：$A \cdot 0 = 0$；$A \cdot 1 = A$；$A + 0 = A$；$A + 1 = 1$。

互補運算：$A + A' = 1$

異或運算（用符號 $\oplus$ 表示）定義：當兩個變數不同時，運算結果為 1；當兩個變數相同時，運算結果為 0。$A \oplus B = AB' + A'B$；$A \oplus 0 = A$；$A \oplus 1 = A'$。

同或運算（用符號 $\odot$ 表示）定義：當兩個變數相同時，運算結果為 1；當兩個變數不同時，運算結果為 0。$A \odot B = AB + A'B'$；$A \odot 0 = A'$；$A \odot 1 = A$。

交換律：$A + B = B + A$

結合律：$(A + B) + C = A + (B + C)$

分配律：$A(B + C) = A B + A C$

重疊律：$A + A = A$

雙重否定律：$A \cdot A' = 0$

以上的所有規則，總結起來可以表述為：只要與 0 相與（或相乘）都為 0；只要與 1 相或（或相加）都為 1；0 取反為 1；1 取反為 0。

2）狄摩根定律

利用狄摩根（De Morgan）定律可以將"積之和"形式的電路轉換為"和之積"形式的電路，或反之。

該定律的第一種形式說明瞭多項之和的補為：$(A + B + C + \cdots)' = A'B'C'\cdots$。當只有兩個變數時，關係形式簡化為：$(A + B)' = A'B'$。

狄摩根定律的第二種形式說明瞭多項之積的補為：$(A \cdot B \cdot C \cdots)' = A' + B' + C' + \cdots$。

3）布林代數化簡定理

所謂布林代數化簡，是指將邏輯運算式中的冗餘項去掉，得到邏輯運算式的最小項。通過化簡，在設計特定功能的邏輯電路時，就可以用最小的邏輯運算實現所需的功能。為了消除邏輯電路中的某種不穩定現象，在設計電路時有時會人為增加一些冗餘項。

布林代數化簡定理的基本依據仍然可由前面介紹的幾條基本運算規則推導得出。有興趣的讀者可以自行推導。為便於閱讀，我們將化簡定理的積與和兩種形式分別以清單方式給出，如表 1-2 所示。

表 1-2　布林代數化簡定理

定　　理	積之和形式	和之積形式
邏輯相鄰性	$AB + AB' = A$	$(A+B)(A+B') = A$
吸收性	$A + AB = A$ $AB' + B = A + B$ $A + A'B = A + B$	$A(A+B) = A$ $(A+B')B = AB \ (A'+B)A = AB$
乘法運算與分解	$(A+B)(A+C) = A + BC$	$(AB + A'C) = (A+C)(A'+B)$
同一性	$AB + BC + A'C = AB + A'C$	$(A+B)(B+C)(A'+C) = (A+B)(A'+C)$

　　用表 1-2 中的公式對邏輯電路進行化簡不夠直觀，因此在電子技術課堂上通常會講解卡諾圖化簡方法。雖然卡諾圖是一個很好的工具，但當變數較多時，畫圖實現化簡的方法仍然十分繁瑣。本書不打算過多地討論邏輯函數的化簡方法，因為在 FPGA 設計過程中，邏輯函數化簡的問題在功能強大的 FPGA 設計軟體面前根本就不值一提，工程師幾乎不用關注化簡問題。儘管如此，作為 FPGA 工程師，瞭解邏輯函數化簡的概念，對理解邏輯電路的設計過程及思想仍然具有十分重要的作用。

1.3　組合邏輯電路基礎

1.3.1　組合邏輯電路的表示方法

　　組合邏輯電路有三種表示方法：邏輯閘層次(Gate Level)原理圖、眞值表(Truth table)、布林代數(Boolean Algebra)。IEEE 推薦的邏輯閘電路符號如表 1-3 所示。

表 1-3　邏輯閘電路符號對照表

序　　號	邏輯閘中文名稱	邏輯閘英文名稱	IEEE 推薦符號
1	及閘	AND	
2	或閘	OR	
3	反閘	NOT	
4	反及閘	NAND	
5	反或閘	NOR	
6	互斥或閘	XOR	
7	反互斥或閘	XNOR	
8	緩衝器	—	
9	三態閘	—	

　　表 1-3 中列出了 9 種常用的邏輯閘電路符號。大部分邏輯閘電路的意義非常明確。接下來我們用一個半加器的例子來說明邏輯閘層次原理圖、眞值表、布林代數這三種不同的組合邏輯電路表示方法。

半加器有兩個輸入資料位元（全加器還包括一個進位輸入位，共 3 個輸入位），一個輸出位和一個進位輸出位。半加器的眞值表和邏輯結構原理圖如圖 1-4 所示。

輸入		輸出	
A	B	C_OUT	SUM
0	0	0	0
0	1	0	1
1	0	0	1
1	1	1	0

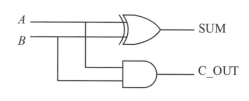

（a）眞值表   （b）邏輯結構原理圖

圖 1-4   半加器的眞值表及邏輯結構原理圖

由半加器的眞值表可得出其布林方程爲

$$SUM = A'B + AB' = A \oplus B$$
$$C\_OUT = A \cdot B$$

1.3.2   爲什麼會產生競爭冒險

競爭：在組合邏輯電路中，某個輸入變數通過兩條或兩條以上的途徑傳到輸出端，由於每條途徑延遲時間不同，到達輸出閘的時間就有先有後，這種現象稱爲競爭。把不會產生錯誤輸出的競爭現象稱爲非臨界競爭。把產生暫時性或永久性錯誤輸出的競爭現象稱爲臨界競爭。

冒險：信號在元件內部通過連線和邏輯單元時，都有一定的延遲。延遲的大小與連線的長短和邏輯單元的數目有關，還受元件的製造製造技術、工作電壓、溫度等條件的影響。信號的高低電壓準位轉換也需要一定的過渡時間。由於存在這兩方面因素，多輸入信號的電壓準位值發生變化時，在信號電壓準位值變化的瞬間，組合邏輯的輸出有先後順序，並不是同時變化的，往往會出現一些不正確的尖峰信號，這些尖峰信號稱爲毛刺。如果一個組合邏輯電路中有毛刺出現，就說明該電路存在冒險。

由於組合邏輯電路中的競爭與冒險現象常常同時發生，因此一般將競爭和冒險統稱爲競爭冒險。顯然，競爭冒險產生的原因主要是延遲時間的存在，當一個輸入信號經過多條路徑傳送後又重新會合到某個邏輯閘上，由於不同路徑上邏輯閘的級數不同，或者邏輯閘電路延遲時間的差異，到達會合點的時間有先有後，從而產生瞬間的錯誤輸出。

爲更好地理解競爭冒險的概念，我們來分析圖 1-5 所示電路的工作情況。在圖 1-5（a）所示的邏輯電路中，及閘 G_2 的輸入是 A 和 A' 兩個互補信號。由於反閘 G_1 延遲，A' 的負緣(falling edge)要滯後於 A 的正緣(rising edge)，因此在很短的時間間隔內，G_2 的兩個輸入端都會出現高電壓準位，致使它的輸出出現一個高電壓準位窄脈衝（它是邏輯設計要求不應出現的幹擾脈衝），如圖 1-5（b）所示。及閘 G_2 的 2 個輸入信號分別經由 G_1 和 A 端兩條路徑在不同的時刻到達的現象就是競爭現象，由此產生的輸出幹擾脈衝的現象就稱爲冒險。

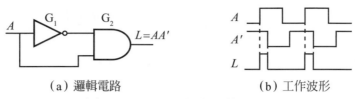

（a）邏輯電路　　　　　　　　（b）工作波形
圖 1-5　產生正跳變脈衝的競爭冒險

　　再如，圖 1-6（a）所示的電路，其工作波形如圖 1-6（b）所示。它的輸出邏輯運算式為 $L = AC + BC'$。由此式可知，當 A 和 B 都為 1 時，與 C 的狀態無關。但是，由圖 1-6（b）可以看出，當 C 由 1 變 0 時，C' 由 0 變 1 有一定的延遲時間。在這個時間間隔內，G_2 和 G_3 的輸出 AC 和 BC' 不同時為 0，而使輸出出現一負跳變的窄脈衝，即冒險現象。這只是產生競爭冒險的原因之一，其他原因不再詳述。

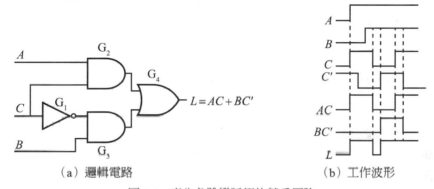

（a）邏輯電路　　　　　　　　（b）工作波形
圖 1-6　產生負跳變脈衝的競爭冒險

　　分析圖 1-5、圖 1-6 所示電路產生競爭冒險的原因，可歸結為電路中存在由反相器產生的互補信號，且在互補信號的狀態發生變化時可能出現競爭冒險現象。

　　在不改變組合邏輯電路基本結構的前提下，根據競爭冒險產生的原因，消除的方法主要有三種：發現並消掉互補變數、增加乘積項、輸出端並聯電容。而最為有效的方法是採用時序邏輯設計，使電路的變化只發生在某個時刻（時鐘的正緣(rising edge)或負緣(falling edge)），而不是隨著輸入信號的變化而變化。

1.4　時序邏輯電路基礎

1.4.1　時序邏輯電路的結構

　　數位電路通常分為組合邏輯電路和時序邏輯電路兩大類。組合邏輯電路的特點是輸入的變化直接反應了輸出的變化，其輸出的狀態僅取決於輸入的當前狀態，與輸入、輸出的原始狀態無關。時序邏輯電路的輸出不僅與當前的輸入有關，而且與其輸出狀態的原始狀態有關，其相當於在組合邏輯電路的輸入端加上了一個回饋輸入，在其電路中有一個儲存電路，可以將輸出的狀態保持住，我們可以用圖 1-7 來描述時序邏輯電路的構成。

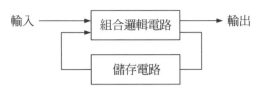

圖 1-7   時序邏輯電路的結構框圖

從圖 1-7 中可以看出,與組合邏輯電路相比,時序邏輯電路增加了關鍵部件──具有儲存功能的電路,即儲存電路。因此,瞭解儲存電路的工作原理是掌握時序邏輯電路的基礎。正如數位電路的基本構成單元是類比元件一樣,儲存電路的基本構成單元仍然是前面學習過的邏輯閘電路。在後續討論 FPGA 電路設計時,為了保證電路工作的穩定和可靠,絕大部分電路都會被設計成同步時序邏輯電路。

基本存放裝置電路分為準位觸發(Level triggered)的閂鎖器(Latch)電路和邊緣觸發(Edge triggering)的正反器(Flip-Flop,FF)電路兩種。FPGA 設計一般採用邊緣觸發(Edge triggering)的正反器電路,而瞭解正反器還需要從瞭解閂鎖器(Latch)開始。

1.4.2   D 型正反器(D Flip-Flop)的工作波形

經過數位電路技術課程的學習,我們知道,閂鎖器(Latch)是由電壓準位觸發(Level triggered)控制的,正反器(Flip-Flop,FF)是由時鐘的邊緣(正緣(rising edge)或負緣(falling edge))控制的。在學習 FPGA 電路設計時需要注意,設計 FPGA 時序邏輯電路時要避免形成閂鎖器電路,這是因為閂鎖器電路的穩定性不夠好,不能滿足同步時序邏輯電路的時序要求。電壓準位觸發的閂鎖器電路仍然可能產生競爭冒險,控制電壓準位的抖動會增強電路的不穩定性。為增強電路的穩定性,我們希望電路狀態的翻轉僅發生在某些固定時刻(邊緣),而不是某個時段(電壓準位)。

正如三極管構成了反相器電路,邏輯閘電路可以組成閂鎖器,我們所需要的正反器是由閂鎖器構成的。圖 1-8(a)是由兩個資料閂鎖器構成的負緣(falling edge)正反器邏輯電路原理圖。正反器分為 JK 型正反器(JK Filp-Flop)和 D 型正反器(D Filp-Flop)等。對於 FPGA 設計來講,只需要瞭解 D 型正反器的工作波形即可。

根據資料閂鎖器的工作原理,我們很容易繪製出正反器輸入輸出波形,如圖 1-8(b)所示。由於圖 1-8 中的致能信號 En 通過一級反相器送至第二級數據閂鎖器,因此第二級數據閂鎖器的致能信號 En 僅在低電壓準位時有效。從圖 1-8(b)所示的波形可以看出,輸出信號 Q_{out} 的狀態僅在 En 的負緣(falling edge)時刻發生變化,且其在 En 負緣(falling edge)時刻的值與輸入信號 D 在 En 負緣(falling edge)前一時刻的值相同。這樣,兩個由電壓準位觸發的資料閂鎖器構成了一個由邊緣觸發的正反器。

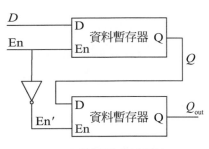 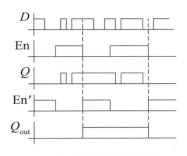

（a）邏輯電路原理圖　　　　　　　（b）輸入輸出波形圖

圖 1-8　負緣(falling edge)正反器(Flip-Flop，FF)邏輯電路原理圖及輸入輸出波形圖

　　如果將資料閂鎖器的致能信號 En 設計成低電壓準位有效（閂鎖器邏輯符號中，En 前有一個小圓圈），兩個這樣的閂鎖器就可以構成在 En 正緣(rising edge)觸發的正反器，其邏輯電路原理圖及輸入輸出波形圖如圖 1-9 所示。

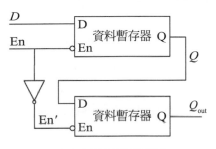 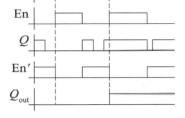

（a）邏輯電路原理圖　　　　　　　（b）輸入輸出波形圖

圖 1-9　正緣(rising edge)正反器(Flip-Flop，FF)邏輯電路原理圖及輸入輸出波形圖

　　一般來講，在正反器電路中，使用一個時鐘信號來控制正反器的狀態翻轉。這樣，整個電路的狀態都僅在時鐘信號的統一控制下（正緣(rising edge)或負緣(falling edge)）發生變化。由於發生狀態變化只在某一時刻，而不是某段時間，所以電路的穩定性和可靠性得以大大提高。對於圖 1-8、圖 1-9 所示的電路來講，輸出狀態在致能信號 En 的控制下隨輸入信號 D 的狀態發生改變，通常將這種電路稱為 D 型正反器，致能信號通常用時鐘信號 clk 代替。圖 1-10 給出了正緣(rising edge)正反器的工作波形圖，更好地展示了 D 型正反器的工作過程。

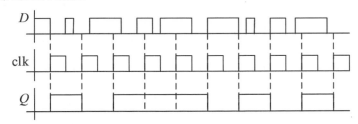

圖 1-10　在時鐘信號控制下的正緣(rising edge)正反器(Flip-Flop，FF)的工作波形圖

　　D 型正反器的特性方程與資料閂鎖器相同，只不過資料變化只發生在時鐘的邊緣，而不是控制信號的某一電壓準位狀態。

1.4.3 計數器與暫存器電路

一些稍微複雜的電路都會採用時序邏輯電路設計。時序邏輯電路的功能元件種類繁多，我們只介紹計數器和暫存器，以加深讀者對採用基本正反器構成更為複雜電路的理解。

1. 計數器

計數器是數位系統中用得十分普遍的基本邏輯元件。它不僅能夠記錄輸入時鐘脈衝的個數，還可以實現分頻、定時、產生節拍脈衝和脈衝序列等。計數器的種類很多，按時鐘脈衝輸入方式的不同，可分為同步計數器和非同步計數器；按進位元制的不同，可分為二進位計數器和非二進位計數器；按計數過程中數位增減趨勢的不同，可分為加計數器、減計數器和可逆計數器。

數位電路技術課程中討論的計數器是採用多個正反器串聯而成的，需要詳細分析每個正反器在計數脈衝控制下的工作狀態。對於 FPGA 設計來講，採用 Verilog HDL 編寫的程式碼所形成的計數器結構已完全不同，實際上由一個加法器和一個正反器組合而成。因此，我們僅需要瞭解計數功能及輸入輸出波形即可。表 1-4 是二進位加計數器的狀態表。

圖 1-11 是二進位同步加計數器的工作波形圖。讀者可自行對照表 1-4 分析信號的波形。

表 1-4　二進位加計數器的狀態表

計數脈衝的順序	電 路 狀 態				等效十進位數字
	Q_3	Q_2	Q_1	Q_0	
0	0	0	0	0	0
1	0	0	0	1	1
2	0	0	1	0	2
3	0	0	1	1	3
4	0	1	0	0	4
5	0	1	0	1	5
6	0	1	1	0	6
7	0	1	1	1	7
8	1	0	0	0	8
9	1	0	0	1	9
10	1	0	1	0	10
11	1	0	1	1	11
12	1	1	0	0	12
13	1	1	0	1	13
14	1	1	1	0	14
15	1	1	1	1	15
16	0	0	0	0	0

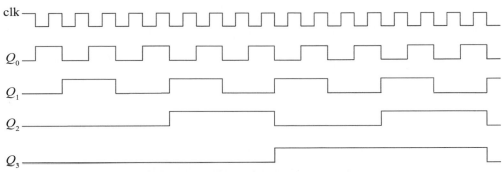

圖 1-11　二進位同步加計數器的工作波形圖

2.　暫存器(Register)與移位暫存器(Shift Register)

　　暫存器是電腦和其他數位電路系統中用來儲存程式碼或邏輯資料的邏輯部件。它的主要組成部分是正反器。一個正反器能儲存 1 位元二進位碼，儲存 n 位元二進位碼的暫存器就要由 n 個正反器組成。

　　一個 4 位元的整合暫存器 74LS175 的邏輯電路原理圖如圖 1-12 所示，其中，R_D 是非同步清零控制端，CP 為時鐘信號端。在往暫存器中寄存資料或程式碼之前，必須先將暫存器清零，否則有可能出錯。$D_1 \sim D_4$ 是資料登錄端，在 clk 脈衝正緣(rising edge)作用下，$D_1 \sim D_4$ 端的資料被並行地存入暫存器。輸出資料可以並行從 $Q_1 \sim Q_4$ 端引出，也可以並行從 $Q'_1 \sim Q'_4$ 端引出反碼輸出。

　　暫存器 74LS175 只有寄存資料或程式碼的功能。有時為了處理資料，需要將暫存器中的各位資料在移位元控制信號作用下，依次向高位或低位移動 1 位。具有移位功能的暫存器稱為移位暫存器。

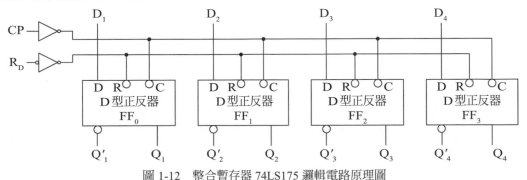

圖 1-12　整合暫存器 74LS175 邏輯電路原理圖

　　把若干正反器串接起來，就可以構成一個移位暫存器。由 4 個邊緣 D 型正反器構成的 4 位元移位暫存器邏輯電路原理圖如圖 1-13 所示。資料從串列輸入端 D_1 輸入，左邊正反器的輸出作為右鄰正反器的資料登錄。

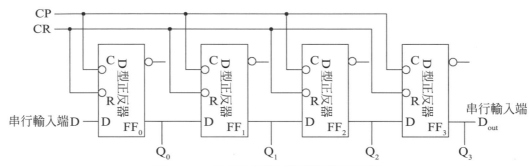

圖 1-13   4 位元移位暫存器邏輯電路原理圖

假設移位暫存器的初始狀態為 0000，現將數碼 $D_3D_2D_1D_0$(1101) 從高位（ D_3 ）至低位依次送入 D 端，經過第一個時鐘脈衝後， $Q_0 = D_3$。由於跟隨數碼 D_3 後的數碼是 D_2，則經過第二個時鐘脈衝後，正反器 FF$_0$ 的狀態移入正反器 FF$_1$，而 FF$_0$ 變為新的狀態，即 $Q_1 = D_3$, $Q_0 = D_2$。依此類推，可得 4 位元右向移位暫存器的狀態。

輸入數碼依次由低位元正反器移到高位正反器，做右向移動，經過 4 個時鐘脈衝後，4 個正反器的輸出狀態 $Q_3Q_2Q_1Q_0$ 與輸入數碼 $D_3D_2D_1D_0$ 相對應。為了加深理解，圖 1-14 畫出了數碼 $D_3D_2D_1D_0$(1101) 在暫存器中移位的波形。經過 4 個時鐘脈衝後，1101 出現在暫存器的輸出端 Q_3、 Q_2、 Q_1、 Q_0。這樣，就可將從 D 端串列輸入的數碼轉換為 Q_3、 Q_2、 Q_1、 Q_0 端的並行輸出。

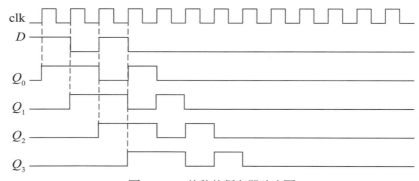

圖 1-14   4 位移位暫存器時序圖

圖 1-14 中還畫出了第 5 到第 8 個時鐘脈衝作用下，輸入數碼在暫存器中移位的波形，由圖可見，在第 8 個時鐘脈衝作用後，數碼從 Q_3 端全部移出暫存器。這說明存入該暫存器中的數碼也可以從 D$_{out}$ 端串列輸出，只不過相對輸入信號延遲了 4 個時鐘週期。

1.5   小結

本章回顧了數位邏輯電路基礎知識，只簡單地將一些最基本的概念進行了講解。這些知識也是作者在學習 FPGA 之初，尤其是在學習 HDL（Hardware Description Language，硬體描述語言）一段時間後，又回過頭來複習數位邏輯電路時感覺需要掌握和理解的知識。這些基本的反相器、加法器、D 型正反器等功能元件雖然並不複雜，但深入理解其工作特點仍然需要花費一點時間，但這點時間一定是值得的，因為它們是後續學習 FPGA 設計的基礎。當我們熟練掌握 FPGA 設計技能後，會發現本章所講述的電路幾乎都可以用一兩句 HDL 程式碼來描述，或者這些基本的功能電路在整個電路設計中幾乎可以忽略不計。

我們將本章學習的要點總結如下：

（1）數位電路的基本元件是反相器，反相器是由三極管組成的。

（2）現實中的數位波形具有上升時間和下降時間。

（3）邏輯符號 0 和 1 只表示兩種狀態，不表示兩個數值的大小。

（4）布林代數的基礎是反閘、及閘、或閘。

（5）組合電路可能產生競爭冒險現象，這是電路中各條信號路徑的傳輸延遲不一致造成的。

（6）時序邏輯電路的基礎是正反器。時序邏輯電路就是由組合邏輯電路和正反器組成的電路。

第 2 章

可程式化邏輯元件基礎

我們學習 FPGA 設計知識，應先瞭解其發展歷程，這樣可以提高我們對這門技術的學習興趣。然而掌握一門技術或技能，光有興趣是遠遠不夠的，還需要找到正確的方法並經過艱苦的練習。在瞭解 FPGA 的歷史之後，本章進一步瞭解其基本結構及工作原理，進而加深對 FPGA 的認識。

2.1　可程式化邏輯元件的歷史

2.1.1　PROM 是可程式化邏輯元件

如今電子技術的發展日新月異，電子元件的發展不僅推動設計手段不斷更新，甚至推動了設計理念的更新。

1947 年美國新澤西州貝爾實驗室裡誕生了第一個電晶體，電子管在很短的時間裡就失去了存在的意義。20 世紀 60 年代中期，TI（Texas Instruments，德州儀器）公司設計製造出具有一定功能的元件 IC（Integrated Circuit，積體電路），此後積體電路開始飛速發展。

我們在數位電路技術課程中學習了數位邏輯電路知識，其中的編碼器、解碼器、計數器、暫存器等數位邏輯元件的功能是固定的，工程師只能利用元件的固定功能進行設計。這種具有固定功能的邏輯元件稱為固定邏輯元件。隨著技術的發展，固定邏輯元件很快就無法滿足設計的需要了。稍微複雜一點的邏輯電路就需要十幾隻甚至上百隻邏輯晶片來組合實現，不僅增加了設計的難度，電路的穩定性隨著規模的增大也越來越難以保證。筆者還能夠清楚地記得上大學時，完成數位電路技術這門課的課程作業——設計一個紅綠燈系統，感覺有相當的難度。首先要查閱所需用到的每種晶片的使用說明，還要有一定創造性地將這些晶片有機地連接起來，然後用實驗電路板安裝、除錯。當時筆者用了一周的時間，仍未能完成所有的功能。

　　採用固定邏輯元件設計邏輯電路系統的辛苦，現在的大部分工程師已經無法體會了。時代呼喚更靈活高效的元件，於是 1970 年，第一個可程式化唯讀記憶體（Programmable Read Only Memory，PROM）誕生了，它開啓了可程式化元件的大門。

　　有人說可程式化邏輯元件的產生是必然的，是不以人的意志爲轉移的，因爲固定邏輯元件或通用積體電路在電路設計中存在兩個突出的矛盾：一是大規模、高整合度、高性能的電路無法使用分立元件實現，或實現成本過高；二是複雜積體電路的生產成本較高，不能滿足各種低端需求。在這個追求成本和效益的商業社會，有了這兩個突出矛盾，可程式化邏輯元件的產生就成爲必然。

　　可程式化邏輯元件（Programmable Logic Device，PLD），是作爲一種通用積體電路產生的，它的邏輯功能按照使用者對元件的程式設計來確定。根據可程式化邏輯元件的定義，其核心在於元件的功能可以根據需要由使用者程式設計確定。

　　雖然 PROM 與本書要討論的 FPGA 之間還存在巨大的差異，但從可程式化邏輯元件的定義可知，它們都是可程式化邏輯元件。接下來我們看看 PROM 如何根據使用者需求實現邏輯功能。

　　唯讀記憶體（ROM）可以儲存二進位資訊，使用者將要儲存的資訊寫入記憶體中，資訊一經寫入，即使掉電後資訊也不會丟失。讀取資訊時，只要控制相應的位址值，記憶體即可將指定位址空間的值輸出。

　　ROM 如何與邏輯電路聯繫起來？我們回過頭來看看第 1 章討論的半加器眞値表及邏輯結構原理圖，如圖 2-1 所示。

輸入		輸出	
A	B	C_OUT	SUM
0	0	0	0
0	1	0	1
1	0	0	1
1	1	1	0

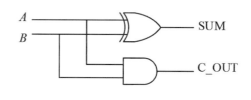

（a）眞値表　　　　　　　　　　　　（b）邏輯結構原理圖

圖 2-1　半加器眞値表及邏輯結構原理圖

　　將眞値表的輸入看作 ROM 的位址，眞値表的輸出看作儲存空間的資料，半加器正好是一個深度爲 4、位寬爲 2bit 的 ROM。只要按半加器眞値表的順序設置 ROM 儲存空間的值，就可以完全實現雙輸入半加器的邏輯電路功能。推而廣之，對於有 n 個輸入信號的組合邏輯電路，我們用深度爲 2^n 的記憶體就可以實現任意的組合邏輯電路。我們所要做的是預先根據邏輯電路的眞値表，設置 ROM 儲存空間的值，且 ROM 的儲存資料位元寬表示可以實現的組合邏輯電路的輸出個數。儲存空間具備可程式化能力的 ROM 稱爲 PROM（Programmable ROM）。

　　由以上分析可知，我們將 PROM 看作可程式化邏輯元件，是因爲它能利用函數輸入所指示的記憶體位置上儲存的函數值執行組合邏輯。如果有必要，就會實現函數的全部真值表。由於實現函數真值表時沒有進行化簡，元件資源未必能夠得到充分利用，所以記憶體執行組合邏輯的效率較低。接下來我們瞭解一下從 PROM 到 FPGA 的發展過程。

2.1.2　從 PROM 到 GAL

PROM 的可程式化性在於可以對儲存空間的資料進行程式設計。為了理解可程式化邏輯元件的發展，有必要瞭解 PROM 的結構，如圖 2-2（a）所示。

圖中的 "•" 表示連接狀態，"×" 表示可程式化狀態，"+" 表示未連接狀態。為簡化圖形表示，每條連接線的多個連接點和及閘及或閘之間採用單線表示多輸入狀態，比如圖 2-2（a）中從上至下第一個及閘輸入為 $A'B'$。

由於 PROM 只是對儲存空間的資料進行程式設計，圖 2-2（a）中左側的與閘陣列表示邏輯輸入（構成 PROM 的儲存空間位址）是固定的，在製造晶片時已設置好，用戶無法更改。根據邏輯電路的功能，圖 2-2（a）中左側從上至下的及閘輸入分別為 $A'B'$、$A'B$、AB'、AB，正好對應 0（00）、1（01）、2（10）、3（11）這 4 個地址。圖 2-2（a）中的右側用或閘陣列儲存資料，是可以由使用者程式設計設置的。對於半加器來講，我們根據半加器真值表將或閘陣列中的相應位置通過程式設計器連通，形成圖 2-2（a）所示的結構。對於 F_1 來講，對應位址為 1（01）、2（10）的位置均為 1，即 $F_1 = A'B + AB'$。同樣，對於 F_2 來講，對應位址為 3（11）的位置為 1，即 $F_2 = AB$。對比圖 2-1 所示的半加器結構，可知 F_1 為半加器的 SUM 輸出信號，F_2 為半加器的 C_OUT 輸出信號。

在繼續討論其他可程式化邏輯元件之前，先考慮一下為什麼圖 2-2（a）所示的與-或閘陣列結構可以實現任何功能的組合邏輯電路？這個問題並不難，從數學角度出發，任何一個邏輯都能由多項式表示。多項式中無非兩種運算，即乘法運算和加法運算，而邏輯閘中的及閘符合乘法運算規則，或閘符合加法運算規則。這就是任何一個組合邏輯電路都可以用與閘陣列和或閘陣列實現的原因。

我們知道，PROM 最初是作為電腦記憶體來設計的，雖然可以用來實現簡單的邏輯功能，但隨著應用範圍越來越廣，它的問題就暴露出來了。對於同樣多的輸入，PROM 的與閘陣列是固定的，所以要考慮所有可能的輸入乘積項，但真正使用的乘積項可能只是其中的小部分，這樣將浪費大量的與閘陣列。因此，1975 年基於與閘陣列、或閘陣列都可程式化的 PLA（Programmable Logic Array，可程式化邏輯陣列）開始投入使用。PLA 的結構如圖 2-2（b）所示。

PLA 是簡單可程式化元件中使用者可配置度最好的元件，因為它的與閘陣列和或閘陣列都是可配置的。但 PLA 也有一個明顯的缺點：通過程式設計連線傳輸信號需要花費很長的時間。這樣一來，PLA 的速度就沒法做得很高，從而限制了它的應用。為此，20 世紀 70 年代末，速度更快的 PAL（Programmable Array Logic，可程式化陣列邏輯）被發明瞭出來。PAL 的結構如圖 2-2（c）所示。PAL 是與閘陣列可程式化的，或閘陣列固定。圖 2-2（c）表示了通過程式設計實現半加器功能的方法。與 PROM、PLA

相比，PAL 的速度要高很多，但它只允許對有限數量的乘積項做或運算。為了進一步提高速度，於是更大規模的 GAL（Generic Array Logic，通用陣列邏輯）被發明瞭出來。

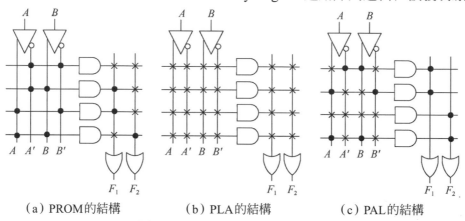

（a）PROM的結構　　　（b）PLA的結構　　　（c）PAL的結構

圖 2-2　PROM、PLA、PAL 結構圖

GAL 是在 PAL 的基礎上發展起來的增強型元件，它直接繼承了 PAL 元件的與-或閘陣列結構，利用靈活的輸出邏輯巨集單元（Output Logic Macro Cell，OLMC）結構來增強輸出功能，同時採用新製造技術，使 GAL 元件具有可擦除、可重程式設計和可重配置其結構等功能。GAL 的型號表示了其輸入、輸出規模，如 GAL16V8 表示該晶片輸入信號最多可達 16 個，輸出端數為 8 個，V 表示輸出方式可程式化，其內部結構如圖 2-3 所示。

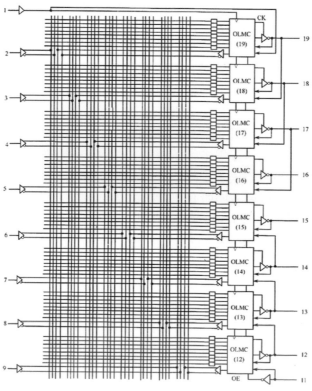

圖 2-3　GAL16V8 的內部結構

2.1.3 從 SPLD 到 CPLD

可程式化邏輯元件從 PROM、PLA、PAL，發展到 GAL，已初具現代可程式化邏輯元件的雛形。之所以說是雛形，是因為無論從元件可程式化的靈活性，還是從元件的規模看，這些可程式化邏輯元件都比較簡單，功能比較單一，主要用於實現組合邏輯電路。因此，業界一般將這些元件統稱為簡單可程式化邏輯元件（Simple Programmable Logic Device，SPLD），且將具備幾百個邏輯閘的 GAL22V10 作為簡單可程式化邏輯元件與複雜可程式化邏輯元件的分水嶺。

隨著技術的發展，SPLD 的整合度和靈活性逐漸不能滿足各種電子設計需求。到了 1983 年，美國的 Altera 公司（Intel 於 2015 年收購了 Altera）發明瞭具有更高整合度和靈活性的複雜可程式化邏輯元件（Complex Programmable Logic Device，CPLD）。

典型的 CPLD 是由 PLD（可程式化邏輯元件）模組陣列組成的，它們之間有可程式化的晶片整合互連結構。除性能提高外，它們的結構突破了傳統 SPLD 的限制，不再只有相對較少的幾個輸入。CPLD 有大量的輸入輸出埠，但並不以面積的驚人增加為代價。CPLD 的每個 PLD 模組都有一個類似 PAL 的內部結構，它完成輸入的組合邏輯功能。PLD 中的巨集單元輸出可通過程式設計連接到其他模組的輸入，從而形成複雜的多層邏輯，超出了單個邏輯模組的限制。

圖 2-4 是 Altera 的 MAX7000 系列元件的內部結構圖。MAX7000 系列 CPLD 的內部結構包括邏輯陣列模組（Logic Array Block，LAB）組成的陣列、可程式化互連陣列（Programmable Interconnect Array，PIA）和可程式化 I/O 控制模組（I/O Control Block）。每個 LAB 包括 36 個輸入端、16 個輸出端及 16 個巨集單元（Macrocell），每個巨集單元包括處理組合或時序運算的組合邏輯模組和正反器。PIA 作為全域匯流排提供了多重 LAB、專用輸入端和 I/O 接腳之間的連接。

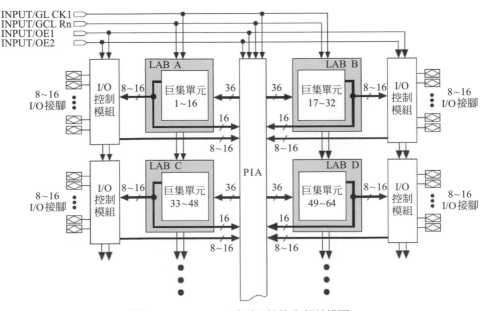

圖 2-4 MAX7000 系列元件的內部結構圖

I/O 控制模組在 I/O 接腳、PIA 和 LAB 之間建立起連接。專用全域輸入時鐘信號（GCLK）端和低電壓準位有效清除信號（GCLRn）端與所有巨集單元連接。所有與 I/O 控制模組相連的輸出端由低電壓準位有效信號 OE1 和 OE2 致能。對 LAB 的輸出接腳 8～16，可以通過程式設計將其連接到 I/O 接腳，而對 I/O 接腳 8～16，可以通過程式設計經由 I/O 控制模組將其連接到 PIA。每個 LAB 包括具有相同基本結構的可程式化巨集單元陣列，如圖 2-5 所示。

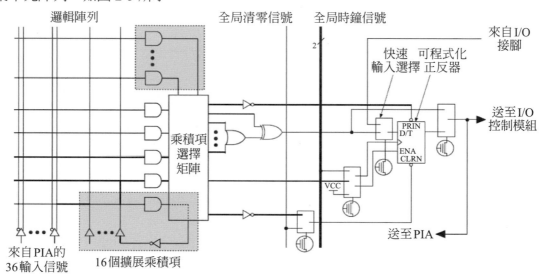

圖 2-5　MAX7000 元件的巨集單元結構圖

巨集單元包括邏輯陣列（Logic Array）、驅動或閘的乘積項選擇矩陣（Product-Term Select Matrix）及可程式化正反器。可程式化巨集單元陣列的功能與小型 PAL 類似，形成乘積項並通過或運算得到最終的運算式。每個巨集單元擁有來自 PIA 的 36 個輸入端及 16 個形成擴展信號的附加輸入端。每個巨集單元生成 5 個乘積項，並提供給乘積項選擇矩陣（每個巨集單元可單獨形成由 5 個乘積項構成的運算式）。由乘積項選擇矩陣可將乘積項送到或閘、異或閘、並行邏輯擴展器（Parallel Logic Expanders）的輸入端、預置清除時鐘信號端或正反器的致能輸入端。

每個巨集單元的正反器可以單獨程式設計以實現 D 型、T 型或 JK 型正反器，或用以實現用於時序電路的 RS 閂鎖器。例如，巨集單元可轉換成 T 型正反器，實現更爲有效的計數器和加法器（將正反器的輸出與異或閘的一個輸入相連，並通過正反器信號驅動另一個輸入端）。

2.1.4　FPGA 的時代

雖然 CPLD 的功能和性能已遠遠超過 SPLD，但仍存在正反器數量少、元件規模較小、功耗大等缺點。需要採用大量時序邏輯電路的設計推動可程式化邏輯元件不斷向前發展。每一個新事物，從誕生到發展壯大都不可避免地要經歷艱難的過程，FPGA（Field Programmable Gate Array，現場可程式化邏輯閘陣列）也不例外。

在 20 世紀 80 年代早期，電晶體非常寶貴，晶片設計者一直試圖發揮電路中每個電晶體的功效。不過，Ross Freeman 的想法與此不同。他設計了一塊滿是電晶體的晶片——FPGA，這些電晶體（有時候，一些電晶體沒有被使用）被鬆散地組織成邏輯單元。這些邏輯單元可被輪流配置。工程師可以根據需要對該晶片進行程式設計，添加新的功能，滿足不斷發展的標準或規範要求，並可在設計的最後階段進行修改。Freeman 按照摩爾定律（電晶體數量每兩年翻一倍）推測，電晶體成本將隨時間推移逐步下降，低成本、高度靈活的 FPGA 將成為各種應用中客製化晶片的替代品。

爲了銷售 FPGA 晶片，Freeman 與他人共同創辦了 Xilinx（賽靈思）公司（2022 年被 AMD 公司收購）。該公司的第一款產品 XC2064 在 1985 年被推出。

2009 年 2 月 18 日，Xilinx 公司宣佈，Xilinx 公司共同創始人之一 Ross Freeman（見圖 2-6）因發明 FPGA 榮登 2009 年美國發明家名人堂。美國發明家名人堂評選副主席 Fred Allen 表示：“我們非常高興 Freeman 能在 2009 年入選名人堂。他的遠見卓識和創造熱情催生了可程式化晶片。這項技術不僅影響了之後 25 年的電子產業發展，還推動 Xilinx 公

圖 2-6　Ross Freeman

司的客戶不斷設計出創造型終端產品，從而讓我們的生活品質不斷提高。”

Xilinx 公司推出的全球第一款 FPGA 產品 XC2064 怎麼看都像是一隻“醜小鴨”——採用 2μm 製造技術，包含 64 個邏輯模組和 85000 個電晶體，邏輯閘數量不超過 1000 個。22 年後的 2007 年，FPGA 業界雙雄——Xilinx 公司和 Altera 公司紛紛推出了採用最新 65nm 製造技術的 FPGA 產品，其邏輯閘數量已經達到千萬級，電晶體個數更是超過 10 億個。

在 20 世紀 80 年代中期，可程式化元件從任何意義上來講都不是當時的主流。PLA 在 1970 年左右就出現了，但是一直被認爲速度慢，難以使用。然而，FPGA 的發明者 Freeman 認爲，對於許多應用來說，如果實施得當的話，其靈活性和可客製化能力都是具有吸引力的特性。也許最初其只能用於原型設計，但是未來可能代替更廣泛意義上的客製化晶片。FPGA 走過了從初期開發應用到限量生產應用，再到大批量生產應用的發展歷程。從技術上來說，FPGA 最初只是邏輯元件，現在強調平臺概念，加入了數位信號處理、嵌入式處理、高速串列和其他高端技術，從而被應用到更多的領域。

當 1991 年 Xilinx 公司推出其第三代 FPGA 產品——XC4000 系列時，人們開始認眞考慮可程式化技術了。XC4003 包含 44 萬個電晶體，採用 0.7μm 製造技術，FPGA 開始被製造商認爲是可以用於製造製造技術開發測試過程的良好工具。事實證明，FPGA 可爲製造工業提供優異的測試功能，FPGA 開始代替記憶體來驗證新製造技術。新製造技術的採用爲 FPGA 產業的發展提供了機遇。

FPGA 及可程式化邏輯元件產業發展的最大機遇是替代 ASIC（Application Specific Integrated Circuit，專用積體電路）和專用標準件（Application Specific Standard Parts，

ASSP），主要由 ASIC 和 ASSP 構成的數位邏輯市場規模大約爲數百億美元。由於使用者可以迅速對可程式化邏輯元件進行程式設計，按照需求實現特殊功能，與 ASIC 和 ASSP 相比，可程式化邏輯元件在靈活性、開發成本以及產品及時上市方面更具優勢。然而，可程式化邏輯元件通常比這些替代方案成本更高。因此，可程式化邏輯元件更適合對產品及時上市有較大需求的應用，以及產量較低的最終應用。可程式化邏輯元件製造技術和半導體製造技術的進步，從整體上縮小了可程式化邏輯元件和固定晶片方案的相對成本差。在曾經由 ASIC 和 ASSP 佔據的市場上，Intel 公司已經成功地提高了可程式化邏輯元件的銷售份額。

"FPGA 非常適用於原型設計，但對於批量 DSP 系統應用來說，成本太高，功耗太大。"這是業界此前的普遍觀點，很長時間以來也爲 FPGA 進入 DSP 領域設置了觀念上的障礙。而如今，隨著 AMD 公司和 Intel 公司相關產品的推出，DSP 領域已經不再是 FPGA 的禁區，而是成了 FPGA 未來的希望所在。

2.2　FPGA 的發展趨勢

自 1985 年 Xilinx 公司推出第一個 FPGA 產品至今，FPGA 已經歷了 30 多年的歷史。在這 30 多年的發展過程中，以 FPGA 爲代表的數位系統現場整合技術取得了驚人的發展。FPGA 產品從最初的 1200 個可利用邏輯閘，發展到 20 世紀 90 年代的 25 萬個可利用邏輯閘。21 世紀初，著名廠商 Altera 公司、Xilinx 公司又陸續推出了數百萬個邏輯閘的單個 FPGA 晶片，將 FPGA 產品的整合度提高到一個新的水準。FPGA 技術正處於高速發展時期，新型晶片的規模越來越大，成本也越來越低，低端的 FPGA 已逐步取代了傳統的數位元件，高端的 FPGA 正在爭奪專用積體電路（Application Specific Integrated Circuit，ASIC）、數位訊號處理器（Digital Signal Processor，DSP）的市場份額。特別是隨著 ARM、FPGA、DSP 技術的相互融合，在 FPGA 晶片中整合專用的 ARM 及 DSP 核的方式已將 FPGA 技術的應用推到了一個前所未有的高度。

縱觀 FPGA 的發展歷史，其之所以具有巨大的市場吸引力，根本在於：FPGA 不僅可以解決電子系統小型化、低功耗、高可靠性等問題，而且其開發週期短、開發軟體投入少、晶片價格不斷降低。FPGA 越來越多地取代了 ASIC、DSP，特別是在小批量、多品種的生產場合。

目前，FPGA 的主要發展動向是：隨著大規模 FPGA 產品的發展，系統設計進入片上可程式化系統（System on a Programmable Chip，SoPC）的新紀元；晶片朝著高密度、低電壓、低功耗方向挺進；國際各大公司都在積極擴充其 IP 庫，以優化的資源更好地滿足用戶的需求，擴大市場；特別引人注目的是，FPGA 與 ARM、DSP 等技術的相互融合，推動了多種晶片的融合式發展，從而極大地擴展了 FPGA 的性能和應用範圍。

1.　大容量、低電壓、低功耗 FPGA

大容量 FPGA 是市場發展的焦點。FPGA 產業中的兩大霸主——Altera 公司（現被 Intel 公司收購）和 Xilinx 公司（現被 AMD 公司收購）在超大容量 FPGA 上展開了激烈的競爭。2011 年，Altera 公司率先推出了 Stratix V、Arria V 與 Cyclone V 三大系列的 28 nm FPGA 晶片。Xilinx 公司隨即推出了自己的 28 nm FPGA 晶片，也包括三大系列——Artix-7、Kintex-7、Virtex-7，其中 Virtex-7000T 這款包含 68 億個電晶體的 FPGA，具有 1954560 個邏輯單元。這是 Xilinx 公司採用台積電（TSMC）28 nm 的 HPL 製造技術推出的第三款 FPGA，也是世界上第一個採用堆疊矽片互聯（SSI）技術的商用 FPGA。目前，AMD（Xilinx）公司宣稱採用台積電的 16nm FinFET 製造技術與全新 UltraRAM 和 SmartConnect 技術相結合，為市場提供更加智慧、更高整合度、更高頻寬的高端產品。

採用深次微米（DSM）的半導體製造技術後，元件在性能提高的同時，其價格在逐步降低。隨著可攜式應用產品的發展，人們對 FPGA 的低電壓、低功耗的要求日益迫切，因此，無論哪個廠家、哪種類型的產品，都在朝著這個方向發展。

2.　系統級高密度 FPGA

隨著生產規模的提高，產品應用成本的下降，FPGA 已經不僅僅適用於系統介面部件的現場整合，而且可靈活地應用於系統級（包括其核心功能晶片）設計之中。在這樣的背景下，國際主要 FPGA 廠家在系統級高密度 FPGA 的技術發展上，主要強調了兩個方面：FPGA 的 IP（Intellectual Property，智慧財產權）硬核和 IP 軟核。當前具有 IP 內核的系統級 FPGA 的開發主要體現在兩個方面：一方面是 FPGA 廠商將 IP 硬核（指完成版圖設計的功能單元模組）嵌入 FPGA 元件中；另一方面是大力擴充優化的 IP 軟核（指利用 HDL 語言設計並經過綜合驗證的功能單元模組），使用者可以直接利用這些預定義的、經過測試和驗證的 IP 核資源，有效地完成複雜的晶片內系統設計。

3.　SiP(System in Package)系統級封裝晶片融合的趨勢

2011 年以後，整個半導體業界晶片融合的趨勢越來越明顯。例如，以 DSP 見長的德州儀器（Texas Instruments，TI）、美國類比元件公司（Analog Device Inc.，ADI）相繼推出將 DSP 與 MCU（Micro Control Unit，微控制器）整合在一起的晶片平臺，而以做 MCU 平臺為主的廠商也推出了在 MCU 平臺上整合 DSP 核的方案。在 FPGA 業界，這個趨勢更加明顯，除 DSP 核和處理器 IP 核早已整合在 FPGA 晶片上外，FPGA 廠商開始積極與處理器（核）廠商合作推出整合了 FPGA 的處理器平臺產品。

這種融合趨勢出現的根本原因是什麼呢？這還要從 CPU、DSP、FPGA 和 ASIC 各自的優缺點說起。通用的 CPU 和 DSP 軟體可程式化、靈活性高，但功耗較高；FPGA 具有硬體可程式化的特點，非常靈活，功耗較低；ASIC 是針對特定應用固化的，不可程式化，不靈活，但功耗很低。這就涉及一個矛盾，即靈活性和效率的矛盾。隨著電子產品推陳出新速度不斷加快，對產品設計的靈活性和效率要求越來越高，怎樣才能兼顧靈活性和效率，這是一個巨大的挑戰。半導體業內最終認可的解決方案是晶片的融合，即將不同特點的晶片整合在一起，發揮它們的優點，避免它們的缺點。因此，"微處理器+DSP+專用 IP 核+可程式化"架構成為晶片融合的主要架構。

在晶片融合方面，FPGA 具有優勢：①FPGA 本身架構非常清晰，其生態系統經過多年的培育發展，非常完善，軟硬體和協力廠商合作夥伴都非常成熟；②其自身在發展過程中已經進行了與 CPU、DSP 和硬 IP 核的整合，因此，在與其他處理器融合時，具有成熟的環境和豐富的經驗。Intel 公司已經和業內各個 CPU 廠商展開了合作，如 MIPS、Freescale、ARM，推出了混合系統架構的產品。AMD 公司和 ARM 公司聯合發佈了基於 28 nm 製造技術的全新的可擴展式處理平臺（Extensible Processing Platform）架構。這款基於雙核 ARM Cortex-A9 MPCore 的處理器平臺同時擁有串列和並行處理能力，它可為各種嵌入式系統提供強大的系統性能、靈活性和整合度。

4. FPGA 與 CPU 的深度融合

2015 年 6 月，Intel 公司宣佈以 167 億美元的價格收購 Altera 公司，一時業界針對此事的評論鋪天蓋地。Intel+FPGA 會得出什麼樣的結果？一時讓人們對 FPGA 的發展有了無窮的想像。

2022 年 2 月 14 日晚，美國 AMD 公司宣佈以全股份交易方式完成對 Xilinx 公司的收購，總交易額達 350 億美元。AMD 公司總裁兼首席執行官蘇姿豐表示："對 Xilinx 的收購可將一系列高度互補的產品、客戶和市場，以及差異化的 IP 和世界一流的人才彙集在一起，把 Xilinx 打造成為行業高性能和自我調整計算的領導者。Xilinx 領先的 FPGA、自我調整 SoC、人工智慧引擎和軟體專業知識將賦能 AMD，帶來超強的高性能和自我調整計算解決方案，並幫助我們在可預見的約 1350 億美元的雲計算、邊緣計算和智慧設備市場中佔據更大份額。"

2.3   FPGA 的結構

目前主流的 FPGA 仍是基於查閱資料表技術（Look up Table，LUT）的，但已經遠遠超過了先前版本的基本性能，並且整合了常用功能（如 RAM、時鐘管理和 DSP）的硬核模組。各大廠商的 FPGA 架構基本類似，FPGA 的基本結構主要包括邏輯單元陣列、輸入輸出模組、內部記憶體模組、數位信號處理（乘法器）模組、時鐘管理模組，以及專用的高速介面等硬核模組，高端的 FPGA 晶片還整合了 ARM 處理器硬核模組。各廠商對功能模組的命名有一定差異，如 Intel 公司 FPGA 中的邏輯元件陣列稱為邏輯單元，AMD 公司 FPGA 中的邏輯元件陣列稱為可配置邏輯塊（Configurable Logic Block，CLB），廣東高雲半導體公司推出的 FPGA 中的邏輯元件陣列稱為可配置功能單元（Configurable Function Unit，CFU）。

圖 2-7 為廣東高雲半導體公司推出的 GW1N 系列 FPGA 元件結構示意圖。元件內部是可配置功能單元（CFU），週邊是輸入輸出模組（IOB），元件內嵌了靜態隨機記憶

體模組（Block SRAM）、時鐘鎖相環（PLL）、片內晶振（OSC）和用戶快閃記憶體（User Flash），支援暫態啓動功能，同時元件內嵌了 MIPI D-PHY RX 硬核模組（一種高速序列傳輸介面）。

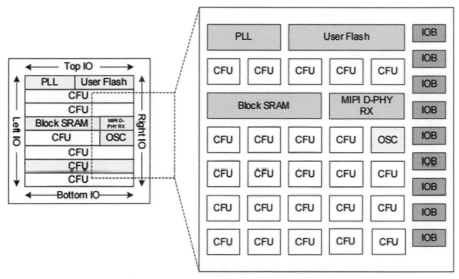

圖 2-7　GW1N 系列 FPGA 元件結構示意圖

CFU 是構成高雲半導體 FPGA 產品內核的基本單元，每個基本單元可由四個可配置邏輯塊（CLS）及相應的可配置佈線單元（CRU）組成，其中每個可配置邏輯塊均包含兩個四輸入查閱資料表（LUT）和兩個暫存器（REG），如圖 2-8 所示。

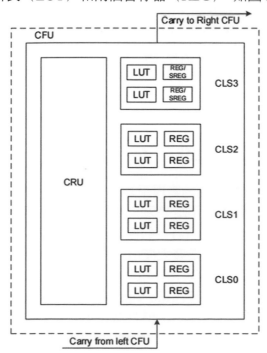

圖 2-8　可配置功能單元（CFU）結構示意圖

　　GW1N 系列 FPGA 產品的 IOB 主要包括 I/O 緩衝區、I/O 邏輯及相應的佈線單元三個部分。每個 IOB 包括兩個 I/O 接腳，它們可以配置成一組差分信號對，也可以作為單端信號分別配置。

　　靜態隨機記憶體模組（Block SRAM）可以理解為內嵌的 RAM，這些記憶體資源按照模組排列，以行的形式分佈在整個 FPGA 陣列中。每個 Block SRAM 可配置最高 18kbit 的儲存空間。工程師可通過 IP（Intelligent Property，智慧財產權）核配置成單埠模式、雙埠模式及唯讀記憶體（ROM）模式等多種操作模式。

　　時鐘鎖相環是一種回饋控制電路，利用外部輸入的參考時鐘信號控制環路內部振盪信號的頻率和相位。GW1N 系列 FPGA 元件的時鐘鎖相環模組能夠提供多種頻率的時鐘信號，通過配置不同的參數可以進行時鐘的頻率調整（倍頻和分頻）、相位調整、占空比調整等。

　　GW1N 系列 FPGA 產品內嵌了一個可程式化片內晶振，支持 2.5MHz～125MHz 的時鐘頻率。片內晶振提供可程式化的使用者時鐘，可以為使用者的設計提供時鐘源，通過配置工作參數，可以獲得多達 64 種時鐘頻率。

　　GW1N 系列 FPGA 元件提供使用者快閃記憶體（User Flash）資源，可直接儲存 FPGA 程式，不需要單獨為 FPGA 外接一塊 Flash 晶片。

　　佈線資源連通 FPGA 內部的所有單元，而連線的長度和製造技術決定著信號在連線上的驅動能力和傳送速率。FPGA 晶片內部有著豐富的佈線資源，根據製造技術、長度、寬度和分佈位置的不同，佈線資源劃分為四類：第一類是全域佈線資源，用於晶片內部全域時鐘信號和全域重置/設置信號的佈線；第二類是長線資源，用以完成晶片 Bank 間的高速信號和第二全域時鐘信號的佈線；第三類是短線資源，用於完成基本邏輯單元之間的邏輯互連和佈線；第四類是分散式的佈線資源，用於專有時鐘、重置等控制信號線。在實際工程設計中，設計者不需要直接選擇佈線資源，佈局佈線器可自動根據輸入邏輯網表的拓撲結構和約束條件選擇佈線資源來連通各個模組單元。從本質上來講，佈線資源的使用方法和設計的結果有密切、直接的關係。

2.4　FPGA 與其他處理平臺的比較

　　目前，現代數位信號處理技術的實現平臺主要有 ASIC、DSP、ARM 及 FPGA 四種。隨著半導體晶片生產製造技術的不斷發展，四種平臺的應用領域已出現相互融合的趨勢，但因各自的側重點不同，依然有各自的優勢及鮮明特點。關於對四者的性能、特點、應用領域等方面的比較分析一直是廣大技術人員及專業雜誌討論的熱點之一。相對而言，ASIC 只提供可以接受的可程式化性和整合水準，通常可為指定的功能提供最佳解決方案；DSP 可為涉及複雜分析或決策分析的功能提供最佳可程式化解決方案；ARM 則在嵌入式作業系統、視覺化顯示等領域得到廣泛的應用；FPGA 可為高度並行或涉及線性處理的高速信號處理功能提供最佳的可程式化解決方案。接下來對這幾種數位信號處理平臺的特點進行簡要介紹。

2.4.1　ASIC、DSP、ARM 的特點

　　ASIC 是一種為專門目的而設計的積體電路。ASIC 設計主要有全客製化設計方法和半客製化設計方法。半客製化設計又可分為閘陣列設計、標準單元設計、可程式化邏輯設計等。全客製化設計完全由設計工程師根據製造技術，以盡可能高的速度和盡可能小的面積，獨立地進行晶片設計。這種方法雖然靈活性高，且可以實現最優的設計性能，但是需要花費大量的時間與人力來進行人工的佈局佈線，而且一旦需要修改內部設計，將會影響其他部分的佈局，所以它的設計成本相對較高，適合於大批量的 ASIC 晶片設計，如儲存晶片的設計等。相比之下，半客製化設計是一種基於庫元件的約束性設計。約束的主要目的是簡化設計、縮短設計週期，並提高晶片的成品率。它更多地利用了 EDA 系統來完成佈局佈線工作，可以大大減少設計工程師的工作量，因此它比較適合於小批量的 ASIC 晶片設計。

　　DSP 有自己的完整指令系統，是以數位信號來處理大量資訊的元件。一個 DSP 晶片包括控制單元、運算單元、各種暫存器，以及一定數量的儲存單元等，在其週邊還可以連接若干記憶體，並可以與一定數量的外部設備互相通信，有軟、硬體的全面功能，本身就是一個微型電腦。DSP 採用哈佛結構設計，即資料匯流排和位址匯流排分開，使程式和資料分別儲存在兩個分開的空間，即取指令和執行指令可同步完成。也就是說，在執行上一條指令的同時就可取出下一條指令，並進行解碼，這大大提高了其處理速度。另外，DSP 允許在程式空間和資料空間之間進行傳輸，增加了元件的靈活性。其工作原理是接收類比信號，將其轉換為 0 或 1 的數位信號，再對數位信號進行修改、刪除、強化，並在其他系統晶片中把數位資料解譯為類比資料或實際環境格式資料。它不僅具有可程式化性，而且其實時運行速度可達每秒數以千萬條複雜指令，遠遠超過通用微處理器，是數位化電子世界中日益重要的處理器晶片。它的強大資料處理能力和高運行速度，是最值得稱道的兩大特色。它運算能力很強，運行速度很快，體積很小，而且可採用軟體程式設計，具有高度的靈活性，為各種複雜的應用提供了一條有效途徑。當然，與通用微處理器相比，DSP 晶片的其他通用功能相對較弱。

　　ARM 嵌入式處理器是一種 32 位高性能、低功耗的精簡指令集計算（Reduced Instruction Set Computing，RISC）晶片，它由英國 ARM 公司設計。世界上幾乎所有的半導體廠商都生產基於 ARM 體系結構的通用晶片，或在其專用晶片中嵌入 ARM 的相關技術，如 TI、Motorola、Intel、Atmel、Samsung、Philips、NEC、Sharp、NS 等公司都有相應的產品。ARM 只是一個核，ARM 公司自己不生產晶片，通常授權給半導體廠商生產。目前，全球幾乎所有的半導體廠商都向 ARM 公司購買了 ARM 核，配上多種不同的控制器（如 LCD 控制器、SDRAM 控制器、DMA 控制器等）和外設、介面，生產各種基於 ARM 核的晶片。目前，基於 ARM 核的處理器型號有幾百種，在國內市場上，常見的有 ST、TI、NXP、Atmel、Samsung、OKI、Sharp、Hynix、Crystal 等廠商的晶片。使用者可以根據自己的應用需求，從性能、功能等方面考察，在眾多型號的晶片中選擇最合適的晶片來設計自己的應用系統。由於 ARM 核採用向上相容的指令系統，使用者開發的軟體可以非常方便地移植到更高的 ARM 平臺。ARM 微處理器一般

具有體積小、功耗低、成本低、性能高、速度快的特點,目前 ARM 晶片廣泛應用於工業控制、無線通訊、網路產品、消費類電子產品、安全產品等領域,如交換機、路由器、數控設備、機上盒、STB 及智慧卡都採用了 ARM 晶片。可以預見,ARM 晶片將在未來的電子資訊領域中獲得越來越廣泛的應用。

2.4.2　FPGA 的特點及優勢

作為 ASIC 領域中的一種半客製化電路,FPGA 克服了原有可程式化元件邏輯閘電路數有限的缺點。可以毫不誇張地講,FPGA 能完成任何數位元件的功能。上至高性能 CPU,下至簡單的 74 電路,都可以用 FPGA 來實現。FPGA 如同一張白紙或一堆積木,設計工程師可以通過傳統的原理圖輸入法或硬體描述語言(HDL)自由設計一個數位系統。通過軟體模擬,我們可以事先驗證設計的正確性。在完成 PCB 以後,還可以利用 FPGA 的線上修改功能,隨時修改設計而不必改動硬體電路。使用 FPGA 來開發數位電路,可以大大縮短設計階段,減少 PCB 的面積,提高系統的可靠性。FPGA 是由存放在片內 RAM 中的程式來設置其工作狀態的,因此工作時需要對片內 RAM 進行程式設計。使用者可以根據不同的配置模式,採用不同的程式設計方式。加電時,FPGA 晶片將 Flash 中的資料讀入片內 RAM,完成配置後,FPGA 進入工作狀態。掉電後,FPGA 恢復成空白晶片,內部邏輯關係消失,因此,FPGA 能夠反復使用。FPGA 的程式設計無須專用的程式設計器,只需使用通用的 Flash 程式設計器即可。當需要修改 FPGA 的功能時,只需更換 Flash 中的程式資料即可。這樣,同一片 FPGA,不同的程式資料,可以產生不同的電路功能,因此,FPGA 的使用非常靈活。可以說,FPGA 晶片是小批次系統提高系統整合度、可靠性的極佳選擇。

它們的區別是什麼呢?DSP 主要是用來計算的,如進行加密解密、調製解調等,其優勢是強大的資料處理功能和較高的運行速度。ARM 具有比較強的事務管理功能,可以用來運行介面和應用程式等,其優勢主要體現在控制方面。FPGA 可以用 VHDL 或 Verilog HDL 來程式設計,靈活性強,由於能夠進行程式設計、除錯、再程式設計和重複操作,因此可以充分地進行設計開發和驗證。當電路有少量改動時,更能顯示出 FPGA 的優勢,其現場程式設計功能可以延長產品在市場上的壽命,因為這種功能可以用來進行系統升級或除錯。

對信號處理元件性能的鑒定必須衡量該元件是否能在指定的時間內完成所需的功能,通常要對多個乘加運算處理時間進行測量。考慮一個具有 16 個抽頭的簡單 FIR 濾波器,該濾波器要求在每次採樣中完成 16 次乘積累加(MAC)操作。德州儀器公司的 TMS320C6203 DSP 具有 300 MHz 的時鐘頻率,在合理的優化設計中,每秒可完成大約 4 億至 5 億次 MAC 操作。這意味著 C6203 系列元件的 FIR 濾波器具有 3100 萬次/秒的最大輸入採樣速率。但在 FPGA 中,所有 16 次 MAC 操作均可並存執行,FPGA 可輕鬆地實現上述配置,並允許 FIR 濾波器工作在 1 億個樣本/秒的輸入採樣速率下。

目前,無線通訊技術的發展十分迅速,無線通訊技術的理論基礎之一是軟體無線電技術,而數位信號處理技術無疑是實現軟體無線電技術的基礎。無線通訊一方面正向語音和資料綜合的方向發展；另一方面，在手持 PDA 產品中越來越多地需要綜合移動技術。這對應用於無線通訊的 FPGA 晶片提出了嚴峻的挑戰，其中很重要的三個方面是功耗、性能和成本。為適應無線通訊的發展，FPGA 系統晶片（System on a Chip，SoC）的概念、技術應運而生。利用系統晶片技術將盡可能多的功能整合在一片 FPGA 晶片上，使其具有速率高、功耗低的特點，不僅價格低廉，還可以降低複雜性，便於使用。

　　實際上，FPGA 元件的功能早已超越了傳統意義上的膠合邏輯功能。隨著各種技術的相互融合，為了同時滿足運算速度、複雜度，以及降低開發難度的需求，目前在數位信號處理領域及嵌入式技術領域，"FPGA+DSP+ARM"的配置模式已浮出水面，並逐漸成為標準的配置模式。

2.4.3　FPGA 與 CPLD 的區別

　　前面介紹了 CPLD 和 FPGA 的基本結構。從可程式化發展歷程來講，FPGA 可以說是在 CPLD 的基礎上發展起來的。本書主要討論 FPGA 的設計問題，從設計的流程及硬體設計語言（HDL）的設計方法來講，CPLD 和 FPGA 沒有本質的區別，但由於 CPLD 和 FPGA 的結構有較大的差異，因而它們具有不同的特點和應用範圍。下面簡要介紹一下 CPLD 和 FPGA 的特點及差異，便於工程設計時有針對性地選擇合適的元件。

　　（1）FPGA 的整合度比 CPLD 高，具有更複雜的佈線結構和邏輯實現。

　　（2）CPLD 更適合正反器有限而乘積項豐富的結構，適合完成複雜的組合邏輯；FPGA 更適合正反器豐富的結構，適合完成時序邏輯。

　　（3）CPLD 的連續式佈線結構決定了它的時序延遲是均勻的、可預測的，而 FPGA 的分段式佈線結構決定了其時序延遲的不可預測性。CPLD 的速度比 FPGA 快。

　　（4）在程式設計上，FPGA 比 CPLD 具有更大的靈活性。CPLD 通過修改固定的內部電路的邏輯功能來程式設計，FPGA 主要通過改變內部連線的佈線來程式設計。

　　（5）一般情況下，CPLD 的功耗比 FPGA 大，且整合度越高越明顯。

2.5　工程中如何選擇 FPGA 元件

　　FPGA 具備設計靈活、可以重複程式設計的優點，因此在電子產品設計領域得到了越來越廣泛的應用。在工程項目或者產品設計中，選擇 FPGA 晶片可以參考以下幾點原則。

　　1）盡可能選擇成熟的產品系列

　　FPGA 晶片的製造技術一直走在晶片設計領域的前列，產品更新換代速度非常快。穩定性和可靠性是產品設計需要考慮的關鍵因素。廠家最新推出的 FPGA 系列產品一般都沒有經過大批量應用的驗證，選擇這樣的晶片會增加設計風險。而且，最新推出的 FPGA 晶片因為產量比較小，一般供貨情況都不會很理想，價格也偏高一些。如果成熟的產品能滿足設計指標要求，那麼最好選這樣的晶片來完成設計。

　　2）儘量選擇相容性好的封裝

FPGA 設計一般採用硬體描述語言（HDL）來完成。這與基於 CPU 的軟體發展有很大不同。特別是演算法實現的時候，在設計之前，很難估算這個演算法需要佔用多少 FPGA 的邏輯資源。作為程式碼設計者，希望演算法實現之後再選擇 FPGA 的型號。但是，現在的設計流程一般都是軟體和硬體並行設計。也就是說，在完成 HDL 程式碼設計之前，就開始硬體板卡的設計。這就要求硬體板卡具備一定的相容性，可以相容不同規模的 FPGA 晶片。幸運的是，FPGA 晶片廠家已經考慮到這一點。目前，同系列的 FPGA 晶片一般可以做到相同物理封裝相容不同規模的元件。正是因為這一點，將來的產品會具備非常好的擴展性，可以不斷地增加新的功能或者提高性能，而不需要修改電路板的設計檔。

3）儘量選擇同一個公司的產品

如果在整個電子系統中需要多個 FPGA 元件，那麼儘量選擇同一個公司的產品。這樣不僅可以降低採購成本，還可降低開發難度。因為同一個公司的產品的開發環境和開發工具是一致的，晶片介面電壓準位和特性也一致，便於互連。

2.6 小結

本章的主要內容是追溯 FPGA 元件的歷史足跡，瞭解 FPGA 元件的未來。FPGA 元件目前的全球市場相比 CPU、ASIC 等產業雖然仍有一定差距，但從其迅猛的發展勢頭來看，與其他傳統半導體產業分庭抗禮，繼而傲視群雄的時代已為時不遠。可以說，學習 FPGA 就是學習電子技術的現在和未來。

本章的很多內容都只是概念性的介紹，對於 FPGA 工程師來講，基本不需要花費過多的時間深入掌握，只需知其然即可。

我們將本章學習的要點總結如下：

（1）可程式化記憶體（PROM）可以實現組合邏輯功能，屬於可程式化邏輯元件。

（2）PROM、PLA、PAL、GAL 都屬於 SPLD，一般將 GAL22V10 作為 SPLD 與 CPLD 的分水嶺。

（3）Intel 公司在 1983 年發明瞭 CPLD，AMD 公司在 1985 年發明瞭世界上第一個 FPGA 產品 XC2064。

（4）CPLD 主要採用乘積項結構實現邏輯功能，FPGA 元件主要採用查閱資料表結構實現邏輯功能。

（5）FPGA 元件的功能已遠遠超出了膠合邏輯的範疇，隨著與 ARM、CPU 等技術的融合，FPGA 元件已迎來了晶片內系統（SoPC）的發展盛世。

（6）通常按照成熟、相容的原則選擇 FPGA 元件作為工程開發的目標元件。

第 3 章

準備好開發環境

　　工欲善其事，必先利其器。學習 FPGA 設計，首先需要正確安裝開發環境。綜合考慮國際國內 FPGA 技術的發展現狀、FPGA 晶片的供貨情況、開發板生產成本、開發環境的易用性等因素，本書選用廣東高雲半導體公司推出的 FPGA 為開發平臺。為完成 FPGA 入門設計，需要安裝高雲雲源軟體 GOWIN FPGA Designer 及 ModelSim 軟體。GOWIN FPGA Designer 用於設計輸入、邏輯綜合及實現，ModelSim 用於程式碼的模擬測試。

　　為使讀者儘快掌握 FPGA 設計流程，本書還配套了一款低成本的 FPGA 開發板 CGD100，用於驗證書中幾乎所有的實常式式。本書的實例都相對簡單，主要涉及按鍵、LED 燈、LED 數碼管、蜂鳴器、串列埠通訊介面。讀者也可以選購其他型號的開發板，只要具有相應的硬體介面，在修改程式的目標 FPGA 元件型號及約束接腳之後，均可驗證書中實例。

　　學習 FPGA 設計離不開設計語言，由於 Verilog HDL 設計語言的語法相對於 C 語言等來講要簡潔得多，為便於讀者快速掌握 FPGA 設計，本章僅對 Verilog HDL 的基本語法進行簡要介紹，後續討論 FPGA 設計實例時，再對 Verilog HDL 語法進行詳細討論。讀者也可以快速流覽 Verilog HDL 語法，對硬體語法只需有一個基本的概念，隨著學習的深入，再逐漸理解 Verilog HDL 的硬體程式設計思想。

3.1　安裝 FPGA 開發環境

3.1.1　安裝高雲雲源軟體

　　用戶可直接在高雲官方網站（http://www.gowinsemi.com.cn/）的開發者專區下載最新版本的雲源軟體 GOWIN FPGA Designer，雲源軟體支援 Windows 系統和 Linux 系統兩個版本。在網站可下載教育版和全功能版，教育版不需要 License 即可使用，全功能版需在官網申請 License 方可使用。申請 License 時需要填寫使用者電腦的 MAC 位址，即一個 Licence 只能用於一台電腦。全功能版與教育版的主要區別在於支持的元件型號不同,教育版僅支持較小規模的元件,全功能版支持高雲的所有 FPGA 元件。

　　按兩下高雲雲源軟體安裝程式,在打開的介面中依次按一下"Next""I Agree"按鈕,進入雲源軟體安裝元件選擇對話方塊,如圖 3-1 所示。

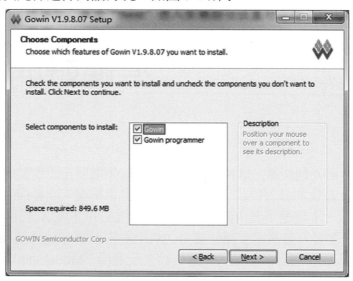

圖 3-1　雲源軟體安裝元件選擇對話方塊

　　圖 3-1 中的元件主要包括 Gowin 開發環境和程式下載元件 Gowin Programmer,預設全選擇即可,按一下"Next"按鈕進入安裝路徑設置對話方塊,如圖 3-2 所示。使用者可以選擇軟體安裝的路徑。

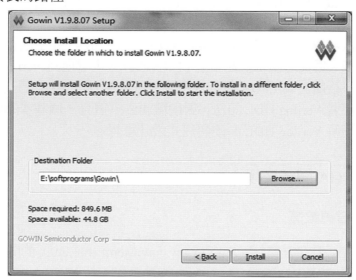

圖 3-2　安裝路徑設置對話方塊

按一下"Install"按鈕即可開始軟體安裝。由於雲源軟體的功能比較簡單，軟體安裝十分迅速。完成 Gowin 和 Gowin Programmer 組件安裝後，自動彈出 USB 轉 JTAG 驅動安裝對話方塊，如圖 3-3 所示。

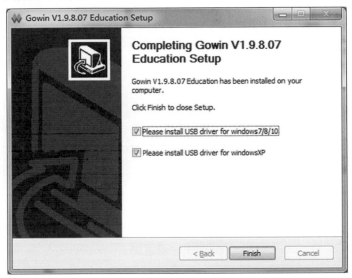

圖 3-3　USB 轉 JTAG 驅動安裝對話方塊

雲源軟體整合了 USB 轉 JTAG（邊界掃描）驅動，便於通過 USB 介面完成 FPGA 程式的下載，使用非常方便。

依次按一下"Next"按鈕，即可順利完成 FTDI 公司的 USB 轉串列埠晶片 FT232HQ 的驅動安裝。本書配套開發板 CGD100 上整合了由 FT232HQ 轉接的 USB 轉 JTAG 下載的電路模組。

3.1.2　安裝 ModelSim 軟體

Mentor 公司的 ModelSim 是業界非常優秀的 HDL 語言模擬軟體，它能提供友好的模擬環境，是業界唯一的單內核支援 VHDL 和 Verilog HDL 混合模擬的模擬器。ModelSim 採用直接優化的編譯技術、單一內核模擬技術，編譯模擬速度快，編譯的程式碼與平臺無關，便於保護 IP 核。個性化的圖形介面和使用者介面，為使用者加快除錯進程提供了強有力的手段，是 FPGA 的首選模擬軟體。

ModelSim 可以獨立完成 HDL 程式碼的模擬測試。AMD、Intel 這兩家公司的 FPGA 開發環境自帶了 HDL 模擬工具，同時提供了與 ModelSim 軟體連接的功能介面，可以將 ModelSim 軟體嵌入公司的 FPGA 開發環境中。雲源軟體本身沒有自帶的 HDL 模擬工具，也沒有提供與 ModelSim 連接的功能介面，因此只能獨立運行 ModelSim 軟體完成 HDL 模擬。同時，ModelSim 可以編譯高雲 FPGA 的 IP 核，完成 IP 核的模擬庫編譯後，即可利用 ModelSim 完整模擬包含高雲 FPGA IP 核的 HDL 檔，應用起來十分方便。

接下來首先介紹 ModelSim 軟體的安裝步驟。

　　按兩下 ModelSim 安裝程式，打開軟體安裝介面，按一下"Next"按鈕進入安裝路徑設置介面，設置好安裝路徑後依次按一下"Next""Agree"按鈕進入安裝介面，如圖 3-4 所示。

圖 3-4　安裝介面

　　安裝完成後，進入硬體安全金鑰驅動器（Hardware Security Key Driver）安裝介面，按一下"Yes"按鈕完成安裝即可，如圖 3-5 所示。硬體安全金鑰驅動器實際上是安裝 ModelSim 軟體的 License 檔的工具。

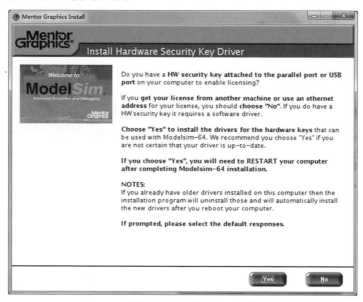

圖 3-5　硬體安全金鑰驅動器安裝介面

　　如果 HDL 檔中不包括任何 IP 核，則可直接使用 ModelSim 進行模擬；如果 HDL 檔中包含了實例化的 IP 核，由於 ModelSim 是協力廠商軟體，本身沒有整合高雲 FPGA 的 IP 核資訊，因此需要在 ModelSim 中完成高雲 FPGA 的 IP 核編譯，才能進行模擬。

　　首先在 ModelSim 安裝目錄下新建“gowin\gw1n”資料夾，用於存放編譯後的小蜜蜂系列 FPGA 元件庫檔（本書配套開發板的 FPGA 晶片為小蜜蜂家族的 GW1N-UV4LQ144）。建好資料夾後，打開 ModelSim 軟體，依次按一下“File”→“Change Directory”，打開修改目錄對話方塊，將目前的目錄修改為新建的“gowin\gw1n”路徑。依次按一下“File”→“New”→“Library”，打開新建資料庫對話方塊，將庫名稱（Library Name）修改為 prim_sim，如圖 3-6 所示。

圖 3-6　新建資料庫對話方塊

　　按一下“OK”按鈕完成模擬庫的建立。依次按一下“Compile”→“Compile”，打開編譯原始檔案對話方塊，選擇“Library”為“prim_sim”，將檔路徑設置為雲源軟體安裝目錄下的“IDE\simlib\gowin\gwln\prim_sim.v”，按一下“Compile”按鈕，即可完成高雲小蜜蜂家族 FPGA 元件的 IP 庫編譯，如圖 3-7 所示。

圖 3-7　編譯原始檔案對話方塊

3.2 ｜開發平臺 CGD100 簡介

CGD100 是專為本書設計的一塊低成本入門級 FPGA 開發板。本書中的實例主要涉及按鍵、LED 燈、LED 數碼管、蜂鳴器、串列埠通訊介面，CGD100 具備這些功能介面。書中絕大多數實例均可在該開發板上驗證。由於本書的實例較為簡單，對晶片的邏輯資源需求量較少，讀者也可以選購其他具備類似介面的 FPGA 開發板完成本書的實例。利用其他開發板完成本書實例時，只需修改工程中的目標 FPGA 元件的型號，並根據開發板使用者手冊修改程式頂層埠信號對應的接腳約束即可。如果讀者採用其他公司的 FPGA 元件為開發平臺，對於涉及 IP 核的程式實例，需要在對應的開發環境中重新生成所需功能的 IP 核。

CGD100 的外觀尺寸為 90 mm×60 mm，精心設計的電路板結構緊湊、佈局美觀且具備良好的工作穩定性。綜合考慮工程實例對邏輯資源的需求，以及產品價格等因素，CGD100 開發板採用高雲的小蜜蜂家族 FPGA 系列 GW1N-UV4LQ144 為主晶片。該晶片包含 4608 個 4 輸入 LUT4、3456 個正反器（FF）、180kbit 的塊狀記憶體（SSRAM）、256kbit 的用戶快閃記憶體（Flash）、16 個位寬為 18bit 的乘法器、2 個時鐘鎖相環（PLL）和 125 個使用者 I/O 模組。

CGD100 開發板的實物如圖 3-8 所示，主要有以下特點。

圖 3-8　CGD100 開發板實物圖

- 256kbit 的快閃記憶體資源，有足夠的空間儲存 FPGA 配置程式。
- 整合了下載電路模組，只需一根 USB 線即可完成 FPGA 程式下載及除錯。
- 50MHz 外部晶振。
- 獨立的 USB 轉串列埠介面，便於完成串列埠通訊等功能。
- 4 個共陽極八段 LED 數碼管，便於完成數位時鐘等功能。
- 1 個無源蜂鳴器，便於完成電子琴等功能。
- 8 個獨立按鍵。
- 8 個單色 LED 燈。
- 4 個三色 LED 燈（紅、黃、綠）。
- 4 位元撥碼開關。
- 80 針擴展介面，擴展輸出獨立的 FPGA 用戶接腳。

3.3　Verilog HDL 基本語法

3.3.1　Verilog HDL 的程式結構

Verilog HDL 的基本設計單元是模組。一個模組由兩部分組成，一部分用於描述介面，另一部分用於描述邏輯功能，即定義輸入是如何影響輸出的。下面是一段完整的 Verilog HDL 程式碼。

```
module exam01(          //第 1 行
    input a,            //第 2 行
    input b,            //第 3 行
    output c,           //第 4 行
    output d);          //第 5 行

    assign c= a & b;    //第 7 行
    assign d= a | b;    //第 8 行

endmodule               //第 10 行
```

上面的 Verilog HDL 程式碼描述了一個 2 輸入的與閘電路，輸入信號為 a、b，輸出信號為 c。程式的第 1 行表明模組的名稱為 exam01；第 2～5 行說明瞭介面的信號流向；第 7、8 行說明瞭模組的邏輯功能；第 10 行是模組的結束語句。以上就是一個簡單的 Verilog HDL 模組的全部內容。從這個例子可以看出，Verilog HDL 程式完全嵌在 module 和 endmodule 宣告語句之間。每個 Verilog HDL 程式一般包括三個部分：模組及埠定義、內部信號宣告（非必需）和程式功能定義。

圖 3-9 所示為上述 Verilog HDL 程式生成的電路原理圖。

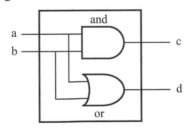

圖 3-9　模組 exam01 程式生成的電路原理圖

1）模組及埠的定義

當使用 Verilog HDL 程式來描述電路模組時，使用關鍵字 module 來定義模組名稱，即 module 後空一格字元，接著是模組名稱，如"module exam01"表示模組名稱為 exam01。模組名稱要與 Verilog HDL 程式的檔案名完全一致。

模組名稱後用一對括弧來說明模組的輸入/輸出埠信號，input 表示輸入埠信號，output 表示輸出埠信號。埠信號之間用","分隔。Verilog HDL 用";"表示一條語句的結束，因此");"表示完成了整個埠信號的說明。

下面的例子表示宣告了一個名為 exam02 的模組，該模組包括 2 輸入位元寬為 4 bit 的輸入信號 din1 和 din2，1 輸入位元寬為 5 bit 的輸出信號 dout。

```
module exam02(
    input [3:0] din1,
    input [3:0 ] din2,
    output [4:0] dout);

    //內部信號，以及電路功能說明語句

endmodule
```

除了可以採用上面的方法來描述模組埠，還可以採用下面的這種方法。

```
module exam02(din1,din2,dout);
    input [3:0] din1;
    input [3:0 ] din2;
    output [4:0] dout;

    //內部信號，以及電路功能說明語句

endmodule
```

採用這種方法描述模組埠時，首先將所有的埠名寫在一對括弧中，然後對每個埠的位寬、輸入/輸出方向進行說明。由於每個埠信號都要書寫兩次，這種方法相對而言要繁瑣一些。因此推薦採用第一種方法，它也是本書所採用的方法。

2）內部信號的說明

Verilog HDL 有兩種基本的信號類型，即 wire（線網）和 reg（暫存器）。在模組的埠宣告中，如果對信號類型不做說明，則默認為 wire 類型。

在 module 內部描述電路功能時，Verilog HDL 規定，在使用某個 reg 類型信號時，必須先進行說明，但 wire 類型的信號可以不進行說明。為了使程式碼更加規範，在設計程式時，無論什麼類型的信號，強烈建議在使用之前都先進行說明。例如，下面的 Verilog HDL 程式說明瞭 1 個位元寬為 1 bit 的 wire 類型信號 ce，以及 1 個位元寬為 5 bit 的 reg 類型信號 data5。

```
wire ce;
reg [4:0] data5;
```

3）程式功能的定義

在 Verilog HDL 中，描述電路功能的方法主要有以下三種。

第 1 種方法是通過關鍵字 assign 來描述電路功能，如"assign c=a&b;"表示一個 2 輸入的與閘電路。其中，assign 是關鍵字，表示把"="右側的邏輯運算結果賦給"="左側的信號。

第 2 種方法是通過元件描述電路功能，如"and u1(c,a,b);"表示一個 2 輸入的與閘電路。這種方法類似於調用一個庫元件，根據元件的接腳定義，為接腳指定對應的信號即可。"and u1(c,a,b);"表示調用一個名為 and 的元件，調用時宣告這個元件在檔中的名稱為 u1，其輸入接腳分別輸入信號 a、b，輸出接腳輸出信號 c。由於一個檔中可以有多個相同的元件，因此每個元件的名稱必須是唯一的，以避免與其他的元件相混淆。

第 3 種方法是通過 always 來描述電路功能，例如：

```
always @(posedge clk or posedge rst)
    begin
        if(rst) q<=0;
        else q <= d;
    end
```

上面的程式碼描述了一個具有非同步清零功能的 D 型正反器，清零信號為 rst，輸入信號為 d，輸出信號為 q，時鐘信號為 clk。在 Verilog HDL 中，assign 模組主要用於描述組合邏輯電路的功能；always 模組既可以描述組合邏輯電路的功能，也可以描述時序邏輯電路的功能，是最常用的電路功能描述語句，有多種描述邏輯關係的方式。上面的程式採用 if…else 語句來表達邏輯關係。需要說明的是，在 always 模組中描述電路功能時，被賦值(Assignments)的信號必須宣告為 reg 類型。

下面再看一段採用 3 種方法描述電路功能的程式。

```
module exam03(                              //第 1 行
    input a,
    input b,
    input rst,
    input clk,
    output c,
    output d,
    output q);
    reg f;                                  //第 9 行
    always @(posedge clk or posedge rst)
        begin
            if(rst) f<=0;
            else f <= a;
        end
    assign q = f;                           //第 15 行
    assign c = !a;                          //第 16 行
    and u1(d,a,b);                          //第 17 行
endmodule
```

上面這段程式描述了以下 3 個電路的功能：採用 always 描述具有非同步清零功能的 D 型正反器的功能（第 9～15 行）、採用 assign 描述反閘電路的功能（第 16 行）、採用元件描述與閘電路的功能（第 17 行）。

　　需要注意的是，如果用 Verilog HDL 實現一定的邏輯功能，首先要清楚哪些功能是同時執行的，哪些功能是循序執行的。上面的程式描述的 3 個電路的功能是同時執行的（併發的），也就是說，即使將這 3 個電路功能的描述程式放到一個 Verilog HDL 檔中，每個電路功能對應描述程式的次序並不會影響電路功能的實現。

　　在 always 模組內，邏輯是按照指定的循序執行的。always 模組中的語句是順序語句，因為這些語句是循序執行的。請注意，多個 always 模組是同時執行的，但是模組內部的語句是循序執行的。看一下 always 模組內的語句，就會明白電路功能是如何實現的。if...else...if 是循序執行的，否則其功能就沒有任何意義。如果 else 語句在 if 語句之前執行，電路功能就不符合要求。

3.3.2　資料類型及基本運算元

　　（1）資料類型。

　　Verilog HDL 的資料類型較多，典型的有 wire、reg、integer、real、realtime、memory、time、parameter、large、medium、scalared、small、supply0、supply1、tri、tri0、tri1、triand、trior、trireg、vectored、wand、wor。雖然資料類型很多，但在進行邏輯設計時常用的資料類型只有幾種，其他資料類型主要用於基本邏輯單元的建資料庫，屬於閘級電路原理圖和開關級的 Verilog HDL 語法，系統級的設計不需要關心這些語法。

　　本書中涉及的資料類型主要有 wire、reg、time、parameter 等。

　　wire 為線網，表示組合邏輯電路的信號。在 Verilog HDL 中，輸入信號和輸出信號的預設類型是 wire 類型。wire 類型的信號可以作為任何電路的輸入，也可以作為 assign 語句或元件的輸出。

　　reg 是暫存器資料類型，在 Verilog HDL 中，always 模組內的信號都必須定義為 reg 類型。需要說明的是，雖然 reg 類型的信號通常是暫存器或正反器的輸出，但並非 reg 類型的信號一定是暫存器或正反器的輸出，具體由 always 模組的程式碼決定，理解這一點很重要，後面還會舉例說明。

　　time 是時間資料類型，用於定義時間信號，僅在測試激勵檔中使用，具體用法將在介紹 FPGA 設計實例時討論。

　　parameter 是定義參數類型，用來定義常量，可以通過 parameter 定義一個識別字來表示一個常量，稱為符號常量，這樣可以提高程式的可讀性和可維護性。

　　（2）常量與變數。

　　在程式運行過程中，值不能被改變的量稱為常量，常量的值為某個數字，下面是 Verilog HDL 中定義常量及數字的幾種常用方法。

```
parameter data0=8'b10101100;    //定義常量 data0，值為 8 bit 的二進位數字 10101100
parameter data1=8'b1010_1100;   //定義常量 data1，值為 8 bit 的二進位數字 10101100
parameter data2=16'ha2b3;       //定義常量 data2，值為 16 bit 的十六進位數 a2b3
parameter data3=8'd5;           //定義常量 data3，值為 8 bit 的十進位數字 5
parameter data3=-8'd15;         //定義常量 data3，值為 8 bit 的十進位數字-15
parameter data3=-8'd15;         //定義常量 data3，值為 8 bit 的十進位數字-15
```

變數是一種在程式運行過程中可以改變其值的量，Verilog HDL 有多種變數，最重要的是 wire 和 reg。在定義這兩種類型的變數時，均可以直接賦初值，如下所示：

```
wire [3:0] cn4=0;          //定義位元寬爲 4 bit 的 wire 型變數 cn4，且賦初值爲 0
reg [4:0] cn5=10;          //定義位元寬爲 5 bit 的 reg 型變數 cn5，且賦初值爲 10
```

（3）運算元與運算式。

Verilog HDL 的運算元較多，按功能可分爲算術運算元、條件運算元、位運算元、關係運算元、邏輯運算元、移位運算元、位拼接運算元、縮減運算元等。下面對每種運算元進行簡要的介紹。

①算術運算元。算術運算元主要有“+”（加法）、“-”（減法）、“*”（乘法）、“/”（除法）、“%”（模運算）。算術運算元都是雙目運算元，帶兩個運算元，如“assign c = a + b;”表示將信號 a 與 b 的和賦給 c。在 Verilog HDL 中，加法和減法運算直接使用運算元“+”“-”即可。雖然乘法運算可以直接使用運算元“*”，但更常用的方法是採用開發工具提供的乘法器 IP 核進行運算，以提高運算速度，相關內容將在本書後續章節專門討論。在 FPGA 中，除法運算比較複雜，一般僅在測試激勵檔中使用運算元“/”，這是因爲測試激勵檔中的程式碼僅進行理論計算，不綜合成電路。在可綜合成電路的 Verilog HDL 程式中，一般不使用運算元“/”，而使用專用的除法器 IP 核。模運算元“%”僅用在測試激勵檔中，用於完成兩個運算元的模運算。

②條件運算元。條件運算元是三目運算元，如“assign d =(a)？b,c;”表示根據 a 的值（也可以是運算式）對信號 d 進行賦值(Assignments)，如果 a 爲眞（邏輯 1），則將 b 的值賦給 d，否則將 c 的值賦給 d。

③位運算元。位運算元主要有“~”（取反）、“&”（按位與）、“|”（按位或）、“^”（按位異或）、“^~”（按位同或）。除了“~”是單目運算元，其他的位運算元均爲雙目運算元，且運算規則相似。例如，按位與就是對兩個運算元的對應位進行與運算。假設 a=4'b1101，b=4'b0100，c=a&b 的值爲 4'b0100，d=a^b 的值爲 4'b1001。

④關係運算元。關係運算元主要有“<”（小於）、“>”（大於）、“<=”（小於或等於）、“>=”（大於或等於）、“==”（等於）、“!=”（不等於）、“===”（嚴格等於）、“!==”（嚴格不等於）。關係運算元都是雙目運算元，用於比較兩個運算元的大小。其中，使用“===”“!==”對運算元進行比較時，會對某些位的不定值和高阻值進行比較，這兩種關係運算元在 FPGA 設計時使用得較少。

⑤邏輯運算元。邏輯運算元主要有“&&”（邏輯與）、“!”（邏輯非）、“||”（邏輯或）。“&&”和“||”是雙目運算元，運算的結果只有眞（用邏輯 1 表示）和假（用邏輯 0 表示）兩種狀態，如“（a>b）&&(b>c)”“(a<b)||(b<c)”。“！”是單目運算元，如“！（a>b）”。

⑥移位運算元。移位運算元主要有“<<”（左移位）、“>>”（右移位）。移位運算元是雙目運算元，如“a>>n”，a 代表要進行移位的運算元，n 代表要移幾位。在進行這兩種移位操作時，移出的空位用 0 來塡補。

⑦位拼接運算元。位拼接運算元是“{}”，用於把兩個或多個信號的某些位元拼接起來進行運算操作，如 a=4'b1100、b=4'b0011，則“c={a[3:2],b}”的值爲 6'b110011。

⑧縮減運算元。縮減運算元是單目運算元，也有與、或、非運算。其中，與、或、非運算的規則類似於位元運算中的與、或、非運算，但其運算過程不同。位運算是對運算元的相應位進行與、或、非運算，運算元是幾位數，其運算結果也是幾位數。縮減運算是對單個運算元進行與、或、非遞推運算，最後的運算結果是 1 位二進位數字。具體運算規則為：第一步將數的第 1 位與第 2 位進行與、或、非運算；第二步將運算的結果與第 3 位進行相應的運算，依此類推，直到最後一位為止。例如，B 為位元寬為 3 bit 的信號，則&B 運算相當於"((B[0]&B[1])&B[2])&B[3])"。

3.3.3 運算元優先順序及關鍵字

Verilog HDL 的運算元有一定的優先順序關係，為便於查閱參考，表 3-1 對 Verilog HDL 運算元的優先順序進行了總結。

表 3-1　Verilog HDL 運算元的優先順序

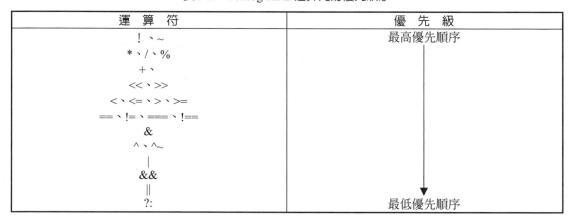

運　算　符	優　先　級
！、~	最高優先順序
＊、/、％	
＋、	
<<、>>	
<、<=、>、>=	
==、!=、===、!==	
&	
^、^~	
｜	
&&	
‖	
?:	最低優先順序

為提高程式的可讀性，建議使用括弧明確表達各運算元之間的優先關係。

在 Verilog HDL 中，所有關鍵字是事先定義好的，關鍵字採用小寫字母（Verilog HDL 中語句是大小寫敏感的）。Verilog HDL 的常用關鍵字有 always、and、assign、begin、buf、bufif0、bufif1、case、casex、casez、cmos、deassign、default、defparam、disable、edge、else、end、endcase、endmodule、endfunction、endprimitive、endspecify、endtable、endtask、event、for、force、forever、fork、function、highz0、highz1、if、initial、inout、input、integer、join、large、macromodule、medium、module、nand、negedge、nmos、nor、not、notrifo、notrif1、or、output、parameter、pmos、posedge、primitive、pullup、pulldown、rcmos、reg、repeat、release、repeat、rpmos、rtran、tri、tri0、tri1、vectored、wait、wand、weak0、weak1、while、wire、wor、xnor、xor。

在編寫 Verilog HDL 程式時，變數的名稱不能與這些關鍵字衝突。

3.3.4　設定陳述式與區塊描述

1.　設定陳述式

　　Verilog HDL 有兩種賦值(Assignments)方式：阻塞賦值（=，blocking assignment）和非阻塞賦值（<=，non-blocking assignment）。

　　對於非阻塞賦值(<=)來講，上一條語句所賦值的變數不能立即被下一條語句使用，區塊描述結束後才能完成這次賦值操作，被賦值變數的值是上一次設定陳述式的結果；對於阻塞賦值（=）來講，設定陳述式執行完成後變數的值會立刻改變。

　　上面對兩種賦值方式的描述是教科書中的常見描述，實際上，我們可以從語句所描述的電路功能來理解。

　　（1）"="可以用在 assign 語句和 always 區塊描述中。"="用在 assign 語句中描述的是組合邏輯電路，用在 always 區塊描述中描述的是組合邏輯電路和時序邏輯電路。

　　（2）"<="只能用在 always、initial 區塊描述中，其中 initial 只在測試激勵檔中使用。

　　（3）為了進一步簡化並規範設計，強烈建議在 always 區塊描述中僅使用"<="。

　　assign 語句描述的組合邏輯電路，比較容易理解。接下來簡單討論 always 區塊描述描述的組合邏輯電路和時序邏輯電路。關於 always 的語法將在後續章節中通過具體的應用實例詳細討論。下面舉例說明。

```
always @(*)             //這是推薦的寫法，括弧裡的*號表示語句描述的是組合邏輯電路
begin
    b<=a;
    c<=b;
end

always @(a,b)           //這是另一種寫法，括弧裡的 a 和 b 表示區塊描述的敏感信號
begin
    b<=a;
    c<=b;
end
```

　　上面的程式用兩種方式描述了相同的電路功能，即輸入信號節點 a 直接與節點 b 連接，以及輸入信號節點 b 與節點 c 連接，在電路上就相當於 a、b、c 三個信號節點處於短路狀態，相當於一個節點。

　　再來看一個用 always 區塊描述描述時序邏輯電路的例子。

```
always @(posedge clk)   //第 1 行，注意括弧裡的關鍵字 posedge
begin
    b<=a;               //第 3 行
    c<=b;               //第 4 行
end
```

　　從語法的角度來講，上面的程式功能是當 clk 信號的正緣(rising edge)到來時，首先將 a 的值賦給 b，然後將 b 的值賦給 c。回憶一下 D 型正反器的工作原理，就可以很容易明白這段程式碼描述的是兩個串聯的正反器，其電路如圖 3-10 所示。

　　在上面的程式中，第 3 行描述的是圖 3-10 左側的 D 型正反器，第 4 行描述的是圖 3-10 右側的 D 型正反器。兩個 D 型正反器之間雖然由 b 信號線連接，但相互之間並不存在邏輯先後關係，因此，即使調換第 3、4 行程式碼的順序，所描述的電路功能也沒有任何改變。後面將會繼續討論順序語句與並行語句的內容。

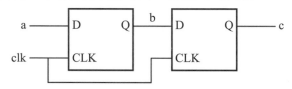

圖 3-10　採用 always 區塊描述描述兩個串聯的正反器

　　上面從語法的角度分析了 D 型正反器的描述方法。我們可以直接從電路功能的角度來理解上面的程式，即將每行程式與電路結構對應起來，這樣更易於形成採用硬體思維編寫 FPGA 程式的習慣。

2.　區塊描述

　　區塊描述通常用來將兩條或多條語句組合在一起，使其在格式上看起來更像一條語句。Verilog HDL 有兩種區塊描述：begin…end（順序塊）和 fork…join（並行塊）。其中，begin…end 可用在 Verilog HDL 可綜合的程式中，也可用在測試激勵檔中；fork…join 只能用在測試激勵檔中。

　　順序塊中的語句是按循序執行的，即只有上面一條語句執行完後，下面的語句才能執行；並行塊中的語句是並存執行的，即各條語句無論書寫的順序如何，均是同時執行的。

　　雖然從語法上來講，順序塊中的語句是按循序執行的，但我們從語句所描述的電路角度，更容易把握語句的執行結構。如果順序塊中用到了 if…else 語句，則由於 if…else 本身就具備嚴格的先後順序，語句按循序執行。如果順序塊中的幾條語句本身沒有直接的邏輯關係，則各語句仍然是並存執行的。下面是一個程式實例。

```
always @(posedge clk)          //第 1 行
begin
    b<=a;                      //第 3 行
    c<=b;                      //第 4 行
    if(ce) d <= a + b;         //第 5 行
    else d<=a-b;               //第 6 行
end
```

　　第 3～6 行均在 begin…end 中，其中第 5 行和第 6 行組成 if…else 語句，這兩條語句不能交換，需要按循序執行。第 3 行、第 4 行及第 5～6 行，這 3 段程式之間並沒有先後關係，是並存執行的。也就是說，將上面的程式修改成下面的程式，兩者綜合後的電路完全相同。

```
always @(posedge clk)              //第 1 行
begin
    if(ce) d <= a + b;             //原程式的第 5 行
    else d<=a-b;                   //原程式的第 6 行
    b<=a;                          //原程式的第 3 行
    c<=b;                          //原程式的第 4 行
end
```

接下來介紹測試激勵檔中順序塊與並行塊的執行差別。下面是一段利用順序塊生成測試信號 clr 的程式碼。

```
initial
begin
    clr = 0;                       //第 3 行
    #10    clr = 1;                //第 4 行
    #20    clr = 0;                //第 5 行
    #30    clr = 1;                //第 6 行
end
```

上面的程式表示：在上電時，從起始時刻算起，clr 的初值爲 0，10 個時間單位後爲 1，30 個時間單位後爲 0，60 個時間單位後爲 1。

下面是一段利用並行塊生成測試信號 clr 的程式碼。

```
initial
fork
    clr = 0;                       //第 3 行
    #10    clr = 1;                //第 4 行
    #20    clr = 0;                //第 5 行
    #30    clr = 1;                //第 6 行
join
```

由於 fork…join 內部的語句是並存執行的，因此上面的程式表示：在上電時，從起始時刻算起，clr 的初值爲 0，10 個時間單位後爲 1，20 個時間單位後爲 0，30 個時間單位後爲 1。

3.3.5　條件陳述式和分支陳述式

Verilog HDL 的主要陳述式有條件陳述式、分支陳述式、迴圈陳述式這幾類。在實際設計過程中，應用最爲廣泛的是條件陳述式和分支陳述式。本書中的實例所使用的語法很少，限於篇幅，下面僅介紹條件陳述式和分支陳述式。

1.　條件陳述式

　　條件陳述式（if…else）用來判斷所給定的條件是否能得到滿足，並根據判斷結果決定執行給定的兩種操作之一。if…else 語句只能用在 always 或 initial 區塊描述中。if…else 語句是 Verilog HDL 中常見的語句，下面舉例說明它的三種用法。

```
//第一種用法，只有 if語句
if(a>b)
    dout <= din;

//第二種用法，完整的 if…else 語句
if(a>b)
    dout <= din1;
else
    dout <= din2;

//第三種用法，具有嵌套結構的 if…else 語句
if(a>b)
    dout <= din1;
else
    if(cn>10)    dout <= din2;
    else    dout <= 0;
```

　　上面的例子很容易理解，第一種用法只有 if語句；第二種用法是有兩個分支結構的完整 if…else 語句；第三種用法表示 if…else 語句可以巢狀使用。

2.　分支陳述式

　　分支陳述式（case）是一種多分支選擇語句。條件陳述式可以理解為帶有優先順序的選擇語句。分支陳述式可以提供多個分支，且各個分支之間沒有優先級別的區別。同 if…else 語句一樣，case 語句也只能用在 always 或 initial 區塊描述中。下面舉例說明它的用法。

```
wire [2:0] sel;              //定義 3 bit 的信號 sel
always @(*)
reg [7:0] result;           //定義 8 bit 的信號 result
case(sel)
    4'd0:    result <= 8'b00000001;
    4'd1:    result <= 8'b00000011;
    4'd2:    result <= 8'b00000111;
    4'd3:    result <= 8'b00001111;
    4'd4:    result <= 8'b00011111;
    4'd5:    result <= 8'b00111111;
    default: result <= 8'b11111111;
endcase
```

上面程式的功能是：根據信號 sel 的值，使 result 輸出不同的資料。例如，當 sel 為 3 時，result 輸出 8'b00001111。default 表示在 sel 為其他值時需要執行的語句。由於 result 是 always 區塊描述中被賦值的信號，因此必須宣告爲 reg 類型。sel 不是 always 區塊描述內被賦值的信號，可以宣告爲 wire 類型。

3.4　小結

本章主要介紹了 FPGA 開發環境的安裝方法，以及 Verilog HDL 的基本語法。Verilog HDL 的完整語法十分豐富，但應用於邏輯設計的語法只有很少的幾條，如 assign、always、if...else、case 等。語法的規則是固定的，經過一段時間自己動手編寫並偵錯工具後，掌握這些基本的語法並不困難。FPGA 工程師的主要工作在於根據使用者需求，形成完整的硬體設計思想，並採用這些固定的語法將設計思想表達出來，形成滿足使用者需求的功能電路。如果讀者在閱讀完本章後，對 Verilog HDL 語法仍然理解不透，也不必著急，接下來讀者可在具體的設計實例中慢慢理解這些基本語法的本質——形成特定的基本電路。

初識篇

初識篇以經典的 LED 流水燈爲實例，從組合邏輯電路開始介紹，使讀者感受通過 Verilog HDL"繪製"電路的設計思想。正如紛繁複雜的數位產品在本質上都是由"0"和"1"組成的一樣，掌握 FPGA 的靈魂和精華，就打開了絢爛至極的 FPGA 設計技術之門。D型正反器就是 FPGA 的靈魂，計數器就是 FPGA 的精華。本篇還詳細闡述了 Verilog HDL"並行語句"的概念，幫助讀者悟透 Verilog HDL 與 C 語言之間的本質區別。

04/

FPGA 設計流程——LED 流水
燈電路

05/

從組合邏輯電路學起

06/

時序邏輯電路的靈魂——
D 型正反器(Flip-Flop，FF)

07/

時序邏輯電路的精華——
計數器

第 4 章

FPGA 設計流程──
LED 流水燈電路

　　瞭解了基本的數位電路、可程式化邏輯電路知識，準備好軟硬體開發環境後，接下來開始 FPGA 設計。第一個 FPGA 程式實例總是比較簡單，好比學習 C 語言時，通常第一個程式是在螢幕上輸出"Hello World!"信息。FPGA 的開發過程要比 C 語言等常規軟體語言略顯複雜，但開發步驟畢竟是固定不變的，當熟悉這些步驟之後，工程師只需要按部就班地將自己的設計呈現出來即可。與其他軟體設計一樣，完整的 FPGA 開發過程包含了大量的除錯模擬過程，為使讀者儘快體驗 FPGA 設計流程，本章以經典的流水燈程式為例，略去了模擬除錯步驟，討論從讀電路圖到完成 FPGA 程式下載及板載測試的全過程。關於模擬及除錯的方法、步驟、技巧，將在後續章節的實例中逐步展開討論。

4.1　FPGA 設計流程

　　本章首先介紹 FPGA 設計流程的主要步驟，然後通過流水燈設計實例來詳細介紹完整的 FPGA 設計流程。大多數介紹 FPGA 開發的圖書均會講述 FPGA 設計流程，其內容大同小異。FPGA 設計流程和使用 Altium Designer 設計 PCB 的流程類似，如圖 4-1 所示，圖中的實線框步驟為 FPGA 設計的必要步驟，虛線框步驟為可選步驟。

1.　設計準備

　　在進行任何一個設計之前，總要進行一些準備工作。例如，進行 VC 開發前需要先進行需求分析，進行 PCB 設計前需要先明確 PCB 的功能及介面。設計 FPGA 和設計 PCB 類

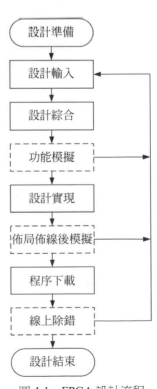

圖 4-1　FPGA 設計流程

似，只是設計的物件是一塊晶片的內部功能結構。從本質上講，FPGA 的設計就是 IC 的設計，在動手進行程式碼輸入前必須明確 IC 的功能及對外介面。PCB 的介面是一些介面插座及信號線，IC 的對外介面反應在其接腳上。FPGA 靈活性的最直接體現，就在於用戶接腳均可自訂。也就是說，在沒有下載程式前，FPGA 的使用者接腳均沒有任何功能，用戶接腳的功能是輸入還是輸出，是重置信號還是 LED 輸出信號，這些完全由程式確定，這對於傳統的專用晶片來說是無法想像的。

2.　設計輸入

明確了設計功能及對外介面後就可以開始設計輸入了。所謂設計輸入，就是編寫程式碼、繪製原理圖、設計狀態機等一系列工作。對於複雜的設計，在動手編寫程式碼前還需進行頂層設計、模組功能設計等一系列工作；對於簡單的設計來講，一個檔就可以解決所有的問題。設計輸入的方式有多種，如原理圖輸入方式、狀態機輸入方式、HDL 程式碼輸入方式、IP 核輸入方式及 DSP 輸入方式等，其中 IP 核輸入方式是一種高效率的輸入方式，使用經過測試的 IP 核，可確保設計的性能並提高設計的效率。

3.　設計綜合

大多數介紹 FPGA 設計的圖書在講解設計流程時，均把設計綜合放在功能模擬之後，原因是功能模擬是對設計輸入的語法進行檢查及模擬，不涉及電路綜合及實現。換句話說，即使你寫出的程式碼最終無法綜合成具體的電路，功能模擬也可能正確無誤。但作者認為，如果辛辛苦苦寫出的程式碼最終無法綜合成電路，就是一個不可能實現的設計，這種情況下不儘早檢查並修改設計，而是費盡心思地追求功能模擬的正確性，豈不是在浪費自己的寶貴時間？所以，在完成設計輸入後，先進行設計綜合，看看自己的設計是否能形成電路，再進行功能模擬可能會更好一些。所謂設計綜合，就是將 HDL 程式碼、原理圖等設計輸入翻譯成由及閘、或閘、反閘、正反器等基本邏輯單元組成的邏輯連接，並形成網表檔，供佈局佈線器進行電路實現。

FPGA 是由一些基本邏輯單元和記憶體組成的，電路綜合的過程也就是將通過語言或繪圖描述的電路自動編譯成基本邏輯單元組合的過程。這好比使用 Altium Designer 設計 PCB，設計好電路原理圖後，要將原理圖轉換成網表檔，如果沒有為每個原理圖中的元件指定元件封裝，或元件庫中沒有指定的元件封裝，在轉換成網表檔並進行後期佈局佈線時就無法進行下去。同樣，如果 HDL 的輸入語句本身沒有與之相對應的硬體實現，自然也就無法將設計綜合成電路（無法進行電路綜合）。即使設計在功能、語法上是正確的，但在硬體上卻無法找到與之相對應的邏輯單元來實現。

4.　功能模擬

功能模擬又稱為行為模擬，顧名思義，即功能性模擬，用於檢查設計輸入語法是否正確，功能是否滿足要求。由於功能模擬僅關注語法的正確性，因此，即使通過了功能模擬，也無法保證最後設計的正確性。實際上，對於高速或複雜的設計來講，在通過功能模擬後，要做的工作可能仍然十分繁雜，原因是功能模擬沒有用到實現設計的時序資訊，模擬延遲基本忽略不計，處於理想狀態。對於高速或複雜的設計來說，基本元件的延遲正是制約設計的瓶頸。儘管如此，功能模擬在設計初期仍然是十分重要的，一個功能模擬都不能通過的設計，一般來講是不可能通過佈局佈線模擬的，也不可能實現設計者的設計意圖。功能模擬可以對設計中的每一個模組單獨進行模擬，這也是程式除錯的基本方法，先對底層模組分別進行模擬除錯，再對頂層模組進行綜合除錯。

5.　設計實現

　　設計實現是指根據選定的 FPGA 型號，以及綜合後生成的網表檔，將設計配置到具體 FPGA 上。由於涉及具體的 FPGA 型號，所以實現工具只能選用 FPGA 廠商提供的軟體。高雲公司的 GOWIN FPGA Designer 實現過程比較簡單，可分為綜合、佈局佈線兩個步驟。在具體設計時，直接按一下雲源軟體中的佈局佈線條目，即可自動完成所有實現步驟。設計實現的過程就好比 Altium Designer 軟體根據原理圖生成的網表檔繪製 PCB 的過程。繪製 PCB 可以採用自動佈局佈線和手動佈局佈線兩種方式。對於 FPGA 設計來講，手動佈局佈線的難度太大，一般直接由 FPGA 開發工具完成自動佈局佈線功能。

6.　佈局佈線後模擬

　　一般來說，無論軟體工程師還是硬體工程師都更願意在設計過程中充分展示自己的創造才華，而不太願意花過多時間去做測試或模擬工作。對一個具體的設計來講，工程師願意更多地關注設計功能的實現，只要功能正確，工作差不多就完成了。由於目前設計工具的快速發展，尤其模擬工具的功能日益強大，這種觀念恐怕需要改變了。對於 FPGA 設計來說，佈局佈線後模擬，也稱為後模擬或時序模擬，ModelSim 提供的時序模擬稱為閘級模擬，這種模擬模式具有十分精確的邏輯元件延遲模型，只要約束條件設計正確合理，模擬通過了，程式下載到具體元件後基本上就不用擔心會出現什麼問題。在介紹功能模擬時說過，即使功能模擬通過了，設計離成功還較遠，但只要佈局佈線後模擬通過了，設計離成功就很近了。對於功能比較簡單的電路，或者時鐘處理速度不高的電路，由於 FPGA 晶片的本身性能較好，一般不需要進行佈局佈線後模擬。

7.　程式下載

　　佈局佈線後模擬正確就可以將設計生成的程式寫入元件中進行最後的硬體除錯，如果硬體電路板沒有問題的話，就可以看到自己的設計已經在正確地工作了。

　　對於高雲 FPGA 來說，程式下載常用的方式主要有兩種：SRAM 模式和 Embedded Flash 模式。其中使用 SRAM 模式下載後程式直接運行，但掉電後程式丟失；Embedded Flash 模式是將程式下載到 FPGA 晶片內的非易失性記憶體 Flash 中，掉電後程式不丟失。正因為如此，只要將不同的程式檔下載到 FPGA 和 Flash 中，當電路板上電後，FPGA 即可實現不同的功能。高雲 FPGA 晶片內嵌了 Flash，用於儲存 FPGA 程式檔。AMD 及 Intel 等廠商的 FPGA 晶片一般都需要外接 Flash 晶片，用於儲存 FPGA 程式檔。

8.　線上除錯

雖然程式在下載之前進行了模擬測試，程式本身運行正確，但在下載到元件中後，仍需要進行軟/硬體的聯合除錯，以確保系統能正常工作。因此，通常先將程式檔下載到 FPGA 上，並使用 FPGA 開發環境提供的線上除錯工具進行除錯。雲源軟體提供的線上除錯工具為 Gowin Analyzer Oscilloscope。Gowin Analyzer Oscilloscope 可以即時抓取程式中的介面信號及各種內部信號並顯示，便於測試程式和硬體的功能。

4.2　流水燈設計實例要求

實例 4-1：流水燈電路設計

完成流水燈電路設計，將程式下載到 CGD100 開發板上驗證流水燈功能。

在做任何設計之前，首先要明確專案的需求。對於簡單的專案，一兩句話就能說清楚專案需求；對於複雜的專案，需要反復與客戶溝通，詳細地分析項目需求，儘量弄清楚詳細的技術指標及性能，為後續的專案設計打好基礎。

流水燈設計實例的專案需求比較簡單，需要使用 CGD100 上的 8 個 LED 實現流水燈效果，如圖 4-2 所示。

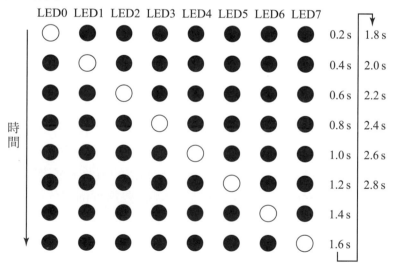

圖 4-2　使用 CGD100 上的 8 個 LED 實現流水燈效果

CGD100 上的 8 個 LED（LED0～LED7）排成一行，即隨著時間的推移，8 個 LED 依次迴圈點亮，呈現出“流水”的效果。設定每個 LED 的點亮時長為 0.2 s，從上電時刻開始，0～0.2 s LED0 點亮，0.2～0.4 s LED1 點亮，依此類推，1.4～1.6 s LED7 點亮，完成一個 LED 依次點亮的完整週期，即一個週期為 1.6 s。下一個 0.2 s 的時間段，即 1.6～1.8 s LED0 重新點亮，並依次迴圈。

4.3　　讀懂電路原理圖

　　FPGA 設計最終要在電路板上運行，因此 FPGA 工程師需要具備一定的電路圖讀圖知識，以便和硬體工程師或專案整體方案設計人員進行交流溝通。對於 FPGA 設計專案來講，必須明確知道所有輸入/輸出信號的硬體連接情況。對於流水燈實例來講，輸入信號有時鐘信號、重置信號、8 個 LED 的輸出信號。

　　時鐘信號的電路原理圖和接腳連接如圖 4-3 所示，圖中 X2 為 50 MHz 的晶振，由 3.3 V 電源供電，生成的時鐘信號由 X2 的接腳 3 輸出，圖中時鐘信號的網路標號為 CLK_50MHz。圖 4-3 下半部分為 FPGA 晶片的接腳連接圖，CLK_50MHz 與接腳 11 相連，因此 FPGA 的時鐘信號從 FPGA 的接腳 11 輸入。

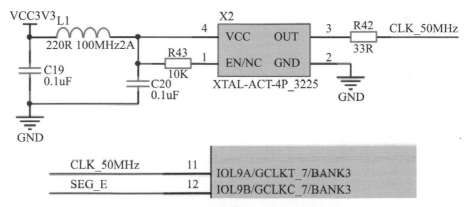

圖 4-3　時鐘信號的電路原理圖和接腳連接

　　按鍵信號的電路原理圖和接腳連接如圖 4-4 所示，圖中上半部分為按鍵信號的電路原理圖，當按鍵未按下時，左側的 KEY1～KEY8 信號線為高電壓準位；當按下按鍵時，KEY1～KEY8 信號線為低電壓準位。圖 4-4 下半部分為 FPGA 晶片的接腳連接圖，KEY1～KEY8 信號分別從 FPGA 的接腳 58～65 輸出。流水燈實例只需採用一個按鍵 KEY8 作為重置輸入按鍵，故只用到接腳 65。

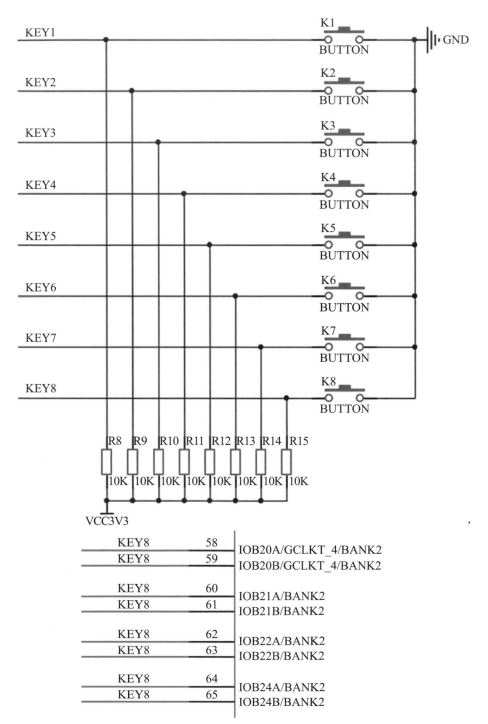

圖 4-4　按鍵信號的電路原理圖和接腳連接

　　LED 的電路原理圖如圖 4-5 所示，從圖中可以看出，當 FPGA 相應接腳輸出高電壓準位時，對應的 LED 點亮，反之 LED 熄滅。FPGA 晶片中與 LED 相連的接腳可以從 CGD100 原理圖中查閱。流水燈實例介面信號定義如表 4-1 所示。

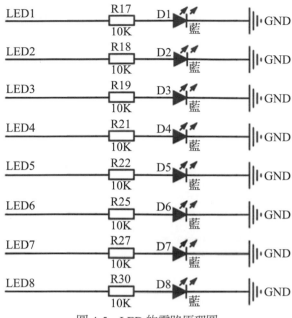

圖 4-5　LED 的電路原理圖

表 4-1　流水燈實例介面信號定義

程式中的信號名稱	FPGA 接腳	傳輸方向	功能說明
rst_n	65	→FPGA	低電壓準位有效的重置信號
clk50m	11	→FPGA	50 MHz 的時鐘信號
led[0]	23	FPGA→	當輸出為高電壓準位時，點亮 LED
led[1]	24	FPGA→	當輸出為高電壓準位時，點亮 LED
led[2]	25	FPGA→	當輸出為高電壓準位時，點亮 LED
led[3]	26	FPGA→	當輸出為高電壓準位時，點亮 LED
led[4]	27	FPGA→	當輸出為高電壓準位時，點亮 LED
led[5]	28	FPGA→	當輸出為高電壓準位時，點亮 LED
led[6]	29	FPGA→	當輸出為高電壓準位時，點亮 LED
led[7]	30	FPGA→	當輸出為高電壓準位時，點亮 LED

4.4　流水燈的設計輸入

4.4.1　建立 FPGA 工程

　　完成項目需求分析、電路圖分析及方案設計後，接下來可以進行 FPGA 設計了。如果使用者的電腦已安裝雲源軟體 GOWIN FPGA Designer，那麼按兩下桌面上的程式圖示，即可打開 GOWIN FPGA Designer。在工作介面中依次按一下"File"→"New"，可打開新建工程（Projects）或檔（Files）類型選擇對話方塊，如圖 4-6 所示。

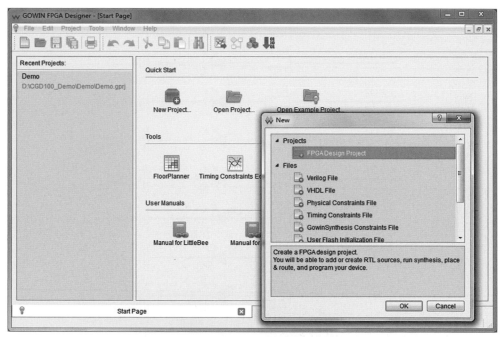

圖 4-6　新建工程或檔案類型選擇對話方塊

　　選中"Projects"→"FPGA Design Project"條目，或直接按一下主介面中的
"Quick Start"→"New Project"圖示，即可打開新建工程對話方塊，在對話方塊中設
置工程的名稱（waterlight）和存放路徑，按一下"Next"按鈕，進入元件選擇（Select Device）
介面，如圖 4-7 所示。

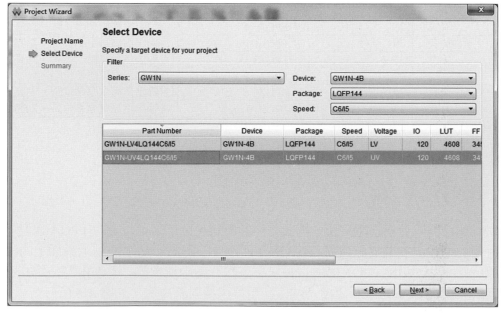

圖 4-7　元件選擇介面

　　根據 CGD100 開發板上的 FPGA 元件型號，在元件系列（Series）清單中選擇 GW1N，在元件（Device）列表中選擇 GW1N-4B，在封裝（Package）列表中選擇 LQFP144，在速度等級（Speed）清單中選擇 C6/I5，圖中的清單方塊中自動篩選出 CGD100 開發板對應的 FPGA 型號 GW1N-UV4LQ144C6/I5，選中該元件型號，依次按一下"Next""Finish"按鈕完成工程的創建，且軟體自動返回主介面。

　　此時打開工程路徑所指向的資料夾，可以發現目錄中出現了兩個子資料夾"impl""src"及 CPRJ 類型的工程檔 waterlight。其中，impl 資料夾用來存放工程編譯後的一些過程檔，src 資料夾用來存放工程中新建的資源檔。可以按兩下 waterlight.gprj，直接啟動雲源軟體並打開該 FPGA 工程。

　　完成工程創建後，如果需重新指定 FPGA 設計的目標元件，可以按一下雲源軟體主介面中的目標元件名稱，打開元件選擇介面重新指定目標元件，如圖 4-8 所示。

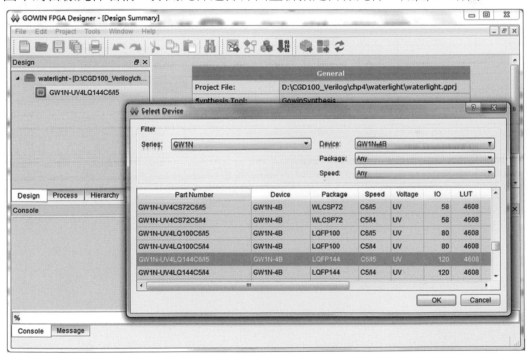

圖 4-8　創建工程後重新指定目標元件

4.4.2　Verilog HDL 程式輸入

　　完成 FPGA 工程建立後，開始編寫 Verilog HDL 程式碼，進行 FPGA 設計。AMD、Intel 公司的 FPGA 開發環境均提供了原理圖及 HDL 程式碼兩種輸入方式，雲源軟體僅提供 HDL 程式碼輸入方式。原理圖輸入方式類似於繪製電路圖的設計方式，雖然直觀，但十分不便於程式移植和後期程式碼的維護修改，因此應用很少。本書均採用 HDL 程式碼輸入方式進行 FPGA 設計。

　　在 GOWIN FPGA Designer 主介面中依次按一下"File"→"New"，打開新建資源介面，按一下"Files"→"Verilog File"，按一下"OK"按鈕，進入新建 Verilog 檔（New

Verilog file)介面,在檔案名(Name)編輯方塊中輸入 Verilog HDL 檔案名 waterlight,在檔存放目錄(Create in)編輯方塊中自動填入當前工程目錄下的 src 資料夾,如圖 4-9 所示。

圖 4-9　新建 Verilog 檔介面

按一下"OK"按鈕,完成 Verilog HDL 檔的創建,軟體主介面的工作區中自動生成名為"waterlight.v"的檔,且該檔處於打開狀態,可以在檔中輸入設計程式碼。

在該檔中輸入下列程式碼。

```
//waterlight.v 文件
module waterlight(
    input clk50m,                    //系統時鐘:50MHz
    input rst_n,                     //重置信號:低電壓準位有效
    output reg [7:0] led             //8 個 LED
    );

    reg [29:0] cn=0;
    always @(posedge clk50m or negedge rst_n)
        if (!rst_n) begin
            cn <= 0;
            led <= 8'hff;
            end
        else begin
            if (cn>30'd8000_0000) cn <=0;
            else cn <= cn + 1;
            if (cn<30'd1000_0000) led <=8'b0000_0001;
            else if (cn<30'd2000_0000) led <=8'b0000_0010;
            else if (cn<30'd3000_0000) led <=8'b0000_0100;
            else if (cn<30'd4000_0000) led <=8'b0000_1000;
            else if (cn<30'd5000_0000) led <=8'b0001_0000;
            else if (cn<30'd6000_0000) led <=8'b0010_0000;
            else if (cn<30'd7000_0000) led <=8'b0100_0000;
            else led <=8'b1000_0000;
            end
```

```
endmodule
```

上述檔程式碼實現的是一個 8 位元流水燈電路，每個燈點亮 0.2s 的時間，依次迴圈點亮，實現流水燈效果。本章僅關注 FPGA 的基本開發流程，關於流水燈的設計思路及 Verilog HDL 語法細節將在後續章節逐步展開討論。

完成程式碼輸入後保存檔。流水燈程式共有 10 個信號：時鐘信號 clk50m、重置信號 rst_n，以及 8 個 LED 信號。要使設計的程式能夠在 FPGA 開發板上正確運行，需要將程式的信號與 CGD100 電路板上的 FPGA 接腳關聯起來。完成信號與接腳關聯的過程稱為物理接腳約束。

新建類型為"Physical Constraints File"的檔，在檔中輸入下列程式碼。

```
//CGD100.cst 文件
IO_LOC "clk50m" 11;
IO_PORT "clk50m" IO_TYPE=LVCMOS33;
IO_LOC "rst_n" 65;        //k8
IO_PORT "rst_n" IO_TYPE=LVCMOS33;
IO_LOC "led[0]" 23;
IO_LOC "led[1]" 24;
IO_LOC "led[2]" 25;
IO_LOC "led[3]" 26;
IO_LOC "led[4]" 27;
IO_LOC "led[5]" 28;
IO_LOC "led[6]" 29;
IO_LOC "led[7]" 30;
IO_PORT "led[0]" IO_TYPE=LVCMOS33;
IO_PORT "led[1]" IO_TYPE=LVCMOS33;
IO_PORT "led[2]" IO_TYPE=LVCMOS33;
IO_PORT "led[3]" IO_TYPE=LVCMOS33;
IO_PORT "led[4]" IO_TYPE=LVCMOS33;
IO_PORT "led[5]" IO_TYPE=LVCMOS33;
IO_PORT "led[6]" IO_TYPE=LVCMOS33;
IO_PORT "led[7]" IO_TYPE=LVCMOS33;
```

至此，我們完成了流水燈實例的所有程式碼輸入工作。按兩下 GOWIN FPGA Designer 主介面中的"Run All"按鈕，軟體自動完成程式的綜合及佈局佈線工作。如果程式碼輸入正確，則軟體介面左側"Process"視窗中的"Synthesize"和"Place & Route"條目前均會出現綠色的"√"，表示程式綜合及佈局佈線正確，如圖 4-10 所示。

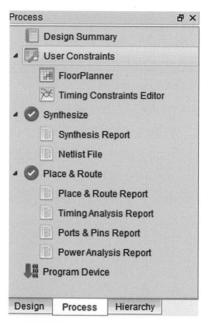

圖 4-10 程式綜合及佈局佈線成功後的介面

4.5 程式檔下載

佈局佈線成功後，在工程目錄的"\impl\pnr"路徑下會生成副檔名為 fs 的程式檔。對於流水燈實例來講，生成的程式檔為 waterlight.fs。採用 USB 線連接 CGD100 開發板和電腦，按兩下"Program Device"條目，啟動程式下載工具 Gowin Programmer，同時彈出下載線設置對話方塊，如圖 4-11 所示。

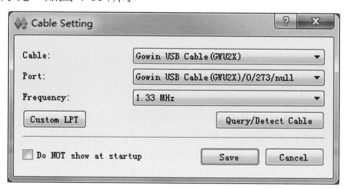

圖 4-11 下載線設置對話方塊

按圖 4-11 設置下載線狀態，按一下"Save"按鈕，返回 Gowin Programmer 介面。設置"Series"為 GW1N，"Device"為 GW1N-4B。按一下"Operation"按鈕，打開下載模式設置介面。FPGA 的程式下載模式主要有兩種：SRAM 模式及 Embedded Flash 模式，前者在掉電後程式即丟失，後者在掉電後程式不丟失。對於 SRAM 模式來講，在下載模式設置介面中，選擇"Access Mode"為 SRAM Mode，選擇"Operation"為"SRAM Program"；

對於 Embedded Flash 模式，在下載模式設置介面中，選擇"Access Mode"爲 Embedded Flash Mode，選擇"Operation"爲"embFlash Erase,Program"。在"File name"編輯方塊中設置下載檔案爲佈局佈線後生成的 waterlight.fs。兩種程式下載模式的設置介面如圖 4-12、圖 4-13 所示。

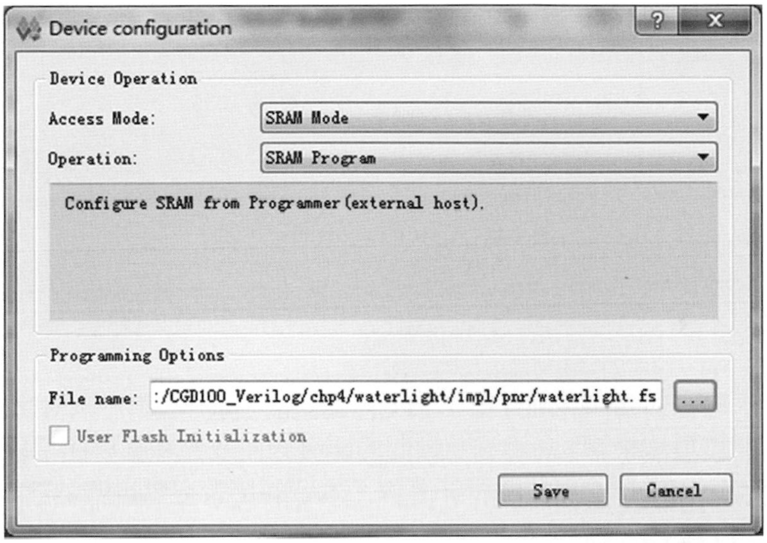

圖 4-12　SRAM 模式設置介面

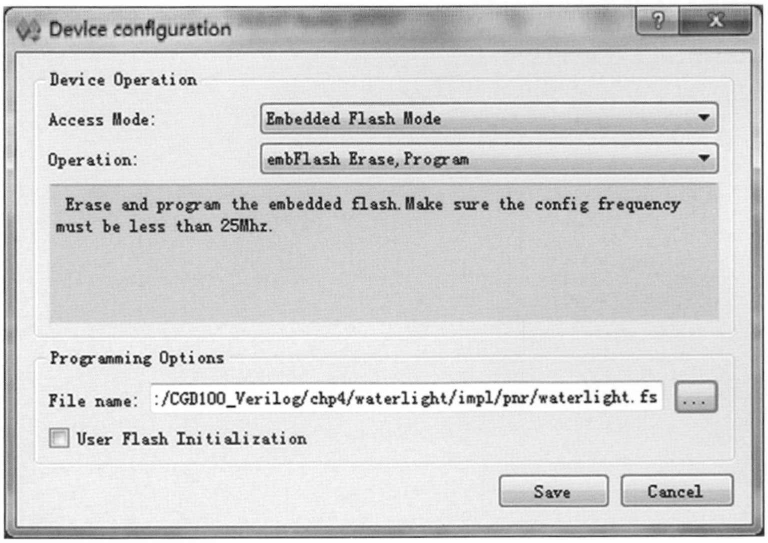

圖 4-13　Embedded Flash 模式設置介面

　　完成設置後的 Gowin Programmer 介面如圖 4-14 所示。按一下"Program/Configure"按鈕即可完成程式的下載。程式下載完成後，可以觀察到 CGD100 的 8 個 LED 呈現流水燈效果。

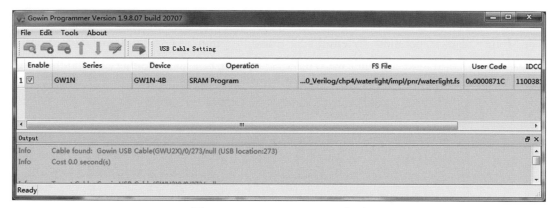

圖 4-14　Gowin Programmer 介面

4.6　小結

　　本章以流水燈實例為例詳細介紹了 FPGA 的設計流程。相對於 AMD、Intel 等 FPGA 廠商的 FPGA 開發環境來講，高雲雲源軟體的開發介面及流程都要簡單得多，因此更適合 FPGA 初學者快速掌握 FPGA 的設計流程。本章的學習要點可歸納為：

　　（1）瞭解 FPGA 的設計流程，並將其與 PCB 的設計流程進行對比分析。

　　（2）掌握雲源軟體的基本使用方法及步驟。

　　（3）理解 SRAM 及 Embedded Flash 兩種程式下載模式的特點。

第5章

從組合邏輯電路學起

　　組合邏輯電路的特點是輸出的變化直接反應了輸入的變化，其輸出的狀態僅取決於輸入的當前狀態，與輸入、輸出的原始狀態無關。如果從電路結構上來講，組合邏輯電路是沒有正反器元件的電路。組合邏輯電路的輸入輸出關係比較簡單，在數位電路技術課程中首先討論的是組合邏輯電路。由於數位電路只有 0、1 兩種狀態，基本的邏輯閘電路為及閘、或閘、反閘等，輸入輸出關係很容易理解。正因為如此，不少同學初次接觸數位電路技術時，都感覺理解起來毫無困難。本章討論群組合邏輯電路的 FPGA 設計，讓讀者逐步體會 Verilog HDL 設計的魅力。

5.1　從最簡單的反及閘電路開始

5.1.1　調用閘級結構描述反及閘

實例 5-1：反及閘電路設計

　　採用雲源軟體提供的硬體原語（Primitives）實現反及閘電路設計。

　　打開雲源軟體，新建 FPGA 工程 E5_1_nand，新建"Verilog File"類型的資源檔 E5_1_nand.v，在空白檔編輯區中編寫 Verilog HDL 程式碼，實現反及閘電路的功能，反及閘電路的程式碼如下。

```
module E5_1_nand(          //第 1 行：模組名為 E5_1_nand
  input a,                 //第 2 行：定義 1bit 位元寬的輸入信號 a
  input b,                 //第 3 行：定義 1bit 位元寬的輸入信號 b
  output dout              //第 4 行：定義 1bit 位元寬的輸出信號 dout
  );                       //第 5 行
  nand u1(dout,a,b);       //第 6 行：調用反及閘結構模組"nand"
endmodule                  //第 7 行
```

　　完成程式碼編輯後，保存檔。按兩下雲源軟體主介面工具列中的"Run Synthesis"按鈕 ▦ 完成程式碼綜合。按一下工具列中的"Schematic Viewer"按鈕 ▧，查看程式綜合後的 RTL（Register Transfer Level，暫存器傳輸級）原理圖，如圖 5-1 所示。

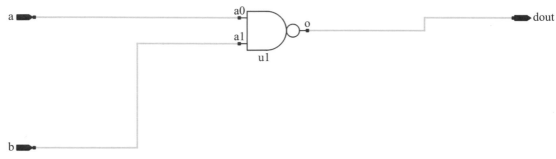

圖 5-1　反及閘的 RTL 原理圖

　　對照 RTL 原理圖來理解 Verilog HDL 程式碼，對於初學者來講往往可以起到事半功倍的效果。反及閘電路模組 E5_1_nand 描述的電路有 2 個位寬均為 1 bit 的輸入信號 a、b，以及 1 個位寬為 1 bit 的輸出信號 dout。信號 a、b 為反及閘的輸入，信號 dout 為 a、b 信號的反及閘輸出。實現反及閘功能的程式碼為第 6 行：nand u1 (dout,a,b)。這行程式碼的功能是調用 FPGA 中的反及閘電路模組 nand，"u1"是 nand 模組在 E5_1_nand 這個檔中的名稱，是由用戶設定的名稱。nand 模組有 3 個埠，第 1 個埠為輸出信號埠，第 2、3 個埠為輸入信號埠。程式中第 1 個埠信號設置為 dout 時，表示名為 u1 的反及閘的輸出信號為 dout；第 2、3 個埠信號設置為 a、b 時，表示名為 u1 的反及閘的輸入信號分別為 a、b。

　　除反及閘外，其他幾個常用的閘電路分別為：及閘（and）、反或閘（nor）、或閘（or）、互斥或閘（xor）、反互斥或閘（xnor）、反閘（not）。在調用閘電路時，所有電路的第 1 個信號均為輸出信號，其後的信號為輸入信號。

　　一些著作中將信號稱為"變數""資料"，由於 Verilog HDL 描述的是硬體電路，而在電路中的埠或內部連線實際上都是某種形式的信號，因此本書統一稱為"信號"。

5.1.2　二合一的命名原則

　　在繼續討論群組合邏輯電路的程式碼設計之前，先討論一下 FPGA 軟體對 Verilog HDL 的檔及模組的命名規則。對於絕大多數程式設計來講，一般要求程式名稱、檔案名稱、模組名稱、變數名稱由英文字元、數字、下底線組成，且不能由數字開頭，尤其注意命名時不要使用中文字元、空格字元。

　　在 FPGA 程式設計中，不同開發環境中 Verilog HDL 檔和檔中的模組（module）的命名規則稍有差異。例如，採用 Intel 公司的 Quartus II 軟體設計 Verilog HDL 程式時，要求檔案名和檔中的模組名保持一致。對於雲源軟體來講，Verilog HDL 檔案名與模組名可以不一致，雖然如此，仍強烈建議遵循 Verilog HDL 檔案名和檔中的模組名保持一致的原則，以利於程式的閱讀、維護和不同開發環境中的程式碼移植。

　　對於前文設計的反及閘電路來講，Verilog HDL 檔案名為 E5_1_nand.v，檔中的模組名為 E5_1_nand。

5.1.3　用閘級電路搭建一個投票電路

實例 5-2：3 人投票電路設計

利用閘電路元件，完成 3 個評委的投票電路設計。

閘電路只是基本的元件，FPGA 設計的過程是使用這些元件實現一些具體的電路功能。比如要實現一個簡單的 3 人投票電路，即有 3 個評委投票，當有 2 個或 3 個評委投贊成票後，則表示通過，否則表示不通過。評委只能投贊成票或不贊成票，結果只有通過及不通過 2 種狀態。

將評委投票電路用閘級電路來實現，設置評委信號名稱分別為 key1、key2、key3，當信號為"1"（高電壓準位）時表示贊成，為"0"（低電壓準位）時表示不贊成。輸出信號為 led，當它為"1"（高電壓準位）時表示通過，為"0"（低電壓準位）時表示不通過。

如果採用 CGD100 電路板來模擬投票過程，可將 3 個按鍵信號分別作為 3 個評委的投票輸入信號，按下時表示投贊成票，不按下時表示投不贊成票。led 作為投票結果的輸出信號，通過時 LED 點亮，否則不點亮。

根據評委投票規則，得到輸入輸出信號的邏輯運算式為

$$led=(key1{\cdot}key2)+(key1{\cdot}key3)+(key2{\cdot}key3)$$

因此，完成投票電路需要使用 3 個雙輸入與閘電路和 1 個 3 輸入或閘電路。為便於理解，先給出投票電路的 RTL 原理圖，如圖 5-2 所示。

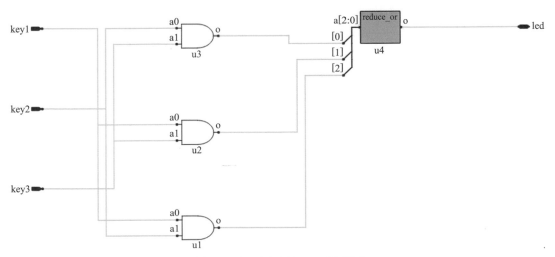

圖 5-2　投票電路的 RTL 原理圖

新建 FPGA 工程 E5_2_vote，並在工程中新建"Verilog File"類型的資源檔 E5_2_vote.v，在檔中編寫如下程式碼，實現投票電路。

根據圖 5-2 所示的電路結構，程式需要調用 3 個雙輸入及閘（and）和一個 3 輸入或閘（or）。設置 3 個雙輸入及閘的輸出信號分別為 d1、d2、d3，程式碼如下。

```
module E5_2_vote(
    input key1,key2,key3,          //第 2 行
  output led
  );

  wire d1,d2,d3;                   //第 5 行
    and u1(d1,key1,key2);          //第 6 行
    and u2(d2,key1,key3);          //第 7 行
    and u3(d3,key2,key3);          //第 8 行
    or  u4(led ,d1,d2,d3);         //第 9 行
  endmodule
```

　　程式碼中，第 2 行定義模組的輸入埠時，將 3 個均為 1bit 位元寬的輸入信號 key1、key2、key3 寫在一行，且信號之間用逗號“，”隔開。當埠的位寬和類型（輸入或輸出）相同時，可以採用這種簡化寫法。

　　第 5 行宣告了 3 個 wire 類型的變數 d1、d2、d3。“wire”表示線網類型，是 Verilog HDL 中常用的 2 種信號類型之一（另一種類型為 reg 類型）。Verilog HDL 中的信號類型，一般為 wire 和 reg 中的一種。vote 模組埠中的輸入、輸出信號均為 wire 類型，當程式中不對信號採用“wire”“reg”關鍵字進行宣告時，預設為 wire 類型。

　　第 6～8 行依次調用了 3 個及閘（and）電路，且在 E5_2_vote.v 文件中取名為 u1、u2、u3。與閘電路的第一個信號為輸出信號，第 2、3 個信號為輸入信號。因此，對於 u1 來講，描述的是 key1 與 key2 的與閘電路；對於 u2 來講，描述的是 key1 與 key3 的與閘電路；對於 u3 來講，描述的是 key2 與 key3 的與閘電路。第 9 行描述的是 3 輸入的或閘（or）電路，輸出信號為 led，輸入信號為 3 個與閘電路的輸出。

　　對照圖 5-2，很容易理解 E5_2_vote.v 的程式碼編寫方法。需要說明的是，雖然 Verilog HDL 中 wire 類型的信號可以不進行宣告即使用（reg 類型信號必須先宣告後才能使用），仍強烈建議程式中的所有信號均先進行宣告，再進行賦值等其他操作。程式中的埠信號說明相當於對信號的宣告。

5.2　設計複雜一點的投票電路

5.2.1　閘電路設計方法的短板

　　採用閘電路描述 3 人投票電路的過程並不複雜，整個電路描述過程與手動繪製電路圖的體驗差不多，由於要使用 Verilog HDL 描述，讀者可能覺得還不如直接繪製原理圖來得方便。事實確實如此，前面的設計方法只不過是將手動繪圖的過程，轉換成用程式碼連線繪圖而已。3 人投票的閘電路數量不多，但如果是 4 人投票呢？比如有評委 4 人，僅當 3 人同時投贊成票時才通過，否則不通過，其電路的邏輯運算式如下。

$$led=(key1\cdot key2\cdot key3)+(key1\cdot key2\cdot key4)+(key1\cdot key3\cdot key4)+(key2\cdot key3\cdot key4)$$

這樣，完成 4 人投票電路，需要 4 個 3 輸入及閘，以及 1 個 4 輸入或閘。採用閘電路描述的工作量雖然稍微有點大，好像也能夠承受。

實例 5-3：利用閘電路完成 5 人投票電路設計

如果投票規則再複雜一點，評委數量再多一點，假設有 5 個評委，且設置一個評委會主席 m，另 4 個評委為 key1～key4。規則為，若評委主席投贊成票，且另有 2 個及以上評委投贊成票，則表示通過；若評委主席投不贊成票，而另 4 個評委均投贊成票，則表示通過。其他情況視為不通過。

此時，完成 5 人投票電路的邏輯運算式如下。

$$led = m \cdot (key1 \cdot key2 + key1 \cdot key3 + key1 \cdot key4 + key2 \cdot key3 + key2 \cdot key4 + key3 \cdot key4) +$$
$$\bar{m} \cdot key1 \cdot key2 \cdot key3 \cdot key4$$

採用閘電路描述上述邏輯運算式需要調用 7 個雙輸入及閘電路，1 個反閘電路，1 個 4 輸入及閘電路，以及 1 個雙輸入或閘電路。雖然 FPGA 工程師的耐心都比較好，但編寫這樣的程式碼仍比較麻煩。

實際上，5 人投票電路仍然只是非常初級的邏輯電路。回想一下數位電路技術課程學習過的碼錶電路實驗，採用實驗電路板、分立元件搭建一個用 LED 數碼管顯示的碼錶電路是一件多麼考驗工程師耐心的事。如果採用調用閘電路的模式來實現碼錶電路功能，工作量可想而知。

所以，採用閘電路描述電路的方法並不是 Verilog HDL 的常用設計方法。

正如前面講過的，本書不推薦使用原理圖的設計輸入方法。採用閘電路搭建電路，雖然是在編寫 Verilog HDL 程式，但本質上還是在採用原理圖的思維方式設計程式。

如果我們將一個閘電路當作一個功能模組，利用閘電路搭建功能電路，好比採用磚塊構建房屋一樣，我們把這種設計思路稱為結構化架構。

採用閘電路這樣單一功能的模組建模雖然看起來比較費時費力，但如果將多個閘電路先建成一個獨立、功能完善、具備通用性的模組，再利用這個建好的模組去構建更複雜的模組，則結構化架構似乎也有固有的優勢。實際上，後續我們討論到的層次化設計方法，正是基於結構化架構的設計思想。

5.2.2　利用 assign 語句完成閘電路功能

如前所述，採用閘電路結構化架構的設計方法，有點類似於通用電腦語言中的機器程式碼，這些程式碼可以直接執行，不需編譯，因為每行程式碼描述的電路模組都可以在 FPGA 元件中找到對應的元件，如及閘、反閘等。這樣編寫的程式碼雖然執行效率高，但設計比較複雜。

比機器語言更高級一點的語言是組合語言。對於 Verilog HDL 來講，assign 語句就類似於組合語言。對於 E5_1_nand.v 檔，採用 assign 語句實現反及閘的語句如下。

```
assign dout = ~(a&b);
```

其中，assign 是 Verilog HDL 的關鍵字，中文意思是"分配、指定"，dout 是被賦值 (Assignments)的物件，"="右側是一個邏輯運算式，"~"表示按位取反，也就是反閘，"&" 表示按位取與。注意這裡的按位操作，是指對位的取反及取與操作。後面我們會討論邏輯的取反及取與等操作。

採用上述的 assign 語句實現反及閘，起碼看起來要比調用"nand"閘電路模組簡單些。再來看看採用 assign 語句實現 3 人投票電路的程式碼。

```
//採用 assign 語句的 3 人投票電路程式碼
wire d1,d2,d3;
assign d1 = key1 & key2;
assign d2 = key1 & key3;
assign d3 = key2 & key3;
assign led = d1 | d2 | d3;
```

上述程式碼中，首先宣告了 3 個 wire 類型的信號 d1、d2、d3，而後採用 assign 語句實現了 3 個及閘電路，最後採用 assign 語句實現 3 輸入的或閘電路。"|"表示按位或操作。

為了更為簡潔地描述 3 人投票電路，我們還可以將上述程式碼寫成一行，如下所示。

```
assign led = (key1 & key2) | (key1 & key3) | (key2 & key3);
```

當寫成一行程式碼時，由於不再需要用到中間信號 d1、d2、d3，也就不需要對這 3 個信號進行單獨宣告。

複習一下 Verilog HDL 的語法，除前面介紹的"&""|""~"外，位運算元還有"^"（按位異或）、"~^"（按位同或）。

採用 assign 語句設計電路，與採用閘電路模組相比，感覺設計變得不那麼枯燥了。現在再來設計帶評委會主席的 5 人投票電路，好像也沒有那麼難。

在工程中新建"Verilog HDL File"類型的資源檔，並將其命名為"E5_3_mvote.v"，在檔中編寫如下程式碼，實現投票電路。

```
module E5_3_mvote(
    input m,key1,key2,key3,key4,
    output led
    );
    wire d1,d2;
    assign d1 =   (key1&key2) | (key1&key3) | (key1&key4) | (key2&key3) | (key2&key4) | (key3&key4);
    assign d2 =   key1&key2&key3&key4;
    assign led =   (m&d1) | ((~m)&d2);

endmodule
```

對程式檔進行編譯後，查看 RTL 原理圖，會發現原理圖已經顯示出一定的複雜度。採用 assign 語句描述要比調用閘電路的描述方法更容易，這是因為 assign 語句類似於組合語言層次，相比閘電路描述方法更接近人類的交流方式。雖然如此，assign 語句描述方法仍然採用的是基本的及閘、或閘、反閘等閘電路元件，與人類正常的交流方式還是有一些距離的。

事實上，採用 assign 語句描述電路的方法，稱爲資料流程建模方式，即將“=”右側的資料（信號）進行簡單運算後賦值給“=”左側的對象。assign 語句僅能描述組合邏輯電路。

接下來我們討論 Verilog HDL 中更接近人類正常表達方式的 if...else 語句。這類語句類似於 C 語言，也稱爲高階語言。在 Verilog HDL 中，採用類似語句描述的建模方式稱爲行爲級建模。

5.2.3　常用的 if...else 語句

如果滿足什麼條件，就執行什麼樣的操作。類似這樣的表達方式才是人類容易理解的交流方式。C 語言等高階語言中都會有 if...else 語句，Verilog HDL 中同樣具備這樣的語句。“如果……就……”的表達方式，實際上是一個 2 選 1 的選擇判斷過程，而數位電路天生就擅長用邏輯“0”“1”兩種狀態來進行判斷類型問題的描述。

對於反及閘電路來講，採用“如果……就……”的表達方式可以描述爲：如果輸入信號同時爲 1，則輸出爲 0，否則輸出爲 1。修改後的反及閘電路的 Verilog HDL 程式碼如下。

```
module E5_1_nand(
    input a,
input b,
output dout
    );

    reg dt;                          //第 7 行
    always @(a or b)                 //第 8 行
        if ((a==1'b1)&&(b==1'b1))    //第 9 行
            dt <= 1'b0;              //第 10 行
        else
            dt <= 1'b1;             //第 12 行

    assign dout= dt;                 //第 14 行

endmodule
```

上面這段程式碼雖然描述的電路非常簡單，但涉及很多 Verilog HDL 的語法，且這些語法與 C 語言中的語法概念有很大的差異。比如，reg 類型是什麼意思？always 是什麼語句？敏感信號如何確定？阻塞賦值“=”和非阻塞賦值“<=”有什麼區別？爲什麼要定義資料的位元寬？這些看似奇怪的語法知識，之所以與 C 語言明顯不同，是因爲 Verilog

HDL 語法本質上是描述硬體電路的，當我們從硬體電路的角度去理解這些語法時，就會感覺到這些語法知識實際上再正常不過了，或者說這些語法知識會變得容易理解。

我們先討論一下 if...else 的表述方法，後續再討論上面提到的語法知識細節。

第 9 行表示"如果（if）"的條件：((a==1'b1)&&(b==1'b1))。這個條件是由兩個條件（a==1'b1）、（b==1'b1）及邏輯與組成的。其中"1'b1"表示 1bit 位元寬的資料值為 1，"&&"表示邏輯與。整個運算式的結果只有兩種狀態：真（1）或假（0）。需要注意的是，每個單獨的條件都由小括弧"（）"括起來，整個運算式也要用小括弧"（）"括起來。

除了"&&"，常用的邏輯運算元還有邏輯或"||"、邏輯非"!"。前面討論了位操作運算元"&""~""｜"等。邏輯運算元的運算結果只有真、假兩種狀態，位元操作運算的結果的位寬則與參與運算的信號（資料）位元寬相同。比如兩個位寬均為 3bit 的資料 a=3'b101、b=3'b110 進行位與操作（a&b），則運算結果為 3'b100，多 bit 位元寬的信號不能直接進行邏輯運算，如 a&&b 是錯誤的 Verilog HDL 運算式。

當第 9 行的運算式成立後，執行第 10 行程式碼：dt<=1'b0。如果第 9 行的運算式不成立，則不執行第 10 行程式碼，轉而直接執行第 12 行程式碼：dt<=1'b1，從而完美地描述了反及閘的邏輯關係。

對程式進行編譯，查看 RTL 原理圖，可以發現原理圖不再是一個簡單的反及閘，而是由及閘、選擇開關等基本元件組成的電路。也就是可以由不同的結構實現相同功能的電路。

描述反及閘功能，除採用"如果 2 個輸入均為 1，則輸出為 0，否則輸出為 1"的表述方法外，還可以採用"如果 2 個輸入有一個為 0，則輸出為 1，否則輸出為 0"的表達方法。採用 if...else 語句描述的 Verilog HDL 程式碼如下（替換第 9~12 行）。

```
always @(a or b )
    if ((a==1'b0)||(b==1'b0))
        dt <= 1'b1;
    else
        dt <= 1'b0;
```

程式碼中的"||"表示邏輯或。除以上的表達方式外，還可採用"如果 2 個輸入組成的資料等於 2'b11，則輸出為 0，否則輸出為 1"，"如果 2 個輸入組成的資料不等於 2'b11，則輸出為 1，否則輸出為 0"，相應的 Verilog HDL 程式碼如下。

```
//採用"="描述的反及閘電路
always @(*)
    if ({a,b}==2'b11)
        dt <= 1'b0;
    else
        dt <= 1'b1;

//採用"!="描述的反及閘電路
always @(a or b)
        if ({a,b}!=2'b11)
```

```
            dt <= 1'b1;
    else
            dt <= 1'b0;
```

上述程式碼中，"{}"是位拼接操作符，可以將多個信號拼接成一個更大位元寬的信號。Verilog HDL 中除等於"=="、不等於"!="外，還有大於">"、小於"<"、大於等於">="、小於等於"<="這幾個用於比較判斷的操作符。

僅僅是一個反及閘電路，我們採用 if…else 語句來描述就可以寫出很多種不同的程式碼，但描述的功能本質上是完全相同的。

對於一個反及閘來講，採用閘電路實現的結構化架構或採用 assign 語句實現的資料流程建模似乎更為簡單，這是因為反及閘實在是太簡單了。當我們要描述一些複雜的電路時，行為級建模的優勢就十分明顯了。道理很簡單，因為程式碼是由人來寫的，而行為級建模更符合人的行為模式。在討論用行為級建模設計 5 人投票電路之前，先介紹一下前面提出的幾個 Verilog HDL 語法知識點。

5.2.4　reg 與 wire 的用法區別

上面這段程式碼出現了幾個 Verilog HDL 語法，需要引起我們的注意。程式碼中宣告了 reg 類型的 1bit 變數 dt。本章前面討論的程式用到了 wire 類型的信號。

程式中的變數什麼情況下應該宣告為 wire 類型，什麼情況下應該宣告為 reg 類型？

規則很簡單：如果信號是在 always 區塊描述中被賦值(Assignments)的，則宣告為 reg 類型，否則宣告為 wire 類型。

在 Verilog HDL 語言中，reg 是 register（暫存器）的縮寫，但並不代表宣告的變數就是暫存器，這點尤其要注意。上面這段程式碼描述的是一個反及閘電路，顯然沒有暫存器元件。

程式中出現了 always 區塊描述，其中"always @()"是固定語法結構。"( )"裡是 always 區塊描述中由多個或單個信號組成的敏感信號運算式，多個敏感信號通過"or"組合成總的敏感信號運算式。當敏感信號運算式有變化時，將觸發 always 區塊描述中的程式執行。所謂敏感信號，是指區塊描述中的所有輸入信號。對於反及閘電路來講，輸入信號為 a、b。

初學 Verilog HDL 時，我們常常糾結於在"( )"中應該包含哪些信號。簡單來講，只需將區塊描述中的所有輸入信號均採用"or"組合起來即可。然而，對於本章所討論的組合邏輯電路來講，有一個更為簡便的方法，即採用"*"代替敏感信號運算式，也就是將"always @(a or b)"改寫成"always @(*)"，即可確保語法不出問題。不僅如此，對於所有的組合邏輯電路，均可以採用"*"代替敏感信號運算式，從而不必糾結確定敏感信號的問題。

if…else 語句是一條完整的語句，且必須書寫在 always 區塊描述中。也就是說，因為程式要使用 if…else 語句來描述電路，所以必須使用 always 區塊描述。由於 dt 在 always 區塊描述中被賦值，因此必須宣告 dt 為 reg 類型。

前面討論 wire 類型時講過，wire 類型可以不進行宣告直接使用。對於 reg 類型，程式中必須先宣告 reg 類型的變數後，才能使用這個變數。因此，為規範 Verilog HDL 程式碼，強烈建議無論是 wire 類型還是 reg 類型，均先宣告再使用。

如果 always 區塊描述中的被賦值信號（變數）沒有預先宣告，或錯誤地宣告為 wire 類型，則程式無法正確地進行編譯。在採用 if...else 語句編寫的程式碼中，將"reg dt"修改成"wire dt"，重新編譯器，則出現如下的錯誤資訊。

> Error (EX3900): Procedural assignment to a non-register 'dt' is not permitted（"D:\CGD100_Verilog\chp5\E5_1_nand\src\E5_1_nand.v":11）

上面這段提示資訊表示在"E5_1_nand.v"檔的第 11 行，信號 dt 不能被賦值為 wire 類型，只能被賦值為 reg 類型。

5.2.5　記住"<="與"="賦值(Assignments)的規則

Verilog HDL 中有兩種賦值操作：阻塞賦值（=，blocking assignment）和非阻塞賦值（<=，non-blocking assignment）。這兩種設定陳述式的使用規則如下：

（1）採用 assign 語句只能使用阻塞賦值"="，"="左側是 wire 類型的信號，只能使用阻塞賦值"="。

（2）always 區塊描述中可以同時使用阻塞賦值"="和非阻塞賦值"<="，但對同一個變數不能夠同時使用這兩種賦值操作。reg 類型變數可以同時使用阻塞賦值"="和非阻塞賦值"<="，但同一個變數不能夠同時使用這兩種賦值操作。

（3）對於組合邏輯電路來講，當使用 always @(*)語句時，區塊描述中使用"="和"<="描述的電路完全相同。

（4）對於時序邏輯電路來講，使用"="和"<="會產生不同的電路。

理解並探究這兩種賦值操作的區別是一件比較複雜的事，下面這段內容是大多數教材或著作中對這兩種設定陳述式的辨析。

> 阻塞賦值操作符用等號(=)表示。為什麼稱這種賦值為阻塞賦值呢？因為在賦值時先計算等號右側（RHS）部分的值，這時設定陳述式不允許任何別的 Verilog HDL 語句的幹擾，直到現行的賦值完成時刻，即把 RHS 賦值給 LHS 的時刻，它才允許別的設定陳述式執行。一般可綜合的阻塞賦值操作在 RHS 不能設定延遲（即使是零延遲也不允許）。從理論上講，它與後面的設定陳述式只有概念上的先後，而無實質上的延遲。若在 RHS 上加上延遲，則在延遲期間會阻止設定陳述式的執行，延遲後才執行賦值，這種設定陳述式是不可綜合的，在需要綜合的模組設計中不可使用這種風格的程式碼。
>
> 阻塞賦值的執行可以認為是只有一個步驟的操作：計算 RHS 並更新 LHS，此時不允許有來自任何其他 Verilog HDL 語句的幹擾。所謂阻塞，是指在同一個 always 塊中，其後面的設定陳述式從概念上（即使不設定延遲）是在前一句設定陳述式結束後再開始賦值的。如果在一個過程塊中阻塞賦值的 RHS 變數正好是另一個過程塊中阻塞賦值的 LHS 變數，這兩個過程塊又用同一個時脈緣觸發，這時阻塞賦值操作會出現問題，即如果阻塞賦值的次序安排不好，就會出現競爭。若這兩個阻塞賦值操作用同一個時脈緣觸發，則執行的次序是無法確定的。
>
> 非阻塞賦值操作符用小於或等於符號（<=）表示。為什麼稱這種賦值為非阻塞賦值？因為在賦值操作時刻開始時計算非阻塞賦值操作符的 RHS 運算式，賦值操作結束時更新 LHS。在計算非阻塞賦值的 RHS 運算式和更新 LHS 期間，其他的 Verilog HDL 語句，包括其他的 Verilog HDL 非阻塞設定陳述式都能同時

計算 RHS 運算式和更新 LHS。非阻塞賦值允許其他的 Verilog HDL 語句同時進行操作。非阻塞賦值的操作可以看作兩個步驟的過程：①在賦值開始時，計算非阻塞賦值操作符的 RHS 運算式；②在賦值結束時，更新非阻塞賦值操作符的 LHS 運算式。

　　上面這段對阻塞設定陳述式與非阻塞設定陳述式的描述實際上已經闡述得十分清楚了，但無論是對初學者來講，還是對有豐富 Verilog HDL 設計經驗的 FPGA 工程師來講，理解起來仍然十分困難。而理解困難的根本原因是執著於從語法本身的語義上來理解，而 Verilog HDL 描述的是硬體電路，如果換個思路，從硬體電路的角度來理解這兩種語句，一些理解上的困惑也就迎刃而解了。最能體現非阻塞設定陳述式功能的是時序邏輯電路，因此本書在後續討論時序邏輯電路時再深究這兩種語句的區別。

　　為了不影響我們的學習，我們只需在設計中遵循以下兩條簡單的規則，即可確保設計的 Verilog HDL 程式碼正確、規範、簡潔。

　　（1）assign 語句只能使用阻塞賦值 "="。

　　（2）always 區塊描述中一律使用非阻塞賦值 "<="。

　　一些課程會把非阻塞與阻塞賦值的符號名稱作為一個考點，有網友總結出一個易於記憶的方法："非阻塞"共 3 個漢字，"阻塞"只有 2 個漢字，"<=" 比 "=" 多出一個 "<" 符號，所以 "<=" 為 "非阻塞"，"=" 為 "阻塞"。

5.2.6　非常重要的概念——信號位元寬

　　在 C 語言中，資料一般定義為 int、float 等類型，工程師不需要過多關注資料位元寬的概念。在 Verilog HDL 中，描述的是數位硬體電路，信號的位元寬顯得尤為重要。上述程式碼中出現了類似 "2'b10" 的表述方法。其中 "b" 表示採用二進位信號，第 1 個數位 "2" 表示信號位元寬為 2bit，最後兩位元數位從右到左依次表示最低位的值為 "0"，高位的值為 "1"。同理，"d=4'b1010" 表示一個 4bit 位元寬的信號，且最低位元 d[0] 的值為 "0"，d[1] 的值為 "1"，d[2] 的值為 "0"，d[3] 的值為 "1"。

　　除二進位信號外，Verilog HDL 中還有八進制、十六進位、十進位這幾種常用的表示方法。其中十六進位用 "h" 表示，八進制用 "o" 表示，十進位用 "d" 表示。比如，下列幾組信號的值均為 Verilog HDL 中的信號表示形式，且值均為 129。

```
wire [7:0] a,b,c,d,e;             //宣告 5 個位寬均為 8bit 的信號
assign a=8'b1000_0001;           //8bit 二進位信號
assign b=8'o201;                 //8bit 八進制信號
assign c=8'h81;                  //8bit 十六進信號
assign d=8'd129;                 //8bit 十進位信號
assign e=129;                    //十進位信號
```

　　對於信號的數值運算式來講，有 3 點需要引起注意：①若不寫位元寬及進制符號，則 Verilog HDL 預設為十進位數字據；②無論是什麼進制資料，進制符號前的數位均表示信號的位元寬；③為便於閱讀，信號數值之間可以用下底線 "_" 隔開。

信號宣告時未指定位元寬，致使程式功能不符合預計的要求，這是初學者最易出現的問題。為有效避免與信號資料位元寬相關的程式碼問題，強烈建議對信號賦值時，增加對資料位元寬的描述。

5.2.7　行為級建模的 5 人投票電路

實例 5-4：行為級建模的 5 人投票電路設計

前面介紹 if…else 語句時，引出多個 Verilog HDL 的語法知識。採用 if…else 語句的描述方法更符合人類的交流方式，接下來我們採用這種方式描述 5 人投票電路。

描述簡單的反及閘電路，行為級建模可以有多種不同的描述方式。對於 5 人投票電路來講，同樣存在多種不同的描述方式，下面給出一種描述方式，讀者可以自行採用其他描述方式建模。

"如果評委會主席贊成且有 2 個以上的其他評委贊成，或者評委會主席不贊成且其他 4 個評委均贊成，則投票通過，否則不通過"。行為級建模的 5 人投票電路的 Verilog HDL 程式碼如下。

```verilog
module E5_4_mvote(
    input m,key1,key2,key3,key4,
     output led
     );

    reg ledt;
    wire [2:0] sum;                          //第 7 行
    wire [4:0] judge;                        //第 8 行

    assign sum = key1 + key2 + key3 + key4;  //第 9 行
    assign judge ={m,key4,key3,key2,key1};   //第 10 行

    always @(*)
        if ( (m&&(sum>1))||(judge==5'd15) )  //第 12 行，投票通過條件判斷語句
            ledt <= 1'b1;
          else
            ledt <= 1'b0;

    assign led = ledt;

endmodule
```

經過前面對反及閘電路的討論，理解上面這段程式碼就容易多了。第 7 行宣告了 3bit 位元寬的 wire 信號 sum，用於存放 4 個評委的投票數量。由於 4 個評委最多投 4 票，需要用 3bit 位元寬的信號來存放結果，因此 sum 的位元寬為 3bit。第 8 行宣告了 5bit 位元寬的 wire 信號 judge，且將 5 個評委信號採用位元拼接操作符"{}"組成一個信號

judge。第 12 行描述了投票通過條件，其中"judge==5'd15"，相當於"judge=5'b01111"，即評委主席投不贊成票，其他 4 個評委均投贊成票。

對比資料流程建模和上面這段行為級建模的描述程式碼可以看出，行為級建模的描述方法更容易理解。

接下來我們再鞏固一下前面的學習成果，將華中理工大學康華光編寫的《電子技術基礎——數位部分》教材中的幾種常用組合邏輯電路用 Verilog HDL 描述來出。

5.3　ModelSim 模擬電路功能

對於功能簡單的電路，查看 RTL 原理圖就可以準確瞭解電路的結構及工作原理。對於功能稍微複雜的電路，在編寫完成 Verilog HDL 程式後，RTL 原理圖比較複雜，在下載到電路上板進行測試之前，一般需要通過模擬工具對電路功能進行模擬，驗證設計的正確性。

雖然 AMD、Intel 等 FPGA 廠商推出的 FPGA 開發環境本身就整合了自己的模擬工具，但 ModelSim 因其準確的模擬模型、高效的模擬效率、友好的人機介面，在 FPGA 設計中得到十分廣泛的應用。ModelSim 是獨立於 FPGA 廠商的協力廠商 FPGA 模擬工具，支援 Verilog HDL、VHDL 以及兩種語言的混合模擬，功能強大，且 AMD、Intel 的 FPGA 開發環境提供了與 ModelSim 的友好介面，可以直接調用 ModelSim。雲源軟體本身沒有自帶的模擬工具，也沒有提供與 ModelSim 軟體的介面，但這並不影響採用 ModelSim 對雲源軟體環境下設計的 FPGA 程式進行模擬。

本書第 3 章討論了 ModelSim 編譯高雲 FPGA 模擬庫的方法，在完成模擬庫編譯後，ModelSim 可以完成包含 IP 核功能模組的高雲 FPGA 設計。關於 IP 設計的內容在本書後面章節再詳細討論，本章僅討論簡單的 ModelSim 模擬方法。

5.3.1　4 線-2 線編碼器設計

實例 5-5：4 線-2 線編碼器設計

4 線-2 線編碼器的功能表如表 5-1 所示，編碼器的輸入輸出關係比較簡單，比如當輸入為 1000 時，輸出為 00。

表 5-1　4 線-2 線編碼器的功能表

輸　　入				輸　　出	
I_3	I_2	I_1	I_0	Y_1	Y_0
1	0	0	0	0	0
0	1	0	0	0	1
0	0	1	0	1	0
0	0	0	1	1	1

表 5-1 中只列出了 4 種輸入狀態對應的輸出值，而當輸入為 4 個信號時，實際上共有 16 種狀態，表 5-1 並沒有列出其他 12 種狀態，如 4'b1100 情況下的輸出。也就是說，

　　該編碼器對其他 12 種狀態沒有要求，或者說使用該編碼器時，未列出的 12 種狀態是無效狀態。

　　新建 code42 工程，新建 Verilog File 類型的資源檔 code42.v，編寫如下程式碼。

```
module code42(
    input [3:0] I,                              //第 2 行
    output reg [1:0] Y                          //第 3 行
     );

    always @(*)
        if (I==4'b1000) Y <= 2'b00;             //第 7 行
        else if   (I==4'b0100) Y <= 2'b01;      //第 8 行
        else if   (I==4'b0010) Y <= 2'b10;      //第 9 行
        else if   (I==4'b0001) Y <= 2'b11;      //第 10 行

endmodule
```

　　對程式進行編譯後，可通過雲源軟體查看綜合後的 RTL 原理圖。程式的第 2 行，輸入埠 I 的位寬為 4bit，用於表示 4 個 1bit 輸入信號，要注意位元寬的表示方式在信號名稱的左側。第 3 行宣告了 2bit 位元寬的輸出信號 Y，用於表示 2 個 1bit 輸出信號，尤其在位寬左側增加了信號類型關鍵字 reg，表示 Y 為 reg 類型的信號，這是因為第 7～10 行程式碼中，Y 為 always 區塊描述中被賦值的信號。

　　對於功能簡單的電路，通過 RTL 原理圖就可以瞭解是否符合設計要求。對於功能稍複雜的電路，綜合出的 RTL 原理圖已相當複雜，難以通過查看 RTL 原理圖確認電路功能。接下來我們討論如何採用 ModelSim 完成 code42.v 檔的模擬。

5.3.2　建立 ModelSim 工程

　　ModelSim 是與雲源軟體相互獨立的協力廠商軟體，本身具備編輯、編譯 Verilog HDL 檔的功能。由於雲源軟體沒有與 ModelSim 連接的介面，因此只能單獨啟用 ModelSim 對在雲源軟體發展環境下設計的 Verilog HDL 程式進行模擬測試。

　　打開 ModelSim 軟體，依次按一下 "File" → "New" → "Project"，打開創建工程（Create Project）對話方塊，在"ProjectName"編輯方塊中輸入新建的 ModelSim 工程名 ms_code42，在"Project Location"編輯方塊中設置工程目錄，在"Default Library Name"編輯方塊中設置默認的庫資料夾為 work，其他選項保持預設設置，按一下"OK"按鈕，完成 ModelSim 工程的創建，如圖 5-3 所示。

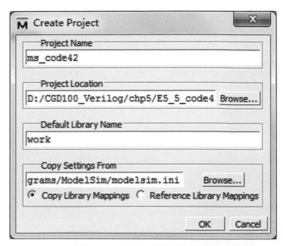

圖 5-3　創建工程對話方塊

依次按一下"Project"→"Add to Project"→"Existing File"，打開添加文件對話方塊，在"File Name"編輯方塊中選擇 code42 工程中編輯的 code42.v 檔，選中"Copy to project directory"選項按鈕（表示將 code42.v 檔複製到當前 ModelSim 工程目錄中），按一下"OK"按鈕，添加需要模擬的目的檔案，如圖 5-4 所示。

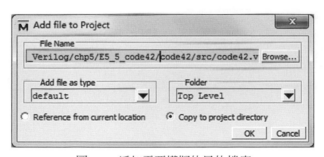

圖 5-4　添加需要模擬的目的檔案

5.3.3　設計測試激勵檔

對目的檔案進行模擬測試，若把目的檔案看作一塊晶片或一個電路，則測試的基本方法是根據電路的功能，將特定形式的信號送至電路的輸入端，查看輸出信號的波形是否滿足要求，根據輸入輸出信號的波形特徵確定設計電路是否滿足功能要求。

測試激勵檔的主要功能是產生目的檔案的輸入信號。

ModelSim 本身具備 Verilog HDL 檔的建立、編輯、編譯功能。在完成目的檔案的添加之後，需要設計測試激勵檔，用於產生目的檔案的輸入信號，而後才能完成對目的檔案的模擬測試。

依次按一下 ModelSim 主介面中的"File"→"New"→"Source"→"Verilog"，新建 Verilog HDL 文件 code42_vlg_tst.v（激勵檔的名稱與目的檔案的名稱不同即可，在目的檔案名後加_vlg_tst 的命名方法是參考了 Quartus 開發環境中生成的測試激勵檔的命名方法），檔清單如下。

```
`timescale 1 ns/ 1 ns                        //第 1 行
module code42_vlg_tst();                     //第 2 行 測試激勵檔模組名

    //目的檔案中的輸入信號宣告爲 reg 類型
    reg [3:0] I;                             //第 5 行

    //目的檔案中的輸出信號宣告爲 wire 類型
    wire [1:0] Y;                            //第 8 行

    //實例化目的檔案模組
    code42 i1(                               //第 11 行
      .I(I),
      .Y(Y)
       );                                    //第 14 行

    initial                                  //第 16 行
    begin                                    //第 17 行
      I<=4'b0000;                            //第 18 行
      #100 I<=4'b0001;                       //第 19 行
      #100 I<=4'b0010;                       //第 20 行
      #100 I<=4'b0100;                       //第 21 行
      #100 I<=4'b1000;                       //第 22 行
      #100 I<=4'b1001;                       //第 23 行
      #100 I<=4'b1000;                       //第 24 行
      #100 I<=4'b0010;                       //第 25 行
      #100 I<=4'b0110;                       //第 26 行
      #100 I<=4'b0000;                       //第 27 行
    end                                      //第 28 行

endmodule
```

接下來對設計的測試激勵檔進行詳細討論，瞭解測試激勵檔的編寫方法。

第 1 行程式碼"`timescale 1ns/1ns"用於定義模擬中的時間單位和時間精度，其中 "`timesclae"是 Verilog HDL 關鍵字，第 1 個 1ns 表示時間單位爲 ns，第 2 個 1ns 表示時間精度爲 1ns。比如程式碼"#3.4654 a<=1"，由於時間精度爲 1ns，3.7654 只取整數位元數值 3，因此程式碼實際執行結果爲 3ns 後信號 a 的值爲 1。

第 2 行程式碼"module code42_vlg_tst();"爲測試激勵檔的模組及埠宣告。檔的模組名爲 code42_vlg_tst，且沒有信號埠。沒有信號埠的電路本身是一個全封閉模組，無法與其他模組發生聯繫，在實際工程中是沒有用處的。然而對於測試激勵檔來講，本身就不需要生成具體的電路模組，只用於對目標電路進行測試。

第 5、8 行分別宣告了 reg 類型的信號 I 和 wire 類型的信號 Y。根據第 11～14 行程式碼可知，I 爲目的檔案的輸入信號，Y 爲目的檔案的輸出信號。目的檔案的輸入信號 I 爲 wire 類型，輸出信號 Y 爲 reg 類型。測試激勵檔中的信號類型與目的檔案的信號類型剛好相反。這是因爲，測試激勵檔需要產生目的檔案的輸入信號，而測試激勵檔產生信號的程式碼在 always 塊或 initial 塊中。測試激勵檔不需要對目的檔案的輸出信號進行操作。

第 11～14 行調用（Verilog HDL 中通常稱爲實例化）了目的檔案生成的電路模組 code42，且實例化的名稱爲 i1。實例化的方法與本章最初討論的調用反及閘電路的方法相同，只是這裡採用了另一種實例化語法而已。其中".I（I）"中的".I"表示 code42 模組中存在埠信號 I，"（I）"表示將當前 code42_vlg_tst.v 檔中的信號 I 與 code42 模組中的埠信號 I 相連。最後一個埠信號".Y （Y）"之後沒有逗號","，其他埠信號".I（I）"之後要接逗號。調用反及閘電路模組的方式即實例化程式檔模組時不寫出原模組的埠信號名，而是根據信號埠的順序依次與當前檔中的信號連接。可以改寫測試激勵檔中的實例化語法如下：

```
code42 i1 (I,Y);
```

雖然不給出原模組埠信號的實例化方法看起來更爲簡潔，但不便於程式碼的閱讀和修改，因此建議在實例化程式檔模組時，列出原模組的埠信號名。

接下來討論新的關鍵字：initial。Initial 區塊描述中的被賦值信號必須宣告爲 reg 類型。從語法的角度來講，initial 區塊描述內的語句是循序執行的，且僅執行一次；always 區塊描述內的語句也是循序執行的，但會不斷迴圈執行。initial 區塊描述僅出現在測試激勵檔中；always 區塊描述可以綜合成實際電路，也可以出現在測試激勵檔中，還可以出現在 Verilog HDL 原始檔案中。

這裡初次接觸到一個新的概念：能綜合成電路的程式碼和不能綜合成電路的程式碼。這也是 Verilog HDL 基本的兩大類語法。我們僅需要記住基本的規則：不能綜合成電路的語法僅出現在測試激勵檔中，能綜合成電路的語法可以出現在測試激勵檔中，也可以出現在 Verilog HDL 原始檔案中。

第 17、28 行出現 begin 和 end 語句。begin…end 是一對語句，必須搭配起來使用，相當於 C 語言中的{}，可以把多條獨立語句組合成一個區塊描述。initial 和 always 語句的作用域均爲語句後的第一個區塊描述。當 initial 和 always 要對多條語句起作用時，可以用 begin…end 將多條語句組合成一個區塊描述。在前面討論 if…else 語句描述反及閘電路時，由於 if…else 語句本身是一條語句，因此可以不用 begin…end 語句組成區塊描述。

通過前面的分析我們知道，測試激勵檔的主要目的在於設計程式碼生成目的檔案的輸入埠信號。對於 4 線-2 線編輯器電路來講，需要生成 4bit 位元寬的信號 I。第 16～28 行程式碼用於產生測試激勵信號 I。

第 18 行程式碼表示上電後，I 的值爲 4'b0000；第 19 行程式碼表示經過 100 個時間單位（ns）後，I 的值爲 4'b0001，其中"#100"表示等待 100 個時間單位；第 20 行程式碼表示再經過 100ns 後，I 的值爲 4'b0010；第 21～27 行程式碼表示依次經過 100ns 後，設置 I 的對應數值。

　　除 initial 語句外，還有一種類似的 fork…join 語句。fork…join 區塊描述中的語句是並存執行的，即每條語句之間沒有先後順序，均是同時執行的。採用 fork…join 語句描述產生上述信號 I 的程式碼如下。

```
    fork                        //第 16 行

        I<=4'b0000;             //第 18 行
        #100 I<=4'b0001;        //第 19 行
        #200 I<=4'b0010;        //第 20 行
        #300 I<=4'b0100;        //第 21 行
        #400 I<=4'b1000;        //第 22 行
        #500 I<=4'b1001;        //第 23 行
        #600 I<=4'b1000;        //第 24 行
        #700 I<=4'b0010;        //第 25 行
        #800 I<=4'b0110;        //第 26 行
        #900 I<=4'b0000;        //第 27 行
    join
```

　　由於 fork…join 區塊描述內的語句是並存執行的，第 20 行語句"#200 I<=4'b0010;"表示上電 200ns 後 I 的值為 4'b0010，而不是在第 19 行語句執行後再等待 200ns。換句話講，將第 18～27 行的順序完全打亂重排，寫成如下的形式：

```
    fork

        #500 I<=4'b1001;
        I<=4'b0000;
        #100 I<=4'b0001;
        #200 I<=4'b0010;
        #800 I<=4'b0110;
        #300 I<=4'b0100;
        #700 I<=4'b0010;
        #400 I<=4'b1000;
        #600 I<=4'b1000;
        #900 I<=4'b0000;
    join
```

　　則兩種寫法所產生的信號波形是完全一樣的。這裡初次提到並存執行的概念，本書後續還會重點討論 Verilog HDL 中的並存執行思路，這也是硬體設計的基本思想。

5.3.4　查看 ModelSim 模擬波形

　　如果新建的 code42_vlg_tst.v 檔沒有出現在當前工程視窗中，則按照前面添加檔的方法將檔添加到當前工程中。

　　依次按一下 ModelSim 主介面中的"Compile"→"Compile all"，完成 code42.v 和 code42_vlg_tst.v 檔的編譯，編譯成功後在主介面 Project 視窗中兩個檔的狀態（Status）前會出現綠色的"√"。

　　按一下 ModelSim 主介面左側的"Library"標籤，在視窗中顯示庫檔目錄樹結構，展開"work"工作目錄，可以在該目錄下查看加入工程的 code42.v 和 code42_vlg_tst.v 兩個文件。右擊測試激勵檔"code42_vlg_tst.v"，在彈出的功能表中選擇"Simulate without Optimization"命令，如圖 5-5 所示，啟動 ModelSim 模擬。

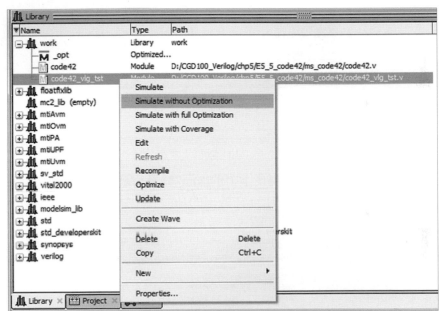

圖 5-5　啟動 ModelSim 模擬

　　ModelSim 主介面看起來比較複雜，這裡主要用到 4 個視窗：中間左側的實例（Instance）視窗、中間的信號物件（Objects）視窗、中間右側的波形（Wave）視窗，以及下側的腳本資訊（Transcript）視窗，如圖 5-6 所示。模擬過程中使用最多的是波形視窗，按一下波形視窗右上方的"Dock/Undock"小圖示，可以將波形視窗進行獨立顯示，便於查看信號波形。

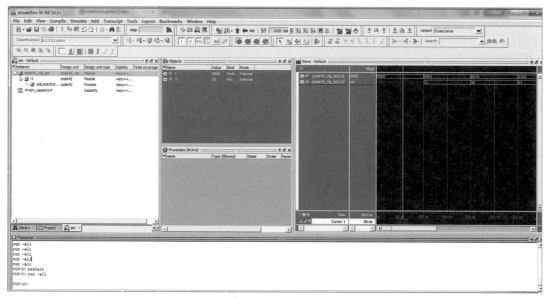

圖 5-6　ModelSim 主介面

　　按一下 ModelSim 主介面實例視窗下方的"sim"標籤，視窗中顯示測試激勵檔中的實例化模組結構。右擊實例化模組名"i1"，在彈出的功能表中選擇"Add Wave"命令，將"i1"模組內部所有信號加入波形視窗，如圖 5-7 所示。

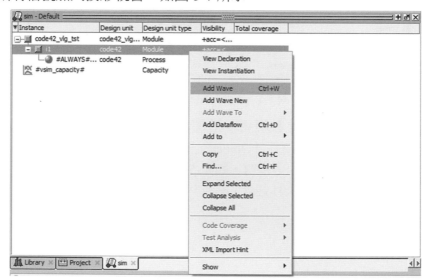

圖 5-7　將"i1"模組內部所有信號加入波形視窗

　　由於"i1"是目的檔案 code42.v 的實例化名，相當於將 code42.v 內部的所有信號加入波形視窗。按一下波形視窗中的 Run All 按鈕 ，得到模擬波形，如圖 5-8 所示。

圖 5-8　4 線-2 線編碼器電路的模擬波形

從圖 5-8 可以看出，上電時（初始狀態時）輸入 I 的值為 4'b0000，輸出 Y 的值為不確定狀態（無具體的數值），當輸入 I 的值為 4'b0001、4'b0010、4'b0100、4'b1000 時，輸出 Y 的值分別為 2'b11、2'b10、2'b01、2'b00，與設計的編碼器功能相同。當輸入 I 的值不為 4 種設定的狀態之一時，輸出 Y 的值與前一個 4 種狀態對應的輸出保持一致。例如，當 I 的值為 4'b1001 時，由於前一個 I 的值為設定的 4 種狀態之一（4'b1000），因此輸出 Y 為 2'b00；當 I 的值為 4'b0110 時，由於前一個 I 的值為設定的 4 種狀態之一（4'b0010），因此輸出 Y 為 2'b10。

如果僅考察表 5-1 所示的 4 線-2 線編碼器功能，由於輸入僅有 4 種狀態，其他狀態為無效狀態，因此圖 5-8 所模擬出來的功能完全滿足要求。

我們的目的是掌握 Verilog HDL 語法，深刻理解硬體程式設計思想，不妨結合圖 5-8 所示的模擬波形，再詳細討論一下 4 線-2 線編碼器的 Verilog HDL 程式碼。

為什麼在上電之初，當輸入 I 為 4'b0000 時，輸出 Y 為不確定狀態？根據 Verilog HDL 程式碼的邏輯關係，當輸入 I 不為 4 種設定的狀態（4'b1000、4'b0100、4'b0010、4'b0001）之一時，輸出 Y 的值不進行更新。由於 Y 本身沒有初始狀態，上電時輸入 I 不為 4 種設定的狀態之一，輸出 Y 的值保持原來的值不進行更新，因此為不確定的狀態。

當輸入 I 出現過 4 種狀態中的一種時，輸出 Y 為對應的編碼，其後當 I 又變換到其他狀態時，根據 Verilog HDL 程式碼的邏輯關係，輸出 Y 的值不進行更新，保持不變，直到 I 變換到另外某個設定的狀態。

經過上面的分析可知，當輸入 I 不出現某個設定的狀態時，輸出 Y 的值比較難以判斷。為簡化輸出 Y 的結果，可以對 4 線-2 線編碼器的程式碼進行完善，在程式碼的第 10 行後，添加一行程式碼。

```
else Y<=2'b00;  //第 11 行
```

保存修改後的 code42.v 檔，並對工程重新編譯。

重新啟動 ModelSim 模擬工具，得到圖 5-9 所示的模擬波形，從圖中可以看出，當 I 為 4 種設定的狀態之一時，輸出 Y 為正確的編碼值；當 I 為其他無效狀態時，輸出 Y 為固定值 2'b00。

圖 5-9　改進後的 4 線-2 線編碼器的模擬波形

5.4　典型組合邏輯電路 Verilog HDL 設計

經過前面的討論，我們對 Verilog HDL 語法有了初步的認識，瞭解了常用的 Verilog HDL 語法知識，以及 ModelSim 模擬電路功能的步驟，接下來我們採用 Verilog HDL 描述數位電路技術課程仲介紹的幾種常用的組合邏輯電路，進一步加深對 Verilog HDL 語法的理解。

5.4.1 8421BCD 編碼器電路

實例 5-6：BCD 編碼器電路設計

根據數位電路技術課程的表述，電腦的鍵盤輸入邏輯電路就是由編碼器組成的。輸入為 10 個按鍵，輸出為對每個按鍵的編碼值。10 個按鍵 S[9:0]，對應十進位數字 0～9。採用 4 位二進位數字 Y[3:0]對其進行編碼，Y[3]的權值為 8，Y[2]的權值為 4，Y[1]的權值為 2，Y[0]的權值為 1，因此稱為 8421BCD 碼。10 個按鍵 8421BCD 編碼器功能表如表 5-2 所示。

表 5-2 10 個按鍵 8421BCD 編碼器功能表

輸 入										輸 出				
S[9]	S[8]	S[7]	S[6]	S[5]	S[4]	S[3]	S[2]	S[1]	S[0]	Y[3]	Y[2]	Y[1]	Y[0]	G
1	1	1	1	1	1	1	1	1	1	0	0	0	0	0
1	1	1	1	1	1	1	1	1	0	0	0	0	0	1
1	1	1	1	1	1	1	1	0	1	0	0	0	1	1
1	1	1	1	1	1	1	0	1	1	0	0	1	0	1
1	1	1	1	1	1	0	1	1	1	0	0	1	1	1
1	1	1	1	1	0	1	1	1	1	0	1	0	0	1
1	1	1	1	0	1	1	1	1	1	0	1	0	1	1
1	1	1	0	1	1	1	1	1	1	0	1	1	0	1
1	1	0	1	1	1	1	1	1	1	0	1	1	1	1
1	0	1	1	1	1	1	1	1	1	1	0	0	0	1
0	1	1	1	1	1	1	1	1	1	1	0	0	1	1

對功能表進行分析可知，該編碼器輸入低電壓準位有效；在按下 S[0]～S[9]中任意鍵時，代表有信號輸入，G 為 1；沒有鍵按下時，G 為 0。採用前面討論 4 線-2 線編碼器的方法對功能表進行進一步分析，可知功能表中沒有規定多個鍵同時按下時的輸出狀態，而這些狀態將成為電路中的無效狀態，產生不確定的輸出。為此，可以設置當有多個鍵按下時，輸出 Y[3:0]=4'b1111，G=1，即輸出為全 1。

在工程中新建 code8421.v 檔，8421BCD 編碼器的 Verilog HDL 程式碼如下。

```
module code8421(
    input [9:0] S,
     output reg [3:0] Y,
     output reg G
     );

    always @(*)
        if (S==10'b11_1111_1111) begin Y <= 4'b0000; G<=1'b0; end
        else if   (S==10'b11_1111_1110) begin Y <= 4'b0000; G<=1'b1; end
        else if   (S==10'b11_1111_1101) begin Y <= 4'b0001; G<=1'b1; end
        else if   (S==10'b11_1111_1101) begin Y <= 4'b0010; G<=1'b1; end
        else if   (S==10'b11_1111_1011) begin Y <= 4'b0011; G<=1'b1; end
        else if   (S==10'b11_1111_0111) begin Y <= 4'b0100; G<=1'b1; end
```

```
        else if  (S==10'b11_1110_1111) begin Y <= 4'b0101; G<=1'b1; end
        else if  (S==10'b11_1101_1111) begin Y <= 4'b0110; G<=1'b1; end
        else if  (S==10'b11_1011_1111) begin Y <= 4'b0111; G<=1'b1; end
        else if  (S==10'b10_1111_1111) begin Y <= 4'b1000; G<=1'b1; end
        else if  (S==10'b01_1111_1111) begin Y <= 4'b1001; G<=1'b1; end
        else begin Y <= 4'b1111; G<=1'b1; end


    endmodule
```

5.4.2　8 線-3 線優先編碼器電路

實例 5-7：優先編碼器電路設計

為了確定多個鍵同時按下的輸出狀態，前面討論 8421BCD 編碼器電路時專門設置了輸出為全 1 的狀態來對其進行編碼。而在實際邏輯電路中，主機通常需要同時控制多個物件，如印表機、磁碟機、鍵盤等。當多個物件同時向主機發出申請時，主機同一時刻只能對其中一個物件進行回應，因此必須根據輕重緩急，規定好這些控制物件的先後次序，即優先順序別。識別這類請求信號，並進行編碼處理的電路稱為優先編碼器。優先編碼器晶片 74LS148 的功能表如表 5-3 所示。

表 5-3　優先編碼器晶片 74LS148 的功能表

輸　　入									輸　　出				
EI	S[7]	S[6]	S[5]	S[4]	S[3]	S[2]	S[1]	S[0]	Y[2]	Y[1]	Y[0]	GS	EO
1	×	×	×	×	×	×	×	×	1	1	1	1	1
0	1	1	1	1	1	1	1	1	1	1	1	1	0
0	×	×	×	×	×	×	×	0	1	1	1	0	1
0	×	×	×	×	×	×	0	1	1	1	0	0	1
0	×	×	×	×	×	0	1	1	1	0	1	0	1
0	×	×	×	×	0	1	1	1	1	0	0	0	1
0	×	×	×	0	1	1	1	1	0	1	1	0	1
0	×	×	0	1	1	1	1	1	0	1	0	0	1
0	×	0	1	1	1	1	1	1	0	0	1	0	1
0	0	1	1	1	1	1	1	1	0	0	0	0	1

從表 5-3 可以看出，優先編碼器的輸入、輸出均為低電壓準位有效。EI 為編碼器輸入致能信號，當 EI 為高電壓準位時，不進行編碼，輸出為全 1；當 EI 為低電壓準位時，進行編碼，且編碼的優先順序從高到低依次為 S[0]～S[7]。比如，當 S[3]為低電壓準位，且優先順序更高的 S[2:0]均為高電壓準位（沒有編碼）時，無論優先順序更低的 S[7:4]是否編碼，輸出均為當前的編碼值 Y=3'b100。

在工程中新建 code83.v 檔，優先編碼器的 Verilog HDL 程式碼如下。

```
1    module code83(
2        input EI,
3         input [7:0] S,
4         output reg [2:0] Y,
```

```
5        output reg GS,
6        output reg EO
7      );
8
9      always @(*)
10       if (EI)                  begin Y <= 3'b111; GS<=1'b1; EO<=1'b1; end
11       else if   (S[0]==1'b0)    begin Y <= 3'b111; GS<=1'b0; EO<=1'b1; end
12       else if   (S[1]==1'b0)    begin Y <= 3'b110; GS<=1'b0; EO<=1'b1; end
13       else if   (S[2]==1'b0)    begin Y <= 3'b101; GS<=1'b0; EO<=1'b1; end
14       else if   (S[3]==1'b0)    begin Y <= 3'b100; GS<=1'b0; EO<=1'b1; end
15       else if   (S[4]==1'b0)    begin Y <= 3'b011; GS<=1'b0; EO<=1'b1; end
16       else if   (S[5]==1'b0)    begin Y <= 3'b010; GS<=1'b0; EO<=1'b1; end
17       else if   (S[6]==1'b0)    begin Y <= 3'b001; GS<=1'b0; EO<=1'b1; end
18       else if   (S[7]==1'b0)    begin Y <= 3'b000; GS<=1'b0; EO<=1'b1; end
19       else                     begin Y <= 3'b111; GS<=1'b1; EO<=1'b0; end

     endmodule
```

第 10 行首先判斷 EI 的值，當 EI 為高電壓準位時，無論其他輸入信號為什麼狀態，均輸出全 1 值；第 11 行判斷 S[0]的值，當其為低電壓準位時，對該位元進行編碼，輸出 Y<=3'b111，當電路對 S[0]進行判斷時，說明 EI 已經為低電壓準位了。同理，當程式執行到第 13 行時，說明 EI 為低電壓準位，S[1:0]=2'b11'。當程式執行到第 19 行時，說明 EI 為低電壓準位，且 S[7:0]=8'b1111_1111。也就是說，if...else 語句本身就隱含了優先順序的概念，即前面的條件級別高於後續的條件級別。由於每個判斷條件成立後，需要採用多條語句對多個信號賦值，因此採用 begin...end 語句將多條語句組成一個區塊描述。

為進一步驗證設計程式碼的正確性，按照前面 4 線-2 線編碼器的模擬方法，新建測試激勵檔 code83_vlg_tst.v，編寫產生輸入信號的 Verilog HDL 程式碼如下。

```
initial
begin
    S <=8'b0000_0000;EI<=1'b1;
    #100 S<=8'b0000_1111; EI<=1'b0;
    #100 S<=8'b1111_1101;
    #100 S<=8'b1110_1111;
    #100 S<=8'b1111_1011;
    #100 S<=8'b1111_1100;
    #100 S<=8'b1100_0011;
    #100 S<=8'b1011_1111;
    #100 S<=8'b0011_1111;
    #100 S<=8'b0000_1111;
end
```

設置好 ModelSim 模擬參數後，啟動 ModelSim 模擬工具，查看模擬波形，如圖 5-10 所示。

圖 5-10　優先編碼器的模擬波形

由圖 5-10 所示的模擬波形可知，優先編碼器電路實現了表 5-3 所示的功能。當輸入 EI 為高電壓準位時，輸出為全 1；當 EI 為低電壓準位，S=8'b0000_1111 時，輸出對 S[4]編碼，Y=3'b011；當 EI 為低電壓準位，S=8'b1111_1011 時，輸出對 S[2]編碼，Y=3'b101。

5.4.3　74LS138 解碼器電路

實例 5-8：解碼器電路設計

解碼是編碼的逆過程，解碼器的功能是將具有特定含義的二進位碼進行判別，並轉換成控制信號，具有解碼功能的電路稱為解碼器。對於 Verilog HDL 設計來講，其實不需要糾結電路的具體名稱，只需要明確輸入、輸出之間的邏輯關係即可。數位電路技術課程中討論的積體解碼器晶片 74LS138 的功能表如表 5-4 所示。

表 5-4　積體解碼器晶片 74LS138 的功能表

輸		入				輸			出				
G1	G2A	G2B	C	B	A	Y[0]	Y[1]	Y[2]	Y[3]	Y[4]	Y[5]	Y[6]	Y[7]
×	1	×	×	×	×	1	1	1	1	1	1	1	1
×	×	1	×	×	×	1	1	1	1	1	1	1	1
0	×	×	×	×	×	1	1	1	1	1	1	1	1
1	0	0	0	0	0	0	1	1	1	1	1	1	1
1	0	0	0	0	1	1	0	1	1	1	1	1	1
1	0	0	0	1	0	1	1	0	1	1	1	1	1
1	0	0	0	1	1	1	1	1	0	1	1	1	1
1	0	0	1	0	0	1	1	1	1	0	1	1	1
1	0	0	1	0	1	1	1	1	1	1	0	1	1
1	0	0	1	1	0	1	1	1	1	1	1	0	1
1	0	0	1	1	1	1	1	1	1	1	1	1	0

由表 5-4 可知，該解碼器有 3 個輸入 A、B、C，它們共有 8 種狀態的組合，即可譯出 8 個輸出信號 Y[7:0]，故該解碼器稱為 3 線-8 線解碼器。該解碼器的主要特點是設置了 G1、G2A、G2B 共 3 個致能信號，且當 G1 為 1，G2A、G2B 均為 0 時，解碼器處於工作狀態。輸入 A、B、C 為高電壓準位有效，輸出 Y[7:0]為低電壓準位有效。

在工程中新建 decode38.v 文件，解碼器的 Verilog HDL 程式碼如下。

```
module decode38(
    input G1,G2A,G2B,
     input A,B,C,
     output reg [7:0] Y
      );
```

```
    wire [2:0] CE;
    wire [2:0] DIN;
    assign CE={G1,G2A,G2B};                                    //第 9 行
    assign DIN={C,B,A};                                        //第 10 行
    always @(*)
        if ((!G1)||G2A||G2B)              Y <= 8'b1111_1111;    //第 12 行
        else if   ((CE==3'b100)&&(DIN==3'd0))  Y <= 8'b1111_1110;  //第 13 行
        else if   ((CE==3'b100)&&(DIN==3'd1))  Y <= 8'b1111_1101;
        else if   ((CE==3'b100)&&(DIN==3'd2))  Y <= 8'b1111_1011;
        else if   ((CE==3'b100)&&(DIN==3'd3))  Y <= 8'b1111_0111;
        else if   ((CE==3'b100)&&(DIN==3'd4))  Y <= 8'b1110_1111;
        else if   ((CE==3'b100)&&(DIN==3'd5))  Y <= 8'b1101_1111;
        else if   ((CE==3'b100)&&(DIN==3'd6))  Y <= 8'b1011_1111;
        else if   ((CE==3'b100)&&(DIN==3'd7))  Y <= 8'b0111_1111;  //第 20 行

endmodule
```

解碼器的 Verilog HDL 程式碼中，第 9 行和第 10 行分別採用位拼接操作符{}將 3 個致能信號拼接爲 3bit 的 CE 信號，將 3 個輸入信號拼接爲 3bit 的 DIN 信號；第 12 行表示當致能信號禁止時，解碼器不工作，輸出爲全 1；第 13～20 行表示當致能信號有效時，根據當前的輸入信號輸出對應的 8 種編碼狀態。

根據我們對反及閘電路的討論，一個電路通常可以有多種不同的設計方法。對於 3 線-8 線解碼器來講，仔細分析一下可知，3 個致能信號的致能狀態（CE=3'b100）與其他非致能狀態是互斥的，即當 CE 不爲 3'b100 時，一定爲非致能狀態（G1 爲 0，或者 G1A 爲 1，或者 G2B 爲 1）。因此設計的思路可以修改爲：如果 CE 爲致能狀態，則根據 DIN 的值進行編碼，否則不進行編碼，輸出爲全 1。根據這個思路編寫的程式碼如下。

```
module decode38(
    input G1,G2A,G2B,
    input A,B,C,
    output reg [7:0] Y
    );

    wire [2:0] CE;
    wire [2:0] DIN;
    assign CE={G1,G2A,G2B};
    assign DIN={C,B,A};
    //解碼器的另一種設計方法
    always @(*)
        if (CE==3'b100) begin
            if   (DIN==3'd0)    Y <= 8'b1111_1110;    //第 14 行
            else if (DIN==3'd1) Y <= 8'b1111_1101;
            else if (DIN==3'd2) Y <= 8'b1111_1011;
            else if (DIN==3'd3) Y <= 8'b1111_0111;
```

```
            else if (DIN==3'd4)   Y <= 8'b1110_1111;
            else if (DIN==3'd5)   Y <= 8'b1101_1111;
            else if (DIN==3'd6)   Y <= 8'b1011_1111;
            else                  Y <= 8'b0111_1111;        //第 21 行
            end
        else
            Y <= 8'b1111_1111;

    endmodule
```

5.4.4　與 if…else 語句齊名的 case 語句

　　前面我們已經採用 if…else 語句設計了多個組合邏輯電路，if…else 語句的語義很貼合"如果……就"的表達方式。在討論 8 線-3 線優先編碼器電路時，可以看出，if…else 語句本身含有優先順序的概念。同時，if…else 語句只能有兩個分支，如果要描述多個分支，則只能採用多個 if…else 語句嵌套。當多個分支之間本身沒有優先順序順序時，可以採用 Verilog HDL 提供的 case 語句來描述。

　　繼續討論前面的解碼器電路，當致能信號有效時，輸入信號 DIN 的 8 種狀態之間並沒有優先順序關係，因此可以採用 case 語句來描述。修改後的解碼器的 Verilog HDL 程式碼如下（用下列程式碼替換原程式第 14～21 行）。

```
        case    (DIN)                              //第 14 行
            3'd0:     Y <= 8'b1111_1110;            //第 15 行
            3'd1:     Y <= 8'b1111_1101;            //第 16 行
            3'd2:     Y <= 8'b1111_1011;
            3'd3:     Y <= 8'b1111_0111;
            3'd4:     Y <= 8'b1110_1111;
            3'd5:     Y <= 8'b1101_1111;
            3'd6:     Y <= 8'b1011_1111;
            default:  Y <= 8'b0111_1111;            //第 22 行
        endcase
```

　　上述程式碼中，case 和 endcase 為一對關鍵字，必須成對出現，case 後面的信號為分支判斷目標信號，需要用小括弧"()"括起來。由於 DIN 為 3bit 信號，因此有 8 種不同的狀態，case 下方依次列出 DIN 的各種可能狀態，並在各種可能狀態後編寫需要執行的語句。例如第 16 行"3'd1: Y <= 8'b1111_1101;"表示當 DIN 為 3'd 1 時，執行語句"Y <= 8'b1111_1101"。如果僅列出 DIN 的部分狀態，其他狀態可用關鍵字 default 表示，第 22 行表示在其他情況下執行"Y <= 8'b0111_1111;"。

5.4.5　資料分配器與資料選擇器電路

實例 5-9：資料分配器與資料選擇器電路設計

　　資料分配器是將一個資料來源的資料根據需要送到多個不同的通道上,實現資料分配功能的邏輯電路。它相當於有多個輸出的單刀多擲開關,其功能示意圖如圖 5-11 所示。

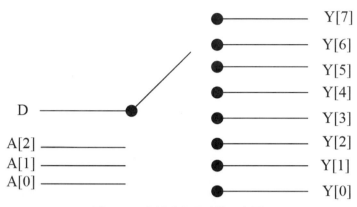

圖 5-11　資料分配器功能示意圖

　　對於 8 通道的資料分配器來講,輸入端有 4 輸入信號:資料信號 D 及 3 位元位址信號 A[2:0],輸出端有 8 輸入信號 Y[7:0]。設置輸入為高電壓準位有效,8 通道資料分配器的 Verilog HDL 程式碼如下。

```
module data_assign(
    input D,
     input [2:0] A,
     output reg [7:0] Y
     );

    always @(*)
       case   (A)
            3'd0:     Y <= {7'b1111_111,D};
            3'd1:     Y <= {6'b1111_11,D,1'b1};
            3'd2:     Y <= {5'b1111_1,D,2'b11};
            3'd3:     Y <= {4'b1111,D,3'b111};
            3'd4:     Y <= {3'b111,D,4'b1111};
            3'd5:     Y <= {2'b11,D,5'b1111_1};
            3'd6:     Y <= {1'b1,D,6'b1111_11};
            default:  Y <= {D,7'b1111_111};
       endcase

    endmodule
```

　　與資料分配器的功能不同，資料選擇器的功能是經過選擇，把多個通道的資料傳送到唯一的公共資料通道上。它相當於有多個輸入的單刀多擲開關，其功能示意圖如圖 5-12 所示。

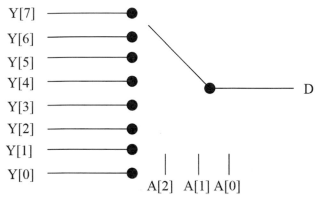

圖 5-12　資料選擇器功能示意圖

　　對於 8 通道的資料選擇器來講，輸入端有 11 輸入信號：8 輸入信號 Y[7:0]、3 位元位址信號 A[2:0]，輸出端有 1 輸入信號 D。設置輸入爲高電壓準位有效，8 通道資料選擇器的 Verilog HDL 程式碼如下。

```
module data_select(
    input [7:0] Y,
    input [2:0] A,
    output reg D
    );

    always @(*)
       case   (A)
          3'd0:      D <= Y[0];
          3'd1:      D <= Y[1];
          3'd2:      D <= Y[2];
          3'd3:      D <= Y[3];
          3'd4:      D <= Y[4];
          3'd5:      D <= Y[5];
          3'd6:      D <= Y[6];
          default:   D <= Y[7];
       endcase

endmodule
```

5.5　LED 數碼管靜態顯示電路設計

5.5.1　LED 數碼管的基本工作原理

　　經過本章前面的討論，我們對 Verilog HDL 語法有了一定的認識。數位電路技術課程中的編碼器、解碼器等常用組合邏輯電路，採用 Verilog HDL 中的 if…else、case 語句可以輕鬆完成設計。實際工程中，幾乎不會有設計單個編碼器或解碼器電路的需求，前面的設計實例主要用於體驗 Verilog HDL 語法的使用。

　　接下來我們完成 LED 數碼管靜態顯示電路的設計。要完成 FPGA 程式的設計，首先要瞭解 LED 數碼管的工作原理。

　　LED 數碼管是一類價格便宜、使用簡單，通過對其不同的接腳輸入電流，使其發亮，從而顯示出數位的半導體發光元件。LED 數碼管可分爲七段 LED 數碼管(七段顯示器 7-segment display)和八段 LED 數碼管(八段顯示器 8-segment display)，區別在於八段 LED 數碼管比七段 LED 數碼管多一個用於顯示小數點的發光二極體單元。LED 數碼管的基本單元是發光二極體。

　　LED 數碼管通常用於顯示時間、日期、溫度等所有可用數位表示的參數，在電器領域，特別是家電領域應用極爲廣泛，如顯示幕、空調、熱水器、冰箱等。由於 LED 數碼管的控制接腳較多，爲節約電路板布板面積，通常將多個 LED 數碼管用於顯示筆劃"a、b、c、d、e、f、g、dp"的同名端連在一起，另外爲每個 LED 數碼管的公共端增加位元選通控制電路，選通信號由各自獨立的 I/O 線控制，通過輪流掃描各 LED 數碼管的方式實現多個 LED 數碼管的數字顯示。

　　圖 5-13 爲市場上常見的 LED 數碼管實物圖及原理圖。其中圖 5-13（a）所示爲單個 LED 數碼管，圖 5-13（b）所示爲整合的 2 個 LED 數碼管，圖 5-13（c）所示爲整合的 4 個 LED 數碼管，圖 5-13（d）爲 LED 數碼管段碼示意圖。

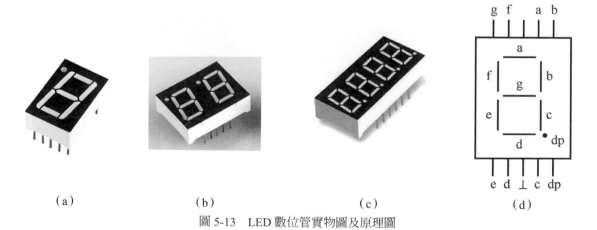

（a）　　　　　　　　（b）　　　　　　　　（c）　　　　　　　　（d）

圖 5-13　LED 數位管實物圖及原理圖

LED 數碼管分為共陽極和共陰極兩種類型，共陽極 LED 數碼管的正極（或陽極）為所有發光二極體的共有正極，其他接點為獨立發光二極體的負極（或陰極），使用者只需把正極接電源，不同的負極接地就能控制 LED 數碼管顯示不同的數位。共陰極 LED 數碼管與共陽極 LED 數碼管只是連接方式不同而已。

比如要在 LED 數碼管上顯示字元"0"，參照圖 5-13（d），只需同時使筆劃段 a、b、c、d、e、f 點亮；要在 LED 數碼管上顯示數位 3，則需同時使筆劃段 a、b、c、d、g 點亮。其他字元的顯示方式類似。如果是共陽極 LED 數碼管，點亮某個筆劃段，只需將對應筆劃段的接腳置低電壓準位。

LED 數碼管有直流驅動和動態顯示驅動兩種驅動方式。直流驅動是指每個 LED 數碼管的每個筆劃段都由一個 FPGA 的 I/O 埠驅動，其優點是程式設計簡單、顯示亮度高，缺點是佔用的 I/O 埠多。動態顯示驅動是指通過分時輪流控制各個 LED 數碼管的選通信號端，使各個 LED 數碼管輪流受控顯示。當 FPGA 輸出字形碼時，所有 LED 數碼管都接收到相同的字形碼，但究竟哪個 LED 數碼管會顯示出字形，取決於 FPGA 對選通信號端電路的控制，因此只要將需要顯示的 LED 數碼管選通，該位元就顯示出字形，沒有選通的 LED 數碼管就不會點亮。

5.5.2　實例需求及電路原理分析

CGD100 開發板上配置有 4 個共陽極八段 LED 數碼管，本實例需要通過 4 個按鍵（KEY1～KEY4）控制在 4 個 LED 數碼管上顯示字元 0～F。另外一個獨立按鍵 KEY8 控制小數點段的狀態。本實例僅實現 LED 數碼管的靜態顯示，後續章節再討論採用動態掃描的方式實現多個 LED 數碼管顯示不同字元的電路設計。

本實例用到的硬體結構框圖如圖 5-14 所示。

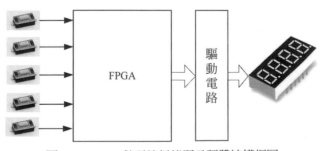

圖 5-14　LED 數碼管靜態顯示硬體結構框圖

4 個按鍵的輸入組成 4bit 信號，共有 16 種狀態，在第一個 LED 數碼管上顯示當前的按鍵狀態。如當 4 個按鍵均不按下（輸入為 4'b0000）時，左側第一個 LED 數碼管顯示數位"0"；當 4 個按鍵均按下（輸入為 4'b1111）時，LED 數碼管顯示字母"F"。另外一個獨立按鍵控制小數點段的狀態，按下（為低電壓準位）時點亮小數點段，不按下（為高電壓準位）時不點亮小數點段。

　　CGD100 開發板上的 LED 數碼管電路原理圖如圖 5-15 所示。其中 SEG_A、SEG_B、SEG_C、SEG_D、SEG_E、SEG_F、SEG_G、SEG_DP 直接與 FPGA 的 I/O 接腳連接，用於控制 8 個段；SEG_DIG1、SEG_DIG2、SEG_DIG3、SEG_DIG4 與 FPGA 的 I/O 接腳相連，用於控制 4 個 LED 數碼管的位元選信號；4 個三極管用於放大 FPGA 送來的位元選信號，增大驅動能力。CGD100 開發板上配置的 LED 數碼管採用共陽極連接方式，當 FPGA 輸入信號為低電壓準位時，點亮對應的段。

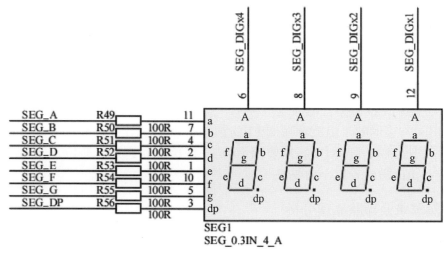

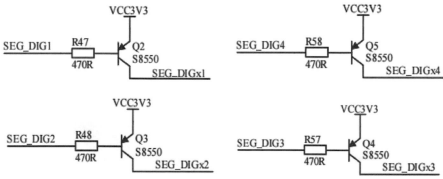

圖 5-15　LED 數碼管電路原理圖

　　根據設計需求，LED 數碼管靜態顯示電路的硬體還包含 5 個按鍵。相關電路原理在前面章節討論 LED 流水燈設計時已進行了闡述，這裡不再討論。

5.5.3　LED 數碼管顯示電路 Verilog HDL 設計

實例 5-10：LED 數碼管靜態顯示電路設計

　　到目前為止，前面討論的所有電路都是在一個 Verilog HDL 檔中完成的。若電路功能比較簡單，如反及閘、編碼器、選擇器、投票器等，則一個 Verilog HDL 檔用不了多少行程式碼即可完成所需功能。然而在實際工程設計中，為便於程式的維護，或者便於多個工程師同時開發一個專案，一個完整的電路通常由多個子功能模組組成。每個子功能模組完成特定的功能，將這些子功能模組按預定的規則連接在一起，即可完成系統功能。

　　將系統劃分為多個子功能模組來設計的方法也稱為層次式設計方法，而將多個子功能模組連接在一起的語法正是本章最初討論的結構化架構。一般來講，系統有兩種設計思路：自頂向下和自底向上。自頂向下是指先設計頂層檔，規劃好各子功能模組的信號介面，再依次完成子功能模組的設計；自底向上則是指先設計好子功能模組，再根據子功能模組的信號介面，完成頂層模組的設計。實際工程中大多採用自頂向下的層次式設計方法。

　　為便於討論，下面先給出 LED 數碼管靜態顯示電路的頂層檔 seg.v 程式碼。新建名為 seg 的 FPGA 工程，新建名為 seg.v 的 Verilog HDL 類型資源檔，並在檔中編寫如下程式碼。

```
module seg(
    input key8,key1,key2,key3,key4,        //第 2 行
    output [3:0] seg_s,                    //第 3 行
    output [7:0] seg_dp //seg[7]dp,seg[6]g,seg[5]f,seg[4]e,seg[3]d,seg[2]c,seg[1]b,seg[0]a
    );

    assign seg_s = 4'b000;                 //第 7 行
    assign seg_dp[7] = key8;               //第 8 行

    dec2seg u1(                            //第 10 行
        .dec({key4,key3,key2,key1}),       //第 11 行
        .seg(seg_dp[6:0])                  //第 12 行
        );                                 //第 13 行

endmodule
```

　　根據 LED 數碼管靜態顯示電路需求，以及 CGD100 的電路原理圖，FPGA 程式的輸入埠有 5 個按鍵，程式中分別對應 key1、key2、key3、key4、key8，其中 key8 用於控制小數點段，其餘 4 個按鍵用於控制 LED 數碼管顯示的字元。CGD100 上的 4 個 LED 數碼管需要 4 位元片選信號 seg_s[3:0]（低電壓準位時選通），以及 8 位元段碼信號 seg_dp[7:0]，其中 seg_dp[7]對應小數點段碼，seg_dp[6:0]分別對應 g、f、e、d、c、b、a 段碼。

　　第 7 行採用 assign 語句設置 4 位元片選信號均為低電壓準位，即表示同時選通 4 個 LED 數碼管；第 8 行用 key8 直接控制小數點段，實現按下時點亮，否則不點亮的功能；第 10～13 行實例化了名為 dec2seg 的功能模組，且實例化名稱為 u1，將 4 個按鍵信號通過位元拼接操作符組成 4 位元信號作為 dec2seg 模組的 dec 信號，將 7 位元段碼信號 seg_dp[6:0]作為 dec2seg 模組的 seg 信號。

模組 dec2seg 是我們接下來需要設計的 LED 數碼管解碼子模組，其功能為對輸入的 4bit 位元寬信號 dec 進行解碼，輸出 7bit 位元寬的段碼顯示信號 seg。在工程中新建名為 dec2seg.v 的 Verilog HDL 資源檔，編寫如下程式碼。

```verilog
module dec2seg(
    input [3:0] dec,
    output reg [6:0] seg //seg[6]g,seg[5]f,seg[4]e,seg[3]d,seg[2]c,seg[1]b,seg[0]a
    );

    //共陽極 LED 數碼管
    always @(*)
        case (dec)
            4'd0: seg <= 7'b1000000;
            4'd1: seg <= 7'b1111001;
            4'd2: seg <= 7'b0100100;
            4'd3: seg <= 7'b0110000;
            4'd4: seg <= 7'b0011001;
            4'd5: seg <= 7'b0010010;
            4'd6: seg <= 7'b0000010;
            4'd7: seg <= 7'b1111000;
            4'd8: seg <= 7'b0000000;
            4'd9: seg <= 7'b0010000;
            4'd10: seg <= 7'b0001000;
            4'd11: seg <= 7'b0000011;
            4'd12: seg <= 7'b1000110;
            4'd13: seg <= 7'b0100001;
            4'd14: seg <= 7'b0000110;
            default: seg <= 7'b0001110;
        endcase

endmodule
```

LED 數碼管解碼子模組採用 case 語句實現了將 4 位元二進位資料解碼為七段 LED 數碼管段碼的功能。對檔進行編譯，可以在雲源軟體左側視窗中按一下"Hierarchy"標籤，查看當前的檔結構，如圖 5-16 所示。

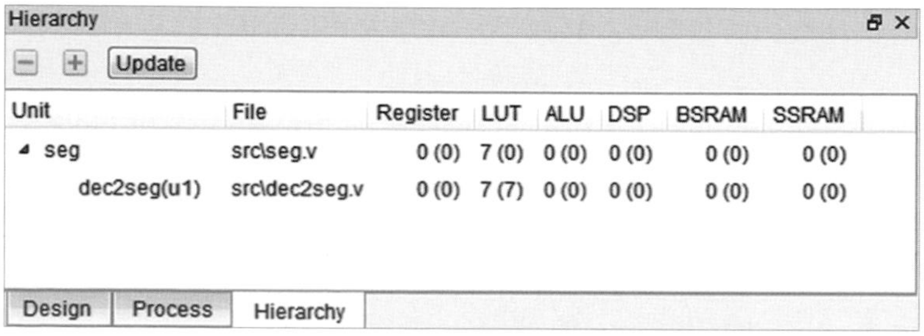

Hierarchy							🗗 ✕
⊟ ⊞ Update							
Unit	File	Register	LUT	ALU	DSP	BSRAM	SSRAM
▲ seg	src\seg.v	0 (0)	7 (0)	0 (0)	0 (0)	0 (0)	0 (0)
dec2seg(u1)	src\dec2seg.v	0 (0)	7 (7)	0 (0)	0 (0)	0 (0)	0 (0)
Design	Process	Hierarchy					

圖 5-16　LED 數碼管靜態顯示電路的檔結構圖

　　分析一下 LED 數碼管靜態顯示電路的設計過程，可以看出設計解碼子模組 dec2seg 時採用了行為級建模方式，頂層檔實例化 dec2seg 模組時採用了結構化架構方式，設置位元選信號狀態時採用了資料流程建模方式。在一個完整的 FPGA 工程中，通常會綜合利用三種建模方式完成設計，當我們熟悉了 Verilog HDL 語法，形成了硬體設計思維，在進行 FPGA 程式設計時，頭腦中其實已經沒有具體的建模方式或 Verilog HDL 語法這些概念，只是將頭腦中的思想用 Verilog HDL 程式碼自然而然地表示出來而已。

5.5.4　板載測試

　　根據 CGD100 的電路原理圖，得到表 5-5 所示的電路介面信號定義表。

表 5-5　LED 數碼管靜態顯示電路介面信號定義表

程式信號名稱	FPGA 接腳	傳 輸 方 向	功 能 說 明
key1	58	→FPGA	按下為低電壓準位，默認為高電壓準位
key2	59	→FPGA	按下為低電壓準位，默認為高電壓準位
key3	60	→FPGA	按下為低電壓準位，默認為高電壓準位
key4	61	→FPGA	按下為低電壓準位，默認為高電壓準位
key8	65	→FPGA	按下為低電壓準位，默認為高電壓準位
seg_s[0]	3	FPGA→	低電壓準位有效的選通信號
seg_s[1]	141	FPGA→	低電壓準位有效的選通信號
seg_s[2]	140	FPGA→	低電壓準位有效的選通信號
seg_s[3]	137	FPGA→	低電壓準位有效的選通信號
seg_dp[0]	138	FPGA→	低電壓準位有效的段碼 a
seg_dp[1]	142	FPGA→	低電壓準位有效的段碼 b
seg_dp[2]	9	FPGA→	低電壓準位有效的段碼 c
seg_dp[3]	7	FPGA→	低電壓準位有效的段碼 d
seg_dp[4]	12	FPGA→	低電壓準位有效的段碼 e
seg_dp[5]	139	FPGA→	低電壓準位有效的段碼 f
seg_dp[6]	8	FPGA→	低電壓準位有效的段碼 g
seg_dp[7]	10	FPGA→	低電壓準位有效的段碼 dp

　　添加 cst 約束檔，按照表 5-5 約束好對應的接腳，重新編譯工程，生成 seg.fs 文件。將 seg.fs 文件下載到 CGD100 開發板上，按下開發板上的 key1、key2、key3、key4、key8 這幾個按鍵，可以在開發板上看到 LED 數位管根據按鍵狀態顯示不同的字元，如圖 5-17 所示。

圖 5-17　LED 數碼管靜態顯示電路板載測試圖

5.6　小結

　　本章從組合邏輯電路開始講解了 Verilog HDL 的基本語法，體驗採用 Verilog HDL 描述電路，初步將語法與硬體電路聯繫起來。本章的學習要點可歸納為：

（1）瞭解結構化架構、資料流程建模及行為級建模的基本方法。

（2）熟悉 assign、wire、reg、<=、=等基本的 Verilog HDL 語法概念。

（3）理解 Verilog HDL 中的資料（信號）位元寬的概念。

（4）熟悉 ModelSim 模擬的步驟及測試激勵檔的基本編寫方法。

（5）熟練掌握採用 if...else、case 語句描述基本組合邏輯電路的思路及方法。

（6）瞭解層次式設計方法。

（7）完成 LED 數碼管靜態顯示電路設計。

第 6 章

時序邏輯電路的靈魂—D 型正反器

　　時序邏輯電路是指有正反器的電路，也可以說由組合邏輯電路和正反器共同組成時序邏輯電路。組合邏輯電路的輸出狀態僅取決於輸入的當前狀態，且輸入狀態的變化立即對輸出狀態產生影響；時序邏輯電路的輸出狀態還取決於當前的輸出狀態或以前的輸出狀態，輸出狀態僅在時鐘邊緣時刻發生變化。實際工程中，極少採用組合邏輯電路完成設計，一般都會採用時序邏輯電路實現特定的功能。數位電路技術課程中學習時序邏輯電路時，最讓人頭疼的是各種狀態方程的分析及求解。在後面的學習中我們會發現，當理解硬體程式設計思想並形成硬體程式設計思維後，採用 Verilog HDL 設計各種電路，就不再會有解狀態方程的煩惱。要完成複雜功能電路的設計，先要理解時序邏輯電路的靈魂—D 型正反器。

6.1 　深入理解 D 型正反器

6.1.1　D 型正反器產生一個時鐘週期的延遲

　　時序邏輯電路的關鍵部件是儲存電路，儲存電路的關鍵部件是 D 型正反器。因此，理解時序邏輯電路需要從深入理解 D 型正反器開始。根據數位電路知識，D 型正反器的功能十分簡單，輸出信號在時鐘信號的邊緣（正緣(rising edge)或負緣(falling edge)）時刻隨輸入信號變化。我們來看看將 3 個 D 型正反器串聯後，輸入輸出信號的波形如何變化。

　　圖 6-1（a）為三個 D 型正反器串聯後的邏輯原理圖，圖 6-1（b）為三個 D 型正反器串聯後的輸入輸出波形圖。從圖 6-1 中可以看出，第一級 D 型正反器輸出信號 Q_1 是在 clk 的正緣(rising edge)對輸入信號 D 的採樣；第二級 D 型正反器輸出信號 Q_2 比 Q_1 延遲一個時鐘週期；第三級 D 型正反器輸出信號 Q_3 比 Q_2 延遲一個時鐘週期。因此，每增加一級 D 型正反器就會對輸入信號延遲一個時鐘週期。

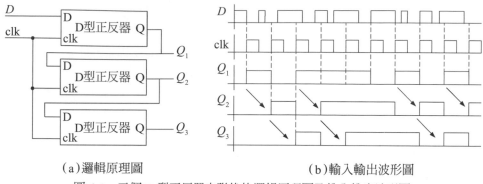

（a）邏輯原理圖　　　　　　　　　（b）輸入輸出波形圖

圖 6-1　三個 D 型正反器串聯後的邏輯原理圖及輸入輸出波形圖

　　D 型正反器產生一個時鐘週期的延遲，這是 D 型正反器的重要性質。可能讀者會問，誰會無聊到將多個 D 型正反器串聯起來設計呢？當然，多個 D 型正反器串聯只會產生多個時鐘週期的延遲，這只是它最簡單的應用，關鍵在於 D 型正反器的這一性質是提高時序邏輯電路運算速度的基礎。為什麼這麼講？我們接下來分析一下 D 型正反器工作速度的相關問題。

6.1.2　D 型正反器能工作的最高時鐘頻率分析

　　我們在介紹三極管反相器及 TTL 反相器時講到，元件的工作速度受到電晶體開關速度的限制。在很多電路設計工程中，系統的工作速度總是需要首先考慮的問題，設計工程師經常需要想方設法提高系統的工作速度。要在設計電路系統時提高其工作速度，首先需要瞭解 D 型正反器工作速度受限的原因。

　　為便於分析，我們重新繪製 D 型正反器的閘級邏輯電路原理圖，如圖 6-2 所示。

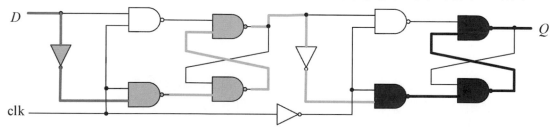

圖 6-2　D 型正反器的閘級邏輯電路原理圖

　　由於 D 型正反器是邊緣觸發的，為便於分析，僅分析信號在 D 型正反器時鐘信號邊緣時刻的狀態變化情況，且假設各種閘電路的工作時間相同。如圖 6-2 所示，時鐘信號 clk 到第二級數據閂鎖器反及閘的路徑上僅有一個反相器，僅產生一個閘電路延遲，而輸入信號 D 到達第二級數據閂鎖器反及閘的路徑上經過了一個反相器和 3 個反及閘電路（圖中灰色加粗路徑），共產生 4 個閘電路延遲。為了在 clk 正緣(rising edge)到達時刻正確反應輸入信號的狀態，需要輸入信號 D 的狀態提前 3 個閘電路延遲的時間發生變化，這個時間稱為資料建立時間 t_{set}。同樣，在 clk 正緣(rising edge)時刻的資料發生變化後，還要經過 3 個反及閘才能反應到輸出端（圖中黑色加粗路徑），即需要 3 個閘電路延遲，這個時間稱為資料保持時間 t_{hold}。顯然，如果兩個 D 型正反器串聯，則時鐘工作的最小週期 $T = t_{\text{set}} + t_{\text{hold}}$。

　　前面分析組合邏輯電路競爭冒險現象時講過，時序邏輯電路也會產生競爭冒險。根據 D 型正反器最小時鐘工作週期的分析可知，當時鐘工作頻率過大時，電路不滿足資料建立時間 t_{set} 和資料保持時間 t_{hold} 的條件，會導致正反器的輸出不能正確反應輸入的狀態，這也可以理解為時序邏輯電路的一種競爭冒險現象。因此，只要實際時鐘工作頻率小於電路最大工作頻率，就不會產生這種競爭冒險現象。另外，D 型正反器通常還會在輸入端或輸出端增加與閘電路，實現非同步清零（R）或重置（S）功能，清零信號或重置信號也會與時鐘信號產生競爭冒險。由於電路中清零信號與重置信號一般同時作用於各正反器（線路連接類似於時鐘信號），因此不能通過降低時鐘工作頻率消除競爭冒險。

　　有了前面的基礎，我們再來看看如何分析典型的時序邏輯電路的時鐘工作頻率。圖 6-3 是典型的時序邏輯電路示意圖。各級正反器之間通常會設計一些特定功能的組合邏輯電路，組合邏輯電路的運行需要時間，假設圖 6-3 中兩個組合邏輯電路的運行延遲分別為 t_{c1}、t_{c2}，且 $t_{\text{c1}} < t_{\text{c2}}$，則整個系統的最小時鐘工作週期 $T = t_{\text{c2}} + t_{\text{set}} + t_{\text{hold}}$。一般來講，組合邏輯電路的傳輸延遲要大於正反器的資料建立時間和資料保持時間，因此，系統工作的最高頻率決定於兩個正反器之間組合邏輯電路的最大傳輸延遲。為了提高電路系統的時鐘工作頻率，我們需要合理設計各級正反器之間的組合邏輯電路的傳輸延遲，使得各級電路傳輸延遲儘量相近，或者通過拆分組合邏輯電路，在其中插入適當數量的 D 型正反器，通過增加運算時鐘週期數量的方式提高時鐘工作頻率。

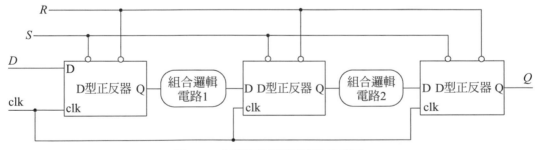

圖 6-3　典型的時序邏輯電路示意圖

　　經過前面的分析，所謂深入理解 D 型正反器，即要明確兩點：一是 D 型正反器產生一級時鐘週期延遲；二是 D 型正反器的工作頻率受限於資料建立時間和資料保持時間。

　　需要說明的是，前面在分析 D 型正反器最小時鐘工作週期時，只是簡單地將正反器理解為邊緣觸發工作元件，資料登錄和輸出都是相對於時鐘信號的邊緣來分析的。實際上，根據閘電路及閂鎖器的工作原理，詳細準確分析 D 型正反器還需要更為精確的閘電路模型，但對於時序邏輯電路設計來講，採用簡化模型分析的結果已經足夠準確，足以說明 D 型正反器工作過程中與速度相關的概念。

　　數位電路技術課程中除討論 D 型正反器外，還討論了 JK 型正反器和 T 型正反器。FPGA 設計過程中，幾乎不會涉及這兩種正反器，因此不必再對這兩種正反器進行討論了。

6.2　D 型正反器的描述方法

6.2.1　單個 D 型正反器的 Verilog HDL 設計

實例 6-1：D 型正反器的 Verilog HDL 設計及模擬

　　經過對 D 型正反器的概念討論，我們瞭解到 D 型正反器的基本性質：輸出信號僅在時鐘信號的邊緣時刻改變狀態；輸出信號相比輸入信號會延遲一個時鐘週期。接下來先設計一個獨立的 D 型正反器。

　　新建 FPGA 工程 Dflipflop，新建 Verilog HDL 類型資源檔 Dfiliflop.v，編寫如下程式碼。

```
module Dflipflop(
    input clk,
    input D,
    output reg Q
    );

    always @(posedge clk)      //第 7 行
        Q <= D;                //第 8 行

    endmodule
```

　　完成檔的編譯，查看 RTL 原理圖，如圖 6-4 所示。

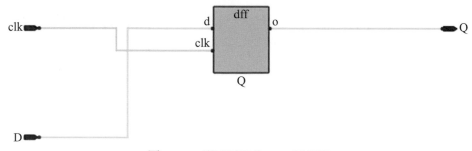

圖 6-4　D 型正反器的 RTL 原理圖

　　與組合邏輯電路裡的及閘、或閘、反閘類似，D 型正反器是數位電路裡的基本邏輯單元。單個的邏輯單元無法實現應用層面的電路功能，但任何複雜的功能電路都是由這些基本的邏輯單元組成的，工程師的價值在於應用這些基本的邏輯單元完成使用者所需要的實際功能電路設計。

　　描述 D 型正反器的程式碼為第 7、8 行。其中第 7 行使用了 always 語句，與組合邏輯電路不同，括弧"()"裡的內容為"posedge clk"，其中"posedge"為 Verilog HDL 關鍵字，中文意思為正緣(rising edge)，clk 為 D 型正反器的時鐘信號。"always @(posedge clk)"表示當 clk 信號的正緣(rising edge)來到的時刻，執行下面一條語句內容。因此，第 7 行、第 8 行表示當 clk 信號的正緣(rising edge)來到時，將 D 的值賦給 Q。這正是 D 型正反器的基本工作過程。

　　數位電路技術課程中的 D 型正反器一般有同相輸出端 Q 及反相輸出端 Qn，修改上面的程式碼，添加 Qn 信號輸出，其 Verilog HDL 程式碼如下。

```
module Dflipflop(
  input clk,
  input D,
  output reg Q,Qn
  );

  always @(posedge clk)         //第 7 行
    begin                       //第 8 行
      Q <= D;                   //第 9 行
      Qn <=!D;                  //第 10 行
    end                         //第 11 行

endmodule
```

　　程式的第 10 行"Qn<=!D"實現反相輸出端的 D 型正反器輸出，由於第 9 行及第 10 行語句均受第 7 行的 always 區塊描述作用，因此用 begin…end 將第 9、10 行語句組成一個區塊描述。由圖 6-5 可知，FPGA 實現同相及反相 D 型正反器的功能，實際上採用了 2 個獨立的單輸出 D 型正反器。

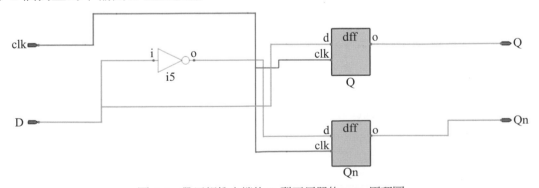

圖 6-5　帶反相輸出端的 D 型正反器的 RTL 原理圖

　　由於第 9 行和第 10 行語句是兩條獨立的語句，本身是並行處理的關係，因此將第 9 行和第 10 行程式碼交換，形成的電路沒有變化。同時，可以採用 2 個 always 區塊描述分別描述同相輸出及反相輸出的 D 型正反器，修改後的程式碼如下。

```
module Dflipflop(
    input clk,
    input D,
    output reg Q,Qn
    );

    always @(posedge clk)          //第 7 行
        Q <= D;                    //第 8 行

    always @(posedge clk)          //第 10 行
        Qn <= !D;                  //第 11 行

endmodule
```

　　由上面的程式碼及對應的 RTL 原理圖可知，語句"Q<=D"在 always@(posedge clk) 語句的作用下，生成了一個 D 型正反器，信號 Q 和 D 的值不再完全相同，而是相差了一個時鐘週期。這與 C 語言的設定陳述式有本質的不同。如果將第 7 行"always@(posedge clk)"修改為"always @(*)"，此時的第 8 行不再有時鐘信號控制，不再生成 D 型正反器，Q 和 D 的值完全相同，或者說，電路中信號 Q 和 D 直接短接了。即"always@(*)　Q<=D;"與"assign Q=D"（將 Q 宣告為 wire 類型信號）完全相同。

　　繼續討論第 10、11 行語句，從圖 6-5 可知，Qn 也是從 D 型正反器輸出的信號，輸入端對 D 進行了一次取反（電路圖中為低電壓準位有效）。因此，可以將 Qn 信號分解為兩部分來寫：先產生一個反閘電路，再經過一個 D 型正反器電路。第 10、11 行修改後的程式碼如下。

```
wire Qnd;                      //第 10 行
assign Qnd = !D;               //第 11 行
always @(posedge clk)          //第 12 行
    Qn <= Qnd;                 //第 13 行
```

　　查看上述程式碼綜合後的 RTL 原理圖，可以發現與圖 6-5 完全相同。從設計 D 型正反器的實例可以看出，程式碼依然遵循了一個基本原則：always 區塊描述中，所有設定陳述式均採用"<="。同時要記住一個基本的結論：當 always 區塊描述中的敏感信號由時鐘信號邊緣觸發時，always 區塊描述中被賦值的信號一定直接由 D 型正反器輸出。

　　由於 FPGA 中 D 型正反器的同相輸出端和反相輸出端實際上是 2 個獨立的 D 型正反器，因此後續僅討論同相 D 型正反器的電路設計。

6.2.2　非同步重置的 D 型正反器

　　完整的 D 型正反器還需要配置重置信號 rst 及時鐘致能信號（也稱時鐘允許信號）ce。重置信號 rst 有兩種形式：同步重置及非同步重置。非同步重置是指 rst 不受時鐘信號控制，當信號有效時使輸出處於重置模式；同步重置是指 rst 受時鐘信號控制，僅在時鐘信號的邊緣（如正緣(rising edge)）時刻使輸出處於重置模式。時鐘致能信號是指當該信號有效時，D 型正反器正常回應輸入信號的狀態，否則狀態保持不變。為便於逐步理解重置信號與時鐘致能信號的作用，以及 Verilog HDL 程式碼設計方法，接下來我們先討論非同步重置的 D 型正反器功能電路，程式碼如下。

```
module Dflipflop(
    input rst,                              //高電壓準位有效的非同步重置信號
    input clk,                              //正緣(rising edge)有效的時鐘信號
    input D,
    output reg Q
    );

    always @(posedge clk or posedge rst)    //第 8 行
        if (rst)                            //第 9 行
            Q <= 1'b0;                      //第 10 行
        else                                //第 11 行
            Q <= D;                         //第 12 行

endmodule
```

我們先從語義上分析上面一段非同步重置的 D 型正反器的 Verilog HDL 程式碼。第 8 行的 always 敏感清單內容為"posedge clk or posedge rst"，表示當 clk 的正緣(rising edge)或 rst 的正緣(rising edge)來到時，執行 always 後面的區塊描述。第 9 行表示當 rst 為高電壓準位時，執行第 10 行程式碼，使輸出信號 Q 為低電壓準位。因此綜合第 8～10 行程式碼，可以分析出，當 rst 的正緣(rising edge)來到時（無論 clk 是什麼狀態）就會執行第 10 行的重置程式碼。當 rst 正緣(rising edge)和 clk 正緣(rising edge)都沒有來到時，則由於第 8 行的條件不滿足，因此不執行第 9～12 行程式碼，Q 的值保持不變；當 rst 或 clk 出現了正緣(rising edge)，則首先執行第 9 行的判斷，此時若 rst 依然為高電壓準位，則仍然執行第 10 行的重置程式碼，不會執行第 11、12 行程式碼；當 rst 或 clk 出現了正緣(rising edge)，且 rst 為低電壓準位（不重置）時，才會執行第 11、12 行程式碼。

因此，rst 只要為高電壓準位，就會執行第 10 行的重置程式碼。或者說，rst 的優先順序比 clk 高，rst 的重置作用不受 clk 控制。因此，此時的 rst 稱為高電壓準位有效的非同步重置信號。

再分析第 11、12 行程式碼的功能。要執行第 11、12 行程式碼，需要同時滿足兩個條件：一是 clk 出現正緣(rising edge)；二是 rst 為低電壓準位。綜合起來就是，當 rst 為低電壓準位，且 clk 正緣(rising edge)來到時，將輸入信號 D 的值賦給輸出信號 Q。

特別要注意的是，第 11 行程式碼沒有對 clk 再次進行判斷。

從語義上來理解上面這段程式碼非常麻煩。最簡單有效的理解方法是將上面的程式碼與 RTL 原理圖對應起來理解，程式碼綜合形成的 RTL 原理圖如圖 6-6 所示。

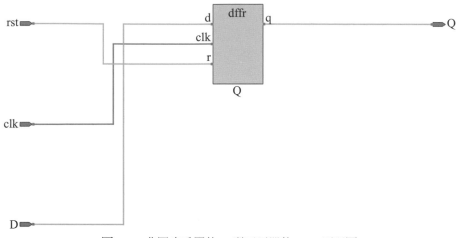

圖 6-6　非同步重置的 D 型正反器的 RTL 原理圖

如圖 6-6 所示，RTL 原理圖描述了一個非常簡潔的 D 型正反器電路。如果需設置 D 型正反器重置時輸出為高電壓準位，只需將第 10 行程式碼修改為"Q<=1'b1"。也就是說，第 8～12 行程式碼描述了 D 型正反器的基本語法結構，其中第 8、9、11 行的內容是固定的，第 10 行程式碼完成非同步重置時的各項運算操作，第 12 行程式碼實現各項運算後由 D 型正反器輸出的功能。

6.2.3　同步重置的 D 型正反器

前面討論的 D 型正反器電路，由於重置信號 rst 的優先順序比時鐘信號 clk 高，只要 rst 有效，無論 clk 是否出現正緣(rising edge)，D 型正反器均立即執行重置程式碼，處於重置模式。除此之外，還存在另一種同步重置的 D 型正反器，即 rst 僅在 clk 的正緣(rising edge)來到的時刻，才執行重置。為便於比較，修改 D_flipflop.v 檔，設計生成 1 個非同步重置的 D 型正反器 Qa，以及 1 個同步重置的 D 型正反器 Qs，修改後的程式碼如下。

```verilog
module Dflipflop(
    input rst,                              //高電壓準位有效的重置信號
    input clk,                              //時鐘信號
    input D,                                //D 型正反器輸入信號
    output reg Qa,                          //非同步重置的 D 型正反器輸出
    output reg Qs                           //同步重置的 D 型正反器輸出
    );

    //非同步重置的 D 型正反器
    always @(posedge clk or posedge rst)    //第 10 行
        if (rst)
            Qa <= 1'b0;
        else
            Qa <= D;
```

```
//同步重置的 D 型正反器
always @(posedge clk)                    //第 16 行
    if (rst)                             //第 17 行
        Qs <= 1'b0;                      //第 18 行
    else                                 //第 19 行
        Qs <= D;                         //第 20 行


endmodule
```

　　第 16～20 行程式碼描述了一個同步重置的 D 型正反器。與非同步重置的 D 型正反器相比，第 16 行中的 always 敏感列表中刪除了"posedge rst"。從語義上分析，第 16 行程式碼表示，當 clk 正緣(rising edge)來到的時候才會觸發第 17～20 行程式碼；而第 10 行程式碼表示，clk 的正緣(rising edge)或 rst 的正緣(rising edge)均能觸發 always 後面的程式碼。對於同步重置的 D 型正反器而言，當 clk 正緣(rising edge)來到時（相當於受控於 clk 信號），首先判斷 rst 是否有效，若有效則執行第 18 行的重置程式碼，否則執行 Qs 的設定陳述式。

　　完成程式檔綜合後，查看 RTL 原理圖，如圖 6-7 所示。

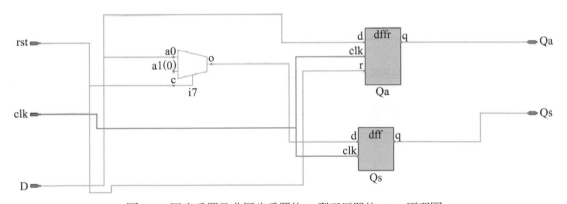

圖 6-7　同步重置及非同步重置的 D 型正反器的 RTL 原理圖

　　由圖 6-7 可以看出，同步重置的 D 型正反器沒有非同步清零端 CLR，在 D 輸入端增加了一個 2 選 1 選擇器電路。這也是 Verilog HDL 程式碼的行為級描述方法帶來的便利，即只需要用類似 if...else 語句的行為級語法描述電路的功能，具體的電路由 FPGA 開發軟體自動採用基本的邏輯元件完成。

　　回顧一下數位電路的基本知識，分析圖 6-7 中同步重置的 D 型正反器電路。由於 Qs 是由 D 型正反器直接輸出的，且 D 型正反器沒有使用非同步清零端 CLR，因此 Qs 信號的狀態僅可能在 clk 的正緣(rising edge)時刻發生改變，即與 clk 保持同步。當 rst 為高電壓準位時，將 1'h0 送至 D 型正反器 Qs 的輸入端，在 clk 的正緣(rising edge)時刻，使得 Qs 為 0（執行重置功能）；當 rst 為低電壓準位時，將 D 送至 D 型正反器 Qs 的輸入端，在 clk 的正緣(rising edge)時刻，使得 Qs 的狀態與 D 保持一致。

6.2.4 時鐘致能的 D 型正反器

除重置功能外，D 型正反器通常還具有時鐘致能功能，當 ce 有效時，在 clk 的正緣 (rising edge)時刻，D 型正反器正常回應輸入信號，否則狀態保持不變。時鐘致能的 D 型正反器 Verilog HDL 程式碼如下。

```
module Dflipflop(
    input ce,                       //高電壓準位有效的時鐘致能信號
    input clk,                      //時鐘信號
    input D,                        //D 型正反器輸入信號
    output reg Q                    //D 型正反器輸出信號
    );

    //時鐘致能的 D 型正反器
    always @(posedge clk)           //第 9 行
        if (ce)                     //第 10 行
            Q <= D;                 //第 11 行

    endmodule
```

分析上面的程式碼，第 9 行中 always 敏感清單內容為"posedge clk"，即 clk 的正緣 (rising edge)；第 10 行程式碼表示在 clk 的正緣(rising edge)來到時，首先判斷 ce 是否有效，若有效（此處為高電壓準位），則執行第 11 行程式碼，輸出 Q 回應輸入信號 D 的狀態。若 ce 無效（此處為低電壓準位），則不會執行第 11 行程式碼，Q 的值保持不變，從而實現 D 型正反器的時鐘致能功能。

接下來，我們可以完成一個更為完整的 D 型正反器設計，即同時具有非同步重置、同步致能功能的 D 型正反器電路設計，如下所示。

```
module Dflipflop(
    input rst,                              //高電壓準位有效的重置信號
    input ce,                               //高電壓準位有效的時鐘致能信號
    input clk,                              //時鐘信號
    input D,                                //D 型正反器輸入信號
    output reg Q                            //D 型正反器輸出信號
    );

    //時鐘致能的 D 型正反器
    always @(posedge clk or posedge rst)    //第 10 行
        if (rst)                            //第 11 行
            Q <= 1'b0;                      //第 12 行
        else if (ce)                        //第 13 行
            Q <= D;                         //第 14 行
    endmodule
```

　　圖 6-8 為上述程式碼綜合後的 RTL 原理圖。結合前面幾種 D 型正反器電路功能，分析一下上述程式碼。第 12 行程式碼為當非同步重置信號 rst 有效時需要執行的程式碼；如果非同步重置信號 rst 無效（此處為低電壓準位），則執行第 13 行程式碼，判斷時鐘致能信號 ce 是否有效，若有效（此處為高電壓準位），則執行第 14 行程式碼，完成 D 型正反器的輸出。可以看出，上述程式碼剛好完整地描述了 FPGA 中的獨立 D 型正反器電路。

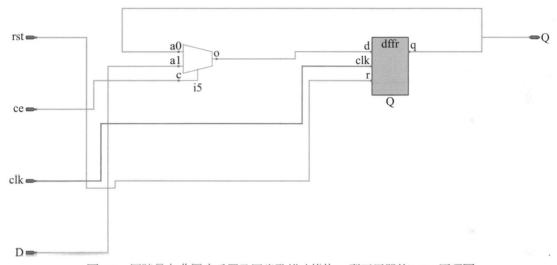

圖 6-8　同時具有非同步重置及同步致能功能的 D 型正反器的 RTL 原理圖

　　雖然 D 型正反器電路的 Verilog HDL 程式碼非常簡單，但前面討論的 3 種基本 D 型正反器程式碼（非同步重置的 D 型正反器、時鐘致能的 D 型正反器、同時具備非同步重置及時鐘致能功能的 D 型正反器）實際上是描述所有複雜電路的基礎。後續我們可以發現，幾乎所有的 Verilog HDL 程式碼設計，均是採用這 3 種 D 型正反器的 Verilog HDL 語句結構完成的。

　　如何理解 D 型正反器的 Verilog HDL 程式碼呢？如果僅從 Verilog HDL 語句的含義上去理解，不僅掌握起來比較困難，且很難應用到其他複雜的電路設計中。而如果我們換個思路，從程式碼結構所對應的具體電路功能來理解，則硬體設計的思想就開始形成。也就是說，理解 D 型正反器的 Verilog HDL 程式碼的關鍵，其一在於將程式碼與 RTL 原理圖對應起來；其二在於理解 D 型正反器的電路功能。所以說，數位電路是 FPGA 的基礎。

　　為加深讀者對 D 型正反器的理解，接下來對 D 型正反器進行功能模擬，通過分析輸入輸出波形使讀者掌握 D 型正反器的原理，為後續的時序邏輯電路設計打下堅實的基礎。

6.2.5　D 型正反器的 ModelSim 模擬

　　按照前面章節討論的 ModelSim 模擬方法，添加測試激勵檔 D_flipflop.v，編寫如下程式碼（完整的工程檔請參見配套資料中的“Chp06/E6_1_Dflipflop”工程檔）。

```
`timescale 1 ns/ 1 ns
module Dflipflop_vlg_tst();
reg D;
reg ce;
reg clk;
reg rst;
wire Q;

D_flipflop i1 (
 .D(D),
 .Q(Q),
 .ce(ce),
 .clk(clk),
 .rst(rst)
);

initial                              //第 17 行
begin
        clk <= 1'b0; D<=1'b0;        //第 19 行
        rst <= 1'b1; ce <= 1'b1;
        #105 rst <= 1'b0;
        #100 ce <= 1'b0;
        #100 ce <= 1'b1;
        #500 rst <= 1'b1;
        #100 ce <= 1'b1;
        #300 rst <= 1'b0;            //第 26 行
end

always #10 clk<=!clk;            //產生 50MHz 的時鐘信號          //第 29 行
always #12 D<= $random % 2;      //產生隨機的 0、1 資料爲輸入資料   //第 30 行

endmodule
```

　　第 17～26 行採用 initial 和延遲語句#生成了測試輸入信號 rst、ce、D，且設置 clk 的信號爲低電壓準位。第 29 行程式碼"always #10 clk<=!clk；"表示每隔 10ns，clk 取一次反，相當於生成了 50MHz 的時鐘信號（檔首行設置時間單位爲 ns）。需要說明的是，這裡的延遲語句"#"是不能綜合成實際電路的，只能用在測試激勵檔中。第 29 行程式碼也常用來產生時鐘測試信號。第 30 行程式碼使用了系統函數$random。$random 用來生成隨機的整數，$random%2 表示隨機整數對 2 取餘，運算結果爲亂數 0 或 1。此處的求餘符號"%"，以及 C 語言中常用的乘法運算元"*"、除法運算元"/"雖然也可以綜合成電路，但 Verilog HDL 設計中一般不直接使用這些符號實現取餘、乘法及除法操作。具體原因在本書後續討論 IP 核時再進行詳細分析。

啟動 ModelSim 模擬工具，得到圖 6-9 所示的模擬波形。

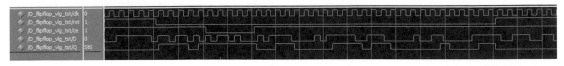

圖 6-9　D 型正反器的模擬波形

從圖 6-9 可以看出：當 rst 為高電壓準位時，Q 始終處於重置模式，輸出為 0；當 rst 為低電壓準位，ce 為低電壓準位時，Q 的狀態保持不變；當 rst 為低電壓準位，ce 為高電壓準位時，在 clk 的正緣(rising edge)時刻，Q 的狀態與正緣(rising edge)前一時刻 D 的狀態相同。

6.2.6　其他形式的 D 型正反器

前面討論的 D 型正反器控制信號 rst、ce 均為高電壓準位有效，均在 clk 正緣(rising edge)起作用。如果要實現低電壓準位有效或負緣(falling edge)起作用，只需修改控制信號的相關程式碼。為規範信號名稱，一般在信號名稱後加上字母"n"表示低電壓準位有效。比如下面一段程式碼描述的 D 型正反器，重置信號 rst_n 低電壓準位有效，時鐘致能信號 ce_n 低電壓準位有效，在時鐘信號 clk 正緣(rising edge)工作。

```
always @(posedge clk or negedge rst_n)      //第 10 行
    if (!rst_n)                             //第 11 行
        Q <= 1'b0;                          //第 12 行
    else if (!ce_n)                         //第 13 行
        Q<= D;                              //第 14 行
```

需要注意的是，第 10 行 always 後面的敏感列表對 rst_n 描述時要寫成"negedge rst_n"，同時第 11 行要寫成"!rst_n"。也就是說，第 10 行和第 11 行是對應起來的，當描述高電壓準位有效重置時為"posedge rst""rst"；當描述低電壓準位有效重置時為"negedge rst_n""!rst_n"。第 13 行"!ce_n"表示當 ce_n 為低電壓準位時致能 D 型正反器。

下面一段程式碼描述的 D 型正反器，重置信號 rst_n 為低電壓準位有效、時鐘致能信號 ce 為高電壓準位有效，在時鐘信號 clk_n 負緣(falling edge)工作。

```
always @(negedge clk_n or negedge rst_n)    //第 10 行
    if (!rst_n)                             //第 11 行
        Q <= 1'b0;                          //第 12 行
    else if (ce)                            //第 13 行
        Q<= D;                              //第 14 行
```

第 10 行描述時鐘信號負緣(falling edge)工作要寫成"negedge clk_n"，描述 rst_n 低電壓準位有效要寫成"negedge rst_n"，同時第 11 行要寫成"!rst_n"，與"negedge rst_n"相對應。

在時鐘信號正緣(rising edge)還是負緣(falling edge)工作、重置及致能信號的有效電壓準位並不影響電路工作的本質特徵，本書後續實例中電路均採用時鐘信號正緣(rising edge)工作，重置信號均為非同步高電壓準位有效，時鐘致能信號均為高電壓準位有效的設計。

6.3 初試牛刀──邊緣檢測電路設計

6.3.1 邊緣檢測電路的功能描述

實例 6-2：邊緣檢測電路設計

前面詳細討論了 D 型正反器電路，單個 D 型正反器無法完成實際電路功能，複雜功能電路是由多個類似於 D 型正反器、與閘電路的基本邏輯元件組成的。

邊緣檢測電路是指檢測輸入信號出現正緣(rising edge)、負緣(falling edge)，或電路發生狀態改變的某個時刻，並將這個時刻採用某種信號形式展現出來。邊緣檢測電路的特點在於檢測"某個時刻"，而不是某個穩定的狀態。為更好地理解邊緣檢測電路的功能，先給出邊緣檢測電路的 ModelSim 模擬波形，如圖 6-10 所示。

圖 6-10　邊緣檢測電路的 ModelSim 模擬波形

圖 6-10 中 clk 為時鐘信號，din 為輸入信號，dout_ris 為正緣(rising edge)檢測輸出信號，當 din 出現正緣(rising edge)時，dout_ris 輸出一個高電壓準位脈衝；dout_fall 為負緣(falling edge)檢測輸出信號，當 din 出現負緣(falling edge)時，dout_fall 輸出一個高電壓準位脈衝；dout_double 為訊號邊緣(Signal edge)檢測輸出信號，當 din 出現狀態變化（負緣(falling edge)或正緣(rising edge)）時，dout_double 輸出一個高電壓準位脈衝。

圖 6-10 中的輸入信號為隨機信號。以正緣(rising edge)檢測輸出信號 dout_ris 為例，從模擬波形中可以看出，在 din 出現正緣(rising edge)的時刻，dout_ris 會出現一個高電壓準位脈衝。同時，這個高電壓準位脈衝的寬度不超過一個時鐘週期。實際上，需要採用時鐘信號 clk 來檢測 din 的正緣(rising edge)，且 clk 的頻率必須大於 din 的變化頻率。這就好比要測量直徑約為 1mm 的螺母，尺子的精度至少要優於 1mm。

6.3.2 邊緣檢測電路的 Verilog HDL 設計

如何實現信號的正緣(rising edge)檢測呢？我們思考一下事物的本質屬性，所謂信號的正緣(rising edge)，就是指信號前一時刻為低電壓準位，當前時刻為高電壓準位。如果能夠同時獲取兩路信號：一路信號為當前信號 din，另一路信號 din_d 比當前信號晚到來一點（比如 1 個時鐘週期），則在當前時刻只要判斷 din 為高電壓準位，din_d 為低電壓準位（前一時刻為低電壓準位），則可確定信號出現了正緣(rising edge)。

　　幸運的是，D 型正反器正好具備這樣的功能：輸出比輸入延遲一個時鐘週期，因此可以得到圖 6-11 所示的邊緣檢測電路的 RTL 原理圖。

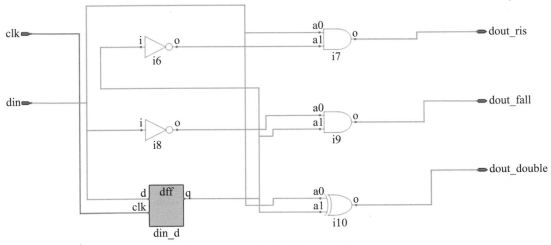

圖 6-11　邊緣檢測電路的 RTL 原理圖

　　輸入信號 din 經一級 D 型正反器後得到 din_d，則 din 和 din_d 分別表示被測信號的當前時刻狀態及前一時刻狀態，再根據正緣(rising edge)、負緣(falling edge)及訊號邊緣(Signal edge)的檢測原理，採用閘電路（正緣(rising edge)為 $\overline{din\_d} \bullet din$，負緣(falling edge)為 $din\_d \bullet \overline{din}$，訊號邊緣(Signal edge)為 $din\_d \oplus din$）即可實現信號的邊緣檢測。

　　邊緣檢測電路的 Verilog HDL 程式碼如下（完整的工程檔請參見配套資料中的 "Chp06/E6_2_edgedetect"）。

```
module edgedetect(
    input clk,
    input din,
    output dout_ris,
    output dout_fall,
    output dout_double
    );

    reg din_d;

    always @(posedge clk)
        din_d <= din;

    assign dout_ris    = din&(!din_d);
    assign dout_fall = (!din)&din_d;
    assign dout_double = din^din_d;

endmodule
```

6.3.3　改進的邊緣檢測電路

　　從圖 6-10 所示的模擬波形可以看出，雖然實現了邊緣檢測，得到的檢測信號脈衝寬度均不超過一個時鐘週期，但信號脈衝寬度參差不齊，不利於後續信號的處理。主要原因在於輸入信號 din 與 clk 沒有固定的時序關係，即 din 與 clk 的變化狀態是相互獨立的。在經過一級 D 型正反器後，din_d 變化的時刻一定在 clk 的正緣(rising edge)，但 din 變化的時刻與 clk 正緣(rising edge)無直接關係，因此 din_d 比 din 延遲的時間是小於一個時鐘週期的隨機值。

　　因此，可以先使 din 經過一級 D 型正反器，形成與 clk 正緣(rising edge)對齊的信號 din_d，再對 din_d 進行邊緣檢測。下面是按照這個思路改進的邊緣檢測電路的 Verilog HDL 程式碼及 RTL 原理圖（見圖 6-12）。

```verilog
//改進的邊緣檢測電路
module edgedetect(
     input clk,
     input din,
     output dout_ris,
     output dout_fall,
     output dout_double
        );

     reg din_d,din_d2;

     always @(posedge clk)
         din_d <= din;

     always @(posedge clk)
         din_d2 <= din_d;

     assign dout_ris    = din_d&(!din_d2);
     assign dout_fall = (!din_d)&din_d2;
     assign dout_double = din_d^din_d2;
endmodule
```

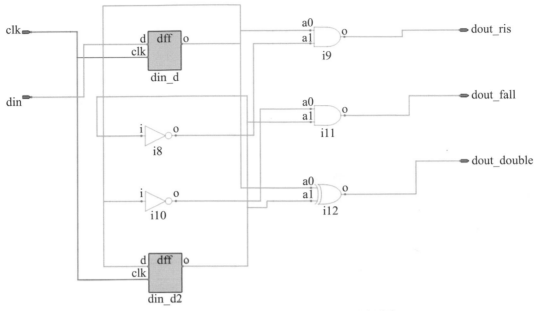

圖 6-12 改進後的邊緣檢測電路的 RTL 原理圖

重新運行 ModelSim，得到圖 6-13 所示的模擬波形。

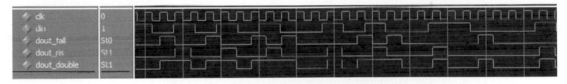

圖 6-13 改進後的邊緣檢測電路的模擬波形

從圖 6-13 可以看出，正緣(rising edge)及下升沿檢測信號輸出的脈衝寬度均剛好為 1 個時鐘週期，訊號邊緣(Signal edge)檢測信號寬度為 2 個時鐘週期（正緣(rising edge)和負緣(falling edge)連續出現）或 1 個時鐘週期。

對比圖 6-13、圖 6-10 可知，圖 6-13 中輸出的檢測信號與 clk 完全對齊，同時輸出的信號相比圖 6-10 有一定的延遲（小於 1 個時鐘週期），這正是由於在進行邊緣檢測時增加了一級 D 型正反器。實際工程中對信號進行邊緣檢測時，檢測時鐘信號的頻率一般遠高於被測信號的跳變頻率。因此，小於 1 個時鐘週期的檢測延遲通常可以忽略不計，不影響系統的整體功能實現。

6.4 連續序列檢測電路——邊緣檢測電路的升級

6.4.1 連續序列檢測電路設計

實例 6-3：連續序列檢測電路設計

所謂連續序列檢測電路，是指檢測輸入信號中出現某個特定序列的時刻，輸出某個指示信號（通常為一個時鐘週期的高電壓準位脈衝）。比如，檢測輸入信號中連續出現

"110101"時輸出一個高電壓準位脈衝。輸入信號為單比特信號，在時鐘節拍下依次輸入隨機的信號，電路的目的在於檢測這些隨機信號中是否出現了"110101"序列。為便於理解電路的功能，先給出序列檢測電路的 ModelSim 模擬波形圖，如圖 6-14 所示。

由圖 6-14 可知，輸入信號 din 在時鐘信號 clk 的控制下依次輸入資料（資料的狀態僅在 clk 的正緣(rising edge)發生變化），當輸入序列中出現"110101"時，輸出信號 dout 出現一個高電壓準位脈衝，表示已經檢測到特定的序列。

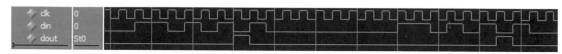

圖 6-14　序列檢測電路的 ModelSim 模擬波形圖

不少講 FPGA 技術的著作中都講到過序列檢測電路這個例子，主要是採用狀態機的方式完成電路的設計。關於狀態機的內容，本書將在後續章節進行簡要介紹。採用狀態機固然可以實現序列檢測電路的功能，但過程比較複雜，不易理解。當理解了 D 型正反器的原理，瞭解了電路工作的本質後，實現序列檢測電路將變得十分容易。

按照前面討論的邊緣檢測電路的設計思路，信號出現正緣(rising edge)，其實是指信號當前時刻為高電壓準位，前一時刻為低電壓準位。因此，對於正緣(rising edge)檢測，可以理解為輸入信號中出現了序列"01"。同理，負緣(falling edge)檢測相當於檢測序列"10"，訊號邊緣(Signal edge)檢測相當於檢測序列"10"或"01"。

以此類推，序列"110101"，實際上是指信號的當前狀態為"1"，1 個時鐘週期前的信號為"0"，2 個時鐘週期前的信號為"1"，3 個時鐘週期前的信號為"0"，4 個時鐘週期前的信號為"1"，5 個時鐘週期前的信號為"1"。由於 D 型正反器的輸出比輸入延時一個時鐘週期，因此可以採用多個 D 型正反器串聯的形式，產生延遲多個時鐘週期的信號。為此，可以得到序列檢測電路的 Verilog HDL 程式碼。

```
module squence(
    input clk,
    input din,
    output dout
);


    reg din_d1,din_d2,din_d3,din_d4,din_d5,din_d6;
    wire [5:0] din_data;
    always @(posedge clk)                          //第 9 行
        din_d1 <= din;                             //第 10 行

    always @(posedge clk)                          //第 12 行
        din_d2 <= din_d1;                          //第 13 行

    always @(posedge clk)                          //第 15 行
        din_d3 <= din_d2;                          //第 16 行
```

```
    always @(posedge clk)
        din_d4 <= din_d3;

    always @(posedge clk)
        din_d5 <= din_d4;

    always @(posedge clk)
        din_d6 <= din_d5;                                    //第 25 行
    assign din_data ={din_d6,din_d5,din_d4,din_d3,din_d2,din_d1};
    assign dout =(din_data ==6'b110101) ? 1'b1:1'b0;         //第 27 行

endmodule
```

讀者可以自行在雲源軟體中查看程式綜合後的 RTL 原理圖。從上述 Verilog HDL 程式碼中可以看出，第 9～25 行描述了 6 個 D 型正反器，且 6 個 D 型正反器為串聯形式，即前一個 D 型正反器的輸出為後一個 D 型正反器的輸入。第 27 行採用了一種類似於 C 語言的新語法結構。其語法結構可以描述為：assign dout=（判斷條件）？結果 1：結果 2。當判斷條件成立時，將結果 1 的值賦給 dout，否則將結果 2 的值賦給 dout。

經過前面的分析，可以將邊緣檢測電路看作序列檢測電路的極簡版本，而序列檢測電路不過是複雜一些的邊緣檢測電路而已，兩種電路的核心仍然是 D 型正反器。

6.4.2　分析 Verilog HDL 並行語句

根據前面的分析，第 9～25 行採用 6 個 always 區塊描述描述了 6 個串聯的 D 型正反器。根據電路設計原理，這 6 個 D 型正反器是相對獨立的元件，上電後均同時開始工作。在 Verilog HDL 程式碼設計時，6 個 D 型正反器語句的先後順序（輸入、輸出信號不變）並不會改變整體電路的功能。比如在焊接電路板時，先焊接第 6 個 D 型正反器還是先焊接第 1 個 D 型正反器，只要原理圖不變，焊接完成的電路功能就是相同的。因此，將第 9、10 行程式碼與第 15、16 行程式碼交換，生成的電路不會有任何改變，程式執行的功能也不會有任何差異。也就是說，每個 always 區塊描述之間都是並存執行關係，與 Verilog HDL 程式碼的書寫順序無關。

在上述程式碼中，每個 D 型正反器的時鐘信號均為 clk，因此可以將第 9～25 行程式碼精簡成下面的形式。

```
    always @(posedge clk)                  //第 9 行
        begin                              //第 10 行
            din_d1 <= din;                 //第 11 行
            din_d2 <= din_d1;              //第 12 行
            din_d3 <= din_d2;              //第 13 行
            din_d4 <= din_d3;              //第 14 行
            din_d5 <= din_d4;              //第 15 行
            din_d6 <= din_d5;              //第 16 行
        end                                //第 17 行
```

由於第 11 行程式碼與第 16 行程式碼之間本身也是並行關係，而 always 僅對一個區塊描述產生作用，因此可以用 begin…end 將多條語句組合成一個區塊描述。同樣，按照前面對並行語句概念的分析，可以將上述程式碼中第 11～16 行程式碼的順序任意調換，比如寫成下面的形式。

```
always @(posedge clk)        //第 9 行
    begin                    //第 10 行
        din_d3 <= din_d2;    //原第 13 行
        din_d5 <= din_d4;    //原第 15 行
        din_d1 <= din;       //原第 11 行
        din_d2 <= din_d1;    //原第 12 行
        din_d6 <= din_d5;    //原第 16 行
        din_d4 <= din_d3;    //原第 14 行
    end                      //第 17 行
```

上面三段程式碼綜合後的電路仍然完全相同。上面的程式碼如果採用 C 語言的思維是無法理解的。在 C 語言中，信號 din、din_d1、din_d2、din_d3、din_d4、din_d5、din_d6 是完全相同的。但在 Verilog HDL 中，這幾個信號之間的關係是 D 型正反器的輸入輸出關係。從語法角度來講，根本原因在於第 9 行的敏感列表為"posedge clk"，即 clk 的正緣(rising edge)時刻到來時，才觸發後續的語句執行。從電路的角度來理解，當敏感列表為"posedge clk"時，第 11～16 行的每條語句都代表了一個 D 型正反器。

6.4.3 再論"<="與"="賦值

本書前面討論了阻塞賦值"="與非阻塞賦值"<="的區別，並給出了兩種設定陳述式的使用原則，即 assign 語句中使用"="，always 區塊描述中使用"<="。到目前為止，所有程式碼均遵循這個原則，程式設計簡潔正確，理解起來也比較容易。根據 Verilog HDL 語法規則，always 中是可以使用"="的，只是對同一個信號不能同時使用"="和"<="。為了使讀者更好地理解在 always 中使用"="給設計帶來的複雜性，接下來對此進行詳細討論。

下面是採用"="描述的 D 型正反器電路程式碼。

```
always @(posedge clk)        //第 9 行
    din_d = din              //第 10 行  採用"="描述的 D 型正反器
```

第 10 行程式碼中，採用"="替換了"<="，查看程式碼綜合後的 RTL 原理圖，可以發現描述的電路與採用"<="描述的電路完全相同，均為一個 D 型正反器。因此，在這種情況下"="與"<="沒有任何區別。

再來觀察下面兩段採用"="、"<="描述的三級 D 型正反器電路程式碼。

阻塞 D 型正反器程式碼 1：

```
module vblock(
    input clk,
     input din,
```

```
      output reg din_d1,din_d2,dout
    );

    always @(posedge clk)        //第 7 行程式碼
        begin                    //第 8 行程式碼
            din_d1 = din;        //第 9 行程式碼
            din_d2 = din_d1;     //第 10 行程式碼
            dout = din_d2;       //第 11 行程式碼
        end

endmodule
```

阻塞 D 型正反器程式碼 2：

```
module vblock(
input clk,
input din,
output reg din_d1,din_d2,dout
    );

    always @(posedge clk)        //第 7 行程式碼
        begin                    //第 8 行程式碼
            din_d1 <= din;       //第 9 行程式碼：將"="修改為"<="
            din_d2 = din_d1;     //第 10 行程式碼
            dout = din_d2;       //第 11 行程式碼
        end

endmodule
```

　　根據前面的討論，第 9〜11 行如果均採用 "<="語句，則描述的電路為三個 D 型正反器串聯電路；將第 9〜10 行的"<="全部修改為"="後，得到圖 6-15 所示的電路，從圖中可以看出，描述的電路為 3 個獨立的 D 型正反器，相互之間不存在串聯關係；而後將第 9 行"="修改為"<="，第 10、11 行中為"="，得到圖 6-16 所示的電路，圖中 din_d2、dout 的輸入信號均為 din_d1，且 din_d2 和 dout 之間不存在串聯關係。

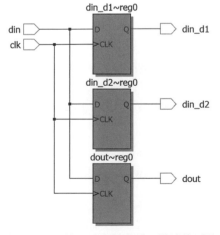

圖 6-15　D 型正反器程式碼 1 描述的電路

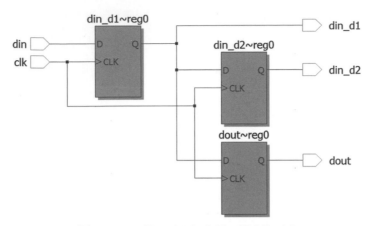

圖 6-16　D 型正反器程式碼 2 描述的電路

　　採用阻塞賦值及非阻塞設定陳述式的語法含義來解釋前面幾段程式碼與電路之間的關係是一件十分複雜的事情。為便於理解，可以將"="認為是立即完成賦值的語句。在 always @（posedge clk）區塊描述中，當被賦值的信號首次被賦值時，無論是採用"<="還是"="，都會生成一個 D 型正反器；當該信號被連續兩次賦值時均採用"="，不會再增加 D 型正反器的級數。

　　在阻塞 D 型正反器程式碼 1 中，din_d1 首次採用"="由 din 賦值，生成一級 D 型正反器；din_d2 再次採用"="由 din_d1 賦值，相當於 din_d2 為第 2 次採用"="對 din 串聯賦值，因此不會再增加 D 型正反器級數，即 din_d2 與 din 之間仍然只有一級 D 型正反器；dout 再次採用"="由 din_d2 賦值，相當於 dout 為第 3 次採用"="對 din 串聯賦值，因此不再增加 D 型正反器級數，即 dout 與 din 之間仍然只有一級 D 型正反器。

　　在阻塞 D 型正反器程式碼 2 中，din_d1 首次採用"<="由 din 賦值，生成一級 D 型正反器；din_d2 由於是首次採用"="由 din_d1 賦值，因此仍然會生成一級 D 型正反器，則 din_d2 與 din 之間存在二級 D 型正反器；dout 再次採用"="由 din_d2 賦值，相當於 dout 為第 2 次採用"="由 din_d1 串聯賦值，因此不再增加 D 型正反器級數，即 dout 與 din 之間仍然只有二級 D 型正反器。

　　從上面討論的"="在 always@(posedge clk)區塊描述中的用法來看，準確理解其用法仍然比較困難，而"<="在 always@(posedge clk)區塊描述中的用法所對應的電路卻十分明確。因此，為簡化設計，同時使 Verilog HDL 更為規範，重申"<=""="的基本使用原則：

　　（1）assign 語句中使用"="賦值。

　　（2）always 區塊描述中使用"<="賦值。

6.4.4　序列檢測電路的 **ModelSim** 模擬

　　接下來我們對序列檢測電路進行功能模擬，根據前面討論的 squence.v 程式檔，程式輸出埠為 dout。編寫好測試激勵檔後，啟動 ModelSim 模擬軟體進行模擬，模擬波形中預設只能顯示 squence.v 檔的埠信號：clk、din、dout，無法詳細查看序列檢測電路的工作過程，以及各級 D 型正反器的輸入輸出波形。

　　序列檢測電路的內部信號都存在於 squence.v 程式檔內部，沒有送到程式埠。為便於通過 ModelSim 查看這些內部信號，可以採用兩種方法：一是修改 Verilog HDL 程式碼，將需要觀察的信號採用 assign 語句由埠送出；二是在 ModelSim 軟體中添加需要觀察的內部信號。修改程式碼是為了觀察內部信號，對程式功能本身沒有說明；在 ModelSim 中添加信號不需要修改程式碼，因此在實際工程除錯中應用更為廣泛。

　　測試激勵檔 squence.v 的程式碼如下。

```verilog
`timescale 1 ns/ 1 ns
module squence_vlg_tst();
reg clk;
reg din;
wire dout;

squence i1 (
     .clk(clk),
     .din(din),
     .dout(dout)
);
initial
begin
   clk <= 1'b0;
   din <= 1'b0;
end

always   #10 clk <= !clk;          //產生 50MHz 的時鐘信號    第18行
     reg [3:0] cn=0;

always @(posedge clk)
   cn <= cn + 4'd1;                //產生十六進位的計數器      第22行

always @(posedge clk)              //第24行
   case (cn)
       4'd0: din <= 1'b1;
       4'd1: din <= 1'b1;
       4'd2: din <= 1'b0;
       4'd3: din <= 1'b1;
       4'd4: din <= 1'b0;
       4'd5: din <= 1'b1;
       4'd7: din <= 1'b1;
       default: din <= 1'b0;
   endcase                         //第34行

endmodule
```

　　第 18 行程式碼採用 always 產生了 50MHz 的時鐘信號；第 21、22 行程式碼採用 always 語句產生了十六進位的計數器，關於計數器的設計方法在第 7 章再詳細討論；第 24～34 行程式碼採用 always 及 case 語句產生了"110101_1000_0000_00"序列信號。由於 cn 為十六進位的迴圈計數器，因此產生的序列也為迴圈序列。

　　設置好 ModelSim 模擬工具後，運行 ModelSim，可以得到模擬波形。為了查看序列檢測電路中的 din_d1、din_d2、din_d3、din_d4、din_d5 及 din_d6 信號，需要將這些信號添加到波形視窗中，如圖 6-17 所示。

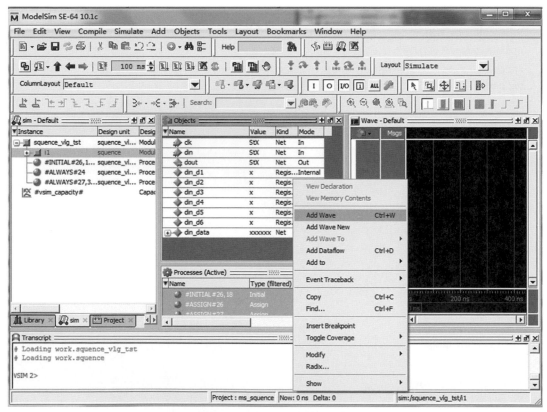

圖 6-17　添加信號至波形視窗

　　在 ModelSim 的"Instance"視窗中按一下"i1"（目的檔案在測試激勵檔中的實例化名稱），在"Objects"視窗中自動顯示檔中的所有信號名，依次選中需要添加到波形視窗中的信號，右擊，在彈出的功能表中選擇"Add Wave"命令，即可完成信號的添加。

　　此時回到 ModelSim 中的"Wave"視窗，即可發現信號已經添加到當前視窗中。在當前波形視窗中，剛添加進來的信號沒有顯示波形資料，可以按一下波形視窗中的"Run All"按鈕繼續運行模擬，則視窗中顯示所有信號的波形。也可以首先按一下視窗中的"Restart"按鈕，將當前視窗中的所有信號重新重置，再按一下"Run All"按鈕重新運行模擬過程，得到所有信號的運行波形，如圖 6-18 所示。

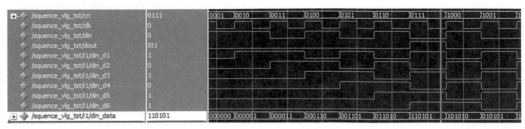

圖 6-18　添加信號後的模擬波形

從圖 6-18 可以清楚地查看每級 D 型正反器的信號波形，以及六級 D 型正反器輸入信號拼接後形成的 6bit 位元寬信號 din_data，當 din_data 為 "110101" 時，輸出一個高電壓準位脈衝信號 dout。

6.5
任意序列檢測器——感受 D 型正反器的強大

6.5.1　完成飲料品質檢測電路功能設計

實例 6-4：飲料品質檢測電路設計

D 型正反器只是一個基本的元件，功能描述為：當時鐘信號正緣(rising edge)來到時，將輸入信號的狀態傳遞給輸出信號。採用 D 型正反器可以輕易實現邊緣檢測電路及序列檢測電路。接下來我們再增加一點檢測電路的難度。

有這樣一個工程應用場景：一條先進的罐頭生產線上可以同時生產 4 種不同口味的飲料，為迎接即將來到的 "雙 11" 購物狂歡節，公司特意調整了組裝生產線，推出了 4 種口味（檸檬味、葡萄味、桃子味、蘋果味）的飲料組裝成一箱。組裝成箱的是一條全自動生產線，為給顧客一些別樣的驚喜，設定每種口味飲料的品質不同，其中檸檬味飲料為 400g，葡萄味飲料為 460g，桃子味飲料為 480g，蘋果味飲料為 500g。生產線上的飲料依次按檸檬味、葡萄味、桃子味、蘋果味的順序進入包裝盒。

飲料瓶的外觀相同，要求設計一個自動檢測電路，能夠檢測出飲料組裝是否出錯。

設定生產線的傳送帶上有一個品質感測器，能夠將當前時刻的飲料瓶品質採集出來，並傳送給 FPGA 進行處理。因此，FPGA 電路的輸入信號為 9bit 的資料，表示當前飲料瓶的品質，當檢測到生產線上的飲料出錯時，輸出一個高電壓準位脈衝，用於提示人工檢查。

由於不同口味飲料的順序是固定的，即檸檬味、葡萄味、桃子味、蘋果味，感測器測量的品質依次為 400g、460g、480g、500g。為檢測飲料組裝是否出錯，可以檢測品質的順序是否與設定的一致。如果感測器連續測量 4 個資料，則當前資料為 500g 時，前 3 個資料依次為 480g、460g、400g；當前資料為 480g 時，前 3 個資料依次為 460g、400g、500g；當前資料為 460g 時，前 3 個資料依次為 400g、500g、480g；當前資料為 400g 時，前 3 個資料依次為 500g、480g、460g。根據上述思路設計的 Verilog HDL 程式碼如下。

```verilog
module drink(
    input clk,
    input rst,
    input [8:0] din,
    output reg dout
);

    reg [8:0] din_d1,din_d2,din_d3,din_d4;
    wire [5:0] din_data;

    //採用 D 型正反器獲得 4 瓶飲料的品質
    always @(posedge clk)                      //第 12 行
        begin
        din_d1 <= din;
        din_d2 <= din_d1;
        din_d3 <= din_d2;
        din_d4 <= din_d3;
        end                                    //第 18 行
//第一種設計思路
    always @(posedge clk or posedge rst)
        if (rst)
            dout <= 1'b0;
        else
            case(din_d1)                        //第 24 行
                9'd500:                         //第 25 行
                if ((din_d2==9'd480)&&(din_d3==9'd460)&&(din_d4==9'd400))
                    dout <= 1'b0;
                else
                    dout <=1'b1;                //第 29 行
                9'd480:
                if ((din_d2==9'd460)&&(din_d3==9'd400)&&(din_d4==9'd500))
                    dout <= 1'b0;
                else
                    dout <= 1'b1;
                9'd460:
                if ((din_d2==9'd400)&&(din_d3==9'd500)&&(din_d4==9'd480))
                    dout <= 1'b0;
                else
                    dout <= 1'b1;
                9'd400:
                if ((din_d2==9'd500)&&(din_d3==9'd480)&&(din_d4==9'd460))
                    dout <= 1'b0;
                else
                    dout <= 1'b1;
                default: dout <= 1'b1;
            endcase

endmodule
```

上述程式碼的第 12～18 行採用四級 D 型正反器，獲得了連續 4 瓶飲料的質量數據 din_d1、din_d2、din_d3、din_d4，且每個 D 型正反器的位元寬均為 9bit。第 24 行採用 case 語句對 din_d1 進行判斷，當值為 500g 時，判斷其他 3 瓶飲料品質是否依次為 480g、460g 及 400g。第 26～29 行為一個 if...else 區塊描述，受第 26 行判斷條件的控制。後續判斷品質的程式碼與此相似。

測試激勵檔的 Verilog HDL 程式碼如下，主要思路為設計一個十六進位計數器，並根據計數器的值設置 din 信號。有關計數器的設計將在第 7 章詳細討論。

```
`timescale 1 ns/ 1 ns
module drink_vlg_tst();
reg clk;
reg [8:0] din;
reg rst;
wire dout;

drink i1 (
        .clk(clk),
        .din(din),
        .dout(dout),
        .rst(rst)
);
initial
begin
    rst <= 1'b1;
    clk <= 1'b0;
    din <= 9'd0;
    # 100;
    rst <= 1'b0;
end

always # 10 clk <= !clk;            //產生 50MHz 的時鐘信號
reg [3:0] cn=0;
always @(posedge clk or posedge rst)
    if (rst) begin
        cn <= 0;
        din <= 0;
        end
      else begin
        cn <= cn + 1;               //產生十六進位計數器
        case (cn)
          0: din <= 400;
          1: din <= 460;
          2: din <= 480;
          3: din <= 500;
          4: din <= 400;
```

```
       5: din <= 460;
       6: din <= 480;
       7: din <= 500;
       8: din <= 400;
       9: din <= 460;
      10: din <= 480;
      11: din <= 480;        //設置 1 次錯誤品質的資料
      12: din <= 400;
      13: din <= 460;
      14: din <= 480;
      15: din <= 500;
    endcase
    end
endmodule
```

設置好模擬參數後，運行模擬，得到模擬波形，如圖 6-19 所示。

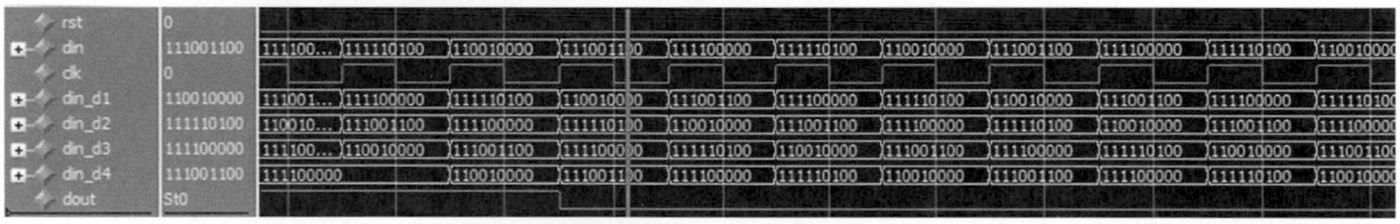

圖 6-19　飲料品質檢測電路的模擬波形（二進位格式）

　　ModelSim 模擬波形中，預設所有信號均顯示為二進位格式，對於飲料質量數據，為便於查看結果，顯示為無符號十進位格式。

　　在波形視窗中，依次選中 din、din_d1、din_d2、din_d3、din_d4，右擊，在彈出的功能表中選擇 "Radix" → "Unsigned" 命令（見圖 6-20），將信號顯示為無符號十進位格式，如圖 6-21 所示。

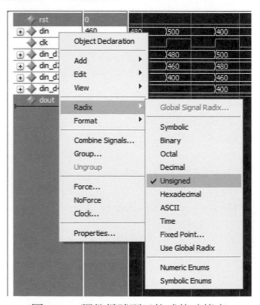

圖 6-20　調整信號顯示格式的功能表

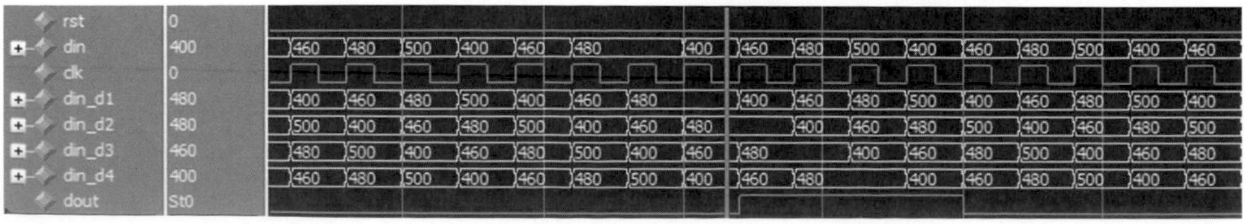

圖 6-21　飲料品質檢測電路的模擬波形（十進位格式）

從圖 6-21 可以看出，當輸入的信號 din 首次出現錯誤資料（連續出現了 2 次 480g，第 2 次出現的 480g 為錯誤資料）後，dout 在延遲 2 個時鐘週期後出現了高電壓準位指示信號，且高電壓準位脈衝持續了 4 個時鐘週期。當飲料質量數據出錯一次時，由於 4 瓶飲料的品質是連續的，會導致 4 次數據的檢測都出現異常，因此高電壓準位指示信號的持續時間為 4 個時鐘週期。

為什麼 dout 相對於首次出現錯誤資料延遲了 2 個時鐘週期？根據 Verilog HDL 程式碼，程式中對飲料品質的判斷實際上是 din_d1、din_d2、din_d3、din_d4，並沒有對 din 資料直接進行判斷。由於 din_d1 為 din 的 D 型正反器輸出，因此相對於 din 已有一個時鐘週期的延遲；此外，根據 Verilog HDL 程式碼，dout 是在 always@(posedge clk or posedge rst)區塊描述中生成的信號，dout 必定需要經過一個 D 型正反器輸出，本身會產生一個時鐘週期的延遲。因此，dout 相對於 din 來講，比首次出現錯誤資料延遲 2 個時鐘週期。

對信號延遲週期的分析是硬體設計的基本功之一，只有深刻理解 D 型正反器的工作原理，理解硬體電路的時序工作過程，才能設計出滿足需求的時序邏輯電路。

雖然 dout 延遲了 2 個時鐘週期才輸出指示信號，但這 2 個時鐘週期的延遲是固定不變的，對於實際工程應用來講，得到了這個指示信號，也就可以得到準確的飲料瓶出錯位置資訊，從而便於後續處理。

6.5.2　優化檢測電路的設計程式碼

經過前面的分析，雖然設計的 Verilog HDL 程式實現了預定的功能，能夠正確檢測出飲料組裝出錯並給出提示資訊，但這段程式碼是否還有改進的空間呢？正如本書在介紹反及閘電路的設計時一樣，一段功能電路可以有多種不同的描述方法，而不同的描述方法所展現的其實是工程師的不同思維過程。

查看檢測電路的 Verilog HDL 程式碼，程式碼中採用 case 語句判斷當前的信號 din_d1 的狀態，並根據當前的狀態判斷其他 3 瓶飲料狀態是否正確。換一種思路，其實可以直接判斷連續 4 瓶飲料的狀態，而且連續 4 瓶飲料的品質也只有 4 種組合方式是正確的，否則就表示飲料的組裝發生了錯誤。基於這樣的思路修改後的關鍵程式碼如下。

```
1   always @(posedge clk or posedge rst)
2       if (rst)
3           dout <= 1'b0;
4       else
5        if ((din_d1==9'd500)&&(din_d2==9'd480)&&(din_d3==9'd460)&&(din_d4==9'd400))
6               dout <= 1'b0;
7        else if ((din_d1==9'd480)&&(din_d2==9'd460)&&(din_d3==9'd400)&&(din_d4==9'd500))
8               dout <= 1'b0;
9        else if((din_d1==9'd460)&&(din_d2==9'd400)&&(din_d3==9'd500)&&(din_d4==9'd480))
10              dout <= 1'b0;
11       else if ((din_d1==9'd400)&&(din_d2==9'd500)&&(din_d3==9'd480)&&(din_d4==9'd460))
12              dout <= 1'b0;
13       else
```

```
14                dout <= 1'b1;
```

需要注意的是，上述程式碼中沒有將第 5 行的內容直接寫在第 4 行的"else"之後，而是另起一行書寫。首先需要說明的是，這樣書寫與將第 5 行寫在第 4 行"else"之後，電路綜合結果是完全相同的。之所以要將第 4 行與第 5 行分開寫，是因為幾乎所有的時序邏輯電路都只不過是基本 D 型正反器的升級版而已。讀者可回顧一下非同步重置的 D 型正反器 Verilog HDL 程式碼，在"if (rst)"之後的程式碼完成重置功能，在"else"之後的程式碼實現 D 型正反器輸出功能。因此，第 5～14 行程式碼完成複雜的 D 型正反器功能，即在完成各種判斷（組合邏輯電路）之後，通過一個 D 型正反器輸出，得到 dout 信號。

再分析一下上面改進後的程式碼，4 種狀態的輸出結果都是相同的（條件滿足則輸出 1'b0，否則輸出 1'b1）。因此，可以先設計 4 個信號分別對應於 4 種判斷結果，而後再對 4 種情況進行"或"運算，得到最終的飲料判斷結果。優化後的最終關鍵程式碼如下。

```
wire [3:0] state;
assign state[0] = (din_d1==9'd500)&&(din_d2==9'd480)&&(din_d3==9'd460)&&(din_d4==9'd400);
assign state[1] = (din_d1==9'd480)&&(din_d2==9'd460)&&(din_d3==9'd400)&&(din_d4==9'd500);
assign state[2] = (din_d1==9'd460)&&(din_d2==9'd400)&&(din_d3==9'd500)&&(din_d4==9'd480);
assign state[3] = (din_d1==9'd400)&&(din_d2==9'd500)&&(din_d3==9'd480)&&(din_d4==9'd460);
always @(posedge clk or posedge rst)
  if (rst)
        dout <= 1'b1;
    else
        if (state!=4'd0) dout <= 1'b0;
        else dout <= 1'b1;
```

6.6　小結

本章詳細討論了 D 型正反器的設計，D 型正反器之所以重要，是因為它是所有時序邏輯電路的基礎，並且所有時序邏輯電路 Verilog HDL 程式碼本質上都是基本的 D 型正反器結構。因此，稱 D 型正反器為時序邏輯電路的靈魂一點也不為過。

本章的學習要點可歸納為：

（1）深刻理解 D 型正反器的工作原理，理解輸入輸出信號波形之間的關係。

（2）熟練掌握基本 D 型正反器的 Verilog HDL 程式碼。

（3）掌握 ModelSim 模擬步驟及基本方法。

（4）掌握測試激勵檔的編寫方法，理解測試激勵檔的作用。

（5）從電路結構的角度去理解"="與"<="語句的區別。

（6）理解優化序列檢測電路 Verilog HDL 程式碼設計的思維過程。

第 7 章

時序邏輯電路的精華──計數器

　　D 型正反器是時序邏輯電路的靈魂，因為 D 型正反器是構成時序邏輯電路必不可缺的基本元件，並且所有的時序邏輯電路幾乎都可以採用基本的 D 型正反器 Verilog HDL 描述框架進行設計。對於時序邏輯電路來講，除掌握 D 正反器外，另外一個需要掌握並深刻理解的基本元件為計數器。所謂時序邏輯電路，是指工作過程遵從一定時間關係的邏輯電路。電路中的基本時間單元是時鐘信號，時鐘信號的頻率或週期決定了最小時間單位，採用計數器即可產生所需的時間長度，並以此通過設計確定電路某些時刻的工作狀態。

7.1　簡單的十六進位計數器

7.1.1　計數器設計

實例 7-1：十六進位計數器電路設計

　　我們先來看一下如何設計一個十六進位計數器。所謂十六進位，是指計數器狀態有 16 種。計數器對輸入的時鐘信號進行計數，每來一個時鐘週期，計數器加 1，當計數器狀態為 15 時，再來一個時鐘週期則自動變為 0，即依次出現 0～15 的迴圈狀態。由於 4 位元二進位資料就可以表示 16 種狀態，因此計數器信號的位元寬設置為 4bit。下面是十六進位計數器的 Verilog HDL 程式碼。

```
module counter16(
    input clk,                      //時鐘信號           第 2 行
    output [3:0] cn                 //計數器輸出信號      第 3 行
    );

    reg [3:0] num=0;                //第 6 行
    always @(posedge clk)           //第 7 行
        num <= num + 1;             //第 8 行
```

```
            assign cn = num;                    //第 10 行

    endmodule
```

上述程式碼中,第 6 行宣告了 4bit 位元寬的 reg 類型信號 num,第 7、8 行採用 always 語句描述了一個十六進位計數器,第 10 行將計數器信號 num 送至輸出埠(作為輸出信號 cn)輸出。

由於 always 語句僅需要對第 8 行語句起作用,因此沒有使用 begin...end 語句。如果按語義來分析第 7、8 行程式碼,可以理解為當 clk 信號的正緣(rising edge)到來的時刻,num 信號加 1。這正好是計數器的工作過程。由於 num 為 4bit 信號,當自動累加到 4'b1111(4'd15)時,再次加 1,則變為 5'b10000,自動捨掉高位,回歸到 4'b0000(4'b0)值,從而實現十六進位計數器功能。

設計模擬測試激勵檔 conter16_vlg_tst.v,測試激勵檔中只需生成時鐘信號 clk 即可,調整 ModelSim 波形視窗的顯示方式,得到十六進位計數器的模擬波形,如圖 7-1 所示。

圖 7-1　十六進位計數器的模擬波形

針對上面這段程式碼,需要說明的有兩處。一是第 6 行宣告 num 信號時,對其賦了初值 0。如果不賦初值,則上電後 num 的狀態不確定,則每次加 1 後仍然為不確定的狀態,因此在模擬時無法得到正確的計數器波形。雖然模擬時無法得到正確的波形,但如果將設計的程式下載到 FPGA 晶片中,計數器仍能夠正確地工作。因為在實際電路中,上電後的 num 一定會是某個確定值,只是不能確定這個值是多少而已,上電後仍然會在原值的基礎上依次加 1。二是可以不宣告第 6 行的中間信號 num,計數器程式碼如下。

```
module counter16(
    input clk,                    //時鐘信號           第 2 行
    output reg [3:0] cn           //計數器輸出信號      第 3 行
    );
                                  //第 5 行
    //reg [3:0] num=0;            //第 6 行    採用"//"注釋掉這一行的程式碼
    always @(posedge clk)         //第 7 行
        cn<= cn+ 1;               //第 8 行

endmodule
```

上面這段程式碼雖然仍然能夠得到正確的計數器電路,但程式碼中的埠信號 cn 為輸出類型(output),在第 8 行程式碼中 cn 在設定陳述式的右側,相當於充當了輸入信號。因此,第 3 行宣告的埠信號狀態與程式碼中的信號狀態出現了不一致的現象。雖然 Verilog HDL 語法允許這樣設計程式碼,但仍建議讀者採用前一種設計方法,即輸出的埠信號不出現在設定陳述式的右側。如果輸出信號需要在程式碼設計中當成輸入信號使用,則可以宣告一個中間信號(中間信號既可以作為輸入信號,又可以作為輸出信號),

再將這個中間信號輸出到埠即可。Verilog HDL 也提供了雙向埠類型（inout），這種類型的信號一般僅用於宣告雙向資料類型的埠。

7.1.2　計數器就是加法器和正反器

根據第 6 章對 D 型正反器的討論，所有時序邏輯電路都是由組合邏輯電路和正反器構成的電路。計數器的實際原理圖是什麼樣的呢？完成計數器程式碼設計後，對程式進行綜合編譯，查看 RTL 原理圖，如圖 7-2 所示。

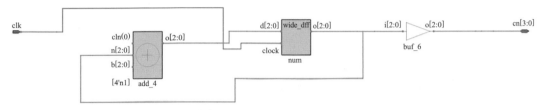

圖 7-2　計數器的 RTL 原理圖

由圖 7-2 可知，計數器是由一個加法器（add_4）和一個正反器（num）組成的。加法器的兩個輸入端中，一個連接計數器的輸出，另一個為固定值 1。根據數位電路技術的基礎知識，加法器完成組合邏輯加法運算，D 型正反器在時鐘信號 clk 觸發後將運算結果送出。讀者可以嘗試按照數位電路技術的知識結構，根據加法器及 D 型正反器的特性繪製計數器的輸出波形。可以發現，圖 7-2 所示的結構正好組成了一個十六進位計數器。

上面描述計數器的建模方式為行為級建模，為了加深讀者對計數器的理解，同時為測驗讀者對採用 Verilog HDL 描述電路的掌握程度，讀者可以嘗試根據圖 7-2 所示的結構形成另一段描述計數器的程式碼，即採用結構化架構的方式完成計數器設計。

```verilog
module counter(
    input clk,
    output [3:0] cn
    );

    //採用結構化架構描述計數器電路
    wire [3:0] add0;
    reg [3:0] num=0;

    assign add0 = num + 4'd1;

    always @(posedge clk)
        num <= add0;

    assign cn = num;

endmodule
```

　　請讀者自行對照圖 7-2 理解上述結構化架構的計數器程式碼。在實際設計過程中，顯然採用行為級建模描述計數器要簡單得多。

　　實際上，我們採用 Verilog HDL 設計電路，本質上就是採用 FPGA 開發環境用"聽得懂的語言"來描述我們所需要的電路，使 FPGA 實現我們所需要的功能。Verilog HDL 是我們和 FPGA 之間溝通的橋樑，而溝通的具體模式並不多，僅包括："如果…就（if…else）"、閘電路、加/減/乘法運算、計數器等少數的幾種。FPGA 工程師的價值，正是在於用這幾種簡單的模式，通過 Verilog HDL，向 FPGA 描述頭腦裡需要實現的功能電路。

7.2　十進位計數器

7.2.1　具有重置及時鐘致能功能的計數器

實例 7-2：具有重置及時鐘致能功能的十六進位計數器電路設計

　　前面採用幾行 Verilog HDL 程式碼完成了十六進位計數器的設計，但計數器的功能比較簡單，沒有重置功能，也沒有可以控制計數器停止/繼續計數的信號。與 D 型正反器類似，實際電路中通常需要提供計數器的重置及時鐘致能信號（啟動或停止計數）。下面是具有非同步重置及時鐘致能功能的十六進位計數器的 Verilog HDL 程式碼。

```
module counter16_cerst(
    input clk,rst,ce,
    output [3:0] cn
    );

    //具有重置及時鐘致能功能的計數器
    reg [3:0] num=0;
    always @(posedge clk or posedge rst)
      if (rst)
          num <= 0;
      else if (ce)
          num <= num + 1;              //第 12 行

    assign cn = num;

endmodule
```

　　對比具有重置及時鐘致能功能的計數器與 D 型正反器的 Verilog HDL 程式碼，可以發現兩段程式碼的主要區別在於第 12 行，計數器在這一行實現了加 1 的功能，D 型正反器在這一行實現了將輸入信號賦值給輸出信號的功能。也就是說，計數器的程式碼只不過是 D 型正反器程式碼的簡單修改而已，或者說兩段程式碼的框架是一樣的。

　　讀者可以查看綜合後的計數器 RTL 原理圖。從圖中可以看出，重置信號 rst 直接與 D 型正反器相連，時鐘致能信號的功能是通過控制進入 D 型正反器的信號是加法器的輸入或輸出來實現的。如果進入 D 型正反器的信號爲加法器的輸入，則相當於計數器始終不計數，否則開始計數。不同廠家的 FPGA 元件結構不同，底層的正反器功能也有一定的差異，對於 Intel FPGA 來講，時鐘致能信號是直接輸入 D 型正反器的。也就是說，Intel FPGA 的 D 型正反器提供了時鐘致能信號埠，而高雲 FPGA 的 D 型正反器沒有提供這個埠。

經過以上分析可知，所謂的具有非同步重置及時鐘致能功能的計數器，是由加法器和一個具有重置及時鐘致能功能的 D 型正反器電路組成的。

圖 7-3 爲具有重置及時鐘致能功能的十六進位計數器的模擬波形圖，從圖中可以看出，當 rst 爲高電壓準位時，計數器始終輸出 0；當 ce 信號爲低電壓準位時，計數器停止計數；當 rst 爲低電壓準位，ce 爲高電壓準位時，計數器正常計數。

圖 7-3　具有重置及時鐘致能功能的十六進位計數器的模擬波形圖

以上計數器的完整工程檔請參見本書配套資料中的 "chp7/E7_2_counter16_cerst" 資料夾。

7.2.2　討論計數器的進制

實例 7-3：十進位計數器電路設計

利用二進位運算的規則，對計數器的狀態幾乎不需要控制即可生成十六進位計數器。同樣的道理，如果計數器的位寬爲 5bit，則可生成 32 進制計數器，如果計數器的位寬爲 10bit，則可生成 1024 進制計數器。

如何生成十進位計數器呢？或者如何生成 100 進制計數器呢？對於十進位計數器來講，採用 "如果…就" 的敘述方式可表述爲：如果計數器已計到 9，下一時刻就使計數器重新計數，否則就繼續計數。採用 Verilog HDL 描述的十進位計數器程式碼如下。

```verilog
//十進位計數器程式碼 1
module counter10(
    input clk,
    output [3:0] cn
    );

reg [3:0] num=0;
 always @(posedge clk)
    if (num==9)              //第 8 行
      num <= 0;              //第 9 行
    else                     //第 10 行
      num <= num + 1;

    assign cn = num;

endmodule
```

　　圖 7-4 爲十進位計數器的模擬波形圖，從圖中可以看出實現了十進位計數功能。十進位計數器的 Verilog HDL 程式碼與十六進位計數器的 Verilog HDL 程式碼的區別主要體現在第 8、9 行。爲什麼判斷條件爲 num==9 而不是 num==10？也就是說當 num==9 時，並沒有立即執行第 9 行程式碼使 num 爲 0，而是在下一個時鐘週期才執行第 9 行程式碼。這種語法的執行情況正是由 D 型正反器的特定功能決定的，即 D 型正反器僅在時鐘的正緣(rising edge)動作，當檢測到 num==9 時，說明 num 一定會出現"9"這個數值，且持續至少一個時鐘週期，下一個時鐘週期設置 num==0，正好實現十進位的計數功能。

圖 7-4　十進位計數器的模擬波形圖

如果再增加重置信號及時鐘致能信號，則完善後的十進位計數器程式碼如下。

```
//十進位計數器程式碼 2
always @(posedge clk or posedge rst)
    if (rst)
        num <= 0;
    else if (ce)
        if (num==9)
            num <= 0;
        else
            num <= num + 1;
```

　　請讀者自行分析上面這段程式碼的設計方法，並設計模擬測試激勵檔，對這段程式碼的功能進行模擬測試。

7.2.3　計數器程式碼的花式寫法

　　正如我們前面學習組合邏輯電路設計一樣，同一個功能電路通常可以有多種不同的建模方法，對應著不同的 Verilog HDL 程式碼。即使均採用行爲級建模，十進位計數器也可以有多段不同的 Verilog HDL 程式碼。下面給出幾段程式碼，請讀者仔細分析比較，掌握不同的設計思路。

```
//十進位計數器程式碼 3
always @(posedge clk or posedge rst)
    if (rst)
        num <= 0;
    else if (ce)
        if (num>8)          //此處修改爲>8，則一定會出現 num==9 的狀態；也可以修改爲 num>=9
            num <= 0;
        else
            num <= num + 1;
```

前面兩段十進位計數器程式碼中,控制計數器的方法是判斷計數值是否達到或大於某個值,而後將計數值設置爲 0,否則計數器加 1。我們還可以採用"如果計數值小於 9,計數器加 1,否則計數器爲 0"的敘述方式。根據這種思路編寫的 Verilog HDL 程式碼如下。

```
//十進位計數器程式碼 4
always @(posedge clk or posedge rst)
    if (rst)
      num <= 0;
    else if (ce)
      if (num<9)                  //也可以修改爲 num<=8
          num <= num+1;
      else
          num <=0;
```

以上計數器的完整工程檔請參見本書配套資料中的"chp7/E7_2_counter10"資料夾。

7.3 計數器是流水燈的核心

7.3.1 設計一個秒信號

實例 7-4:秒信號電路設計

基於 CGD100 開發板設計秒信號電路,使 8 個 LED 以 1Hz 頻率閃爍。

在電路設計中,計數器只是一個基本電路,FPGA 設計的目的是完成特定的功能電路。在本書後面的實例設計中,讀者會發現,幾乎所有的功能電路都與計數器相關,甚至感覺好像只是在不斷設計不同的計數器。在設計流水燈電路之前,先設計一個秒信號電路,使開發板上的 8 個 LED 均以 1Hz 頻率閃爍。

由於 CGD100 開發板的晶振頻率爲 50MHz,可以設計一個 50000000 進制的計數器 cn1s,則 cn1s 的計數週期爲 1s。再對 cn1s 的值進行判斷,當 cn1s>25000000 時輸出信號爲高電壓準位,點亮 LED,否則輸出信號爲低電壓準位,則可實現 LED 以 1Hz 頻率閃爍的功能。按照這個思路完成的秒信號電路 Verilog HDL 程式碼如下。

```
//秒信號電路程式碼
module second(                                        //第 1 行
    input clk,rst_n,
    output [7:0] led
    );

    reg [25:0] cn1s=0;                                //第 6 行
    parameter SEC_ONE=26'd50_000_000;                 //第 7 行
    parameter SEC_HALF=26'd25_000_000;                //第 8 行

    //碼錶功能電路程式碼 1
```

```
        always @(posedge clk or negedge rst_n)
          if (!rst_n)
            cn1s <= 0;
          else
            if (cn1s<(SEC_ONE-1))                          //第 15 行
              cn1s <= cn1s + 1;
            else
              cn1s <= 0;

        assign led =(cn1s>SEC_HALF) ? 8'hff : 8'h00;        //第 20 行

endmodule
```

由於 CGD100 開發板上的按鍵信號為低電壓準位有效，因此重置信號取名為 rst_n。新建接腳約束檔 CGD100.cst，重新編譯工程，將編譯生成的 second.fs 檔下載到開發板上，可以觀察到開發板上的 8 個 LED 以 1Hz 的頻率閃爍。讀者可在本書配套資料中的"chp7\E7_4_second"目錄下查看完整的工程檔。

除上述設計思路外，也可以先設計一個週期為半秒（25000000 進制）的計數器，而後每隔半秒鐘使秒信號取一次反。按照上述思路設計的程式碼如下（僅給出修改後的程式碼部分）。

```
//碼錶功能電路程式碼 2
always @(posedge clk or negedge rst_n)         //第 11 行
  if (!rst_n)
    cn1s <= 0;
  else
    if (cn1s<( SEC_HALF)-1))                   //第 15 行
      cn1s <= cn1s + 1;
    else begin                                 //第 17 行
      cn1s <= 0;
      led <= !led;                             //第 19 行
    end                                        //第 20 行
```

上述程式碼中，第 15 行將計數器的週期由 SEC_ONE 修改為 SEC_HALF，第 17 行至第 20 行中間，添加了 led<=!led 及 begin…end 語句。由於 led 信號在 always 區塊描述中被賦值，因此原程式中的 led 信號需要定義為 reg 類型。

需要說明的是，第 19 行對 led 取反的操作是在 cn1s=（SEC_HALF-1）時進行的。實際上，由於 cn1s 的計數器在每半秒中依次從 0 至（SEC_HALF-1）計數，每個計數狀態僅出現一次，因此對任意一個計數值進行操作都產生秒信號。下面的程式碼也可以實現 led 每秒閃爍一次的功能。

```
//碼錶功能電路程式碼 3
always @(posedge clk or negedge rst_n)         //第 11 行
  if (!rst_n)
    cn1s <= 0;
```

```
      else
        if (cn1s<( SEC_HALF)-1))              //第 15 行
          cn1s <= cn1s + 1;
        else                                  //第 17 行
          cn1s <= 0;


      always @(posedge clk)
        if (cn1s==0)                          //第 21 行
          led <= !led;
```

7.3.2　流水燈電路的設計方案

　　第 4 章已經完成了一個流水燈電路設計。在 CGD100 上的 8 個 LED（LED0～LED7）排成一行，隨著時間的推移，8 個 LED 依次迴圈點亮，呈現出"流水"的效果。設定每個 LED 的點亮時長 LIGHT_TIME 為 0.2 s，從上電時刻開始，0～0.2 s 內 LED0 點亮，0.2～0.4 s 內 LED1 點亮，依此類推，在 1.4～1.6 s 內 LED7 點亮，完成一個 LED 依次點亮的完整週期，即一個週期為 1.6 s。下一個 0.2 s 的時間段，即 1.6～1.8 s 內 LED0 重新點亮，並依次迴圈。

　　為便於分析，將第 4 章的流水燈 Verilog HDL 程式碼重寫如下。

```
//waterlight.v 文件
module waterlight(
    //系統時鐘及重置信號
    input clk50m,                                   //系統時鐘：50MHz
    input rst_n,                                    //重置信號：低電壓準位有效
    //8 個 LED：顯示流水燈
    output reg [7:0] led                            //8 個 LED
);


    reg [26:0] cn=0;
    always @(posedge clk50m or negedge rst_n)
        if (!rst_n) begin
            cn <= 0;
            led <= 0;
            end
        else begin
            if (cn>27'd8000_0000) cn <=0;            //第 17 行
            else cn <= cn + 1;                       //第 18 行
            if (cn<27'd1000_0000) led <=8'b0000_0001; //第 19 行
            else if (cn<27'd2000_0000) led <=8'b0000_0010; //第 20 行
            else if (cn<27'd3000_0000) led <=8'b0000_0100; //第 21 行
            else if (cn<27'd4000_0000) led <=8'b0000_1000; //第 22 行
            else if (cn<27'd5000_0000) led <=8'b0001_0000; //第 23 行
            else if (cn<27'd6000_0000) led <=8'b0010_0000; //第 24 行
            else if (cn<27'd7000_0000) led <=8'b0100_0000; //第 25 行
```

```
        else led <=8'b1000_0000;                    //第 26 行
        end
endmodule
```

由上面的程式碼可知，第 17、18 行產生了一個週期為 80000000 的計數器 cn，由於時鐘頻率為 50MHz，因此 cn 的週期為 1.6s。第 19 行判斷 cn 的值，當小於 10000000（0.2s）時點亮 LED[0]（led <=8'b0000_0001）；第 20 行判斷 cn 的值，當大於 10000000（0.2s），且小於 2000000（0.4s）時點亮 LED[1]（led <=8'b0000_0010）；第 21 行至第 26 行分別根據 cn 的值，依次點亮其他 LED。由於 cn 是週期迴圈計數的，8 個 LED 在 cn 的控制下實現了流水燈效果。

上面這種設計方案簡易可行，但不便於通過修改參數實現對流水燈閃爍頻率的控制。比如，我們要提高流水燈閃爍頻率，使得每個 LED 點亮的持續時間為 0.1s，完成一個流水週期縮短為 0.8s，則需要同時對第 17～26 行的程式碼進行修改。

為了便於實現對流水燈閃爍頻率的控制，可以採用下面的設計方案。

由於輸入時鐘信號的頻率為 50 MHz，LED 點亮的持續時間為 0.2 s，因此可以首先生成一個週期為 0.2 s 的時鐘信號 clk_light；然後在 clk_light 的控制下，生成 3 bit 的八進制計數器 cn8，cn8 共有 8 種狀態（0～7），且每種狀態的持續時間為一個 clk_light 的時鐘週期，即 0.2 s；最後根據 cn8 的 8 種狀態，分別點亮某個 LED，即當 cn8 為 0 時，點亮 LED0，cn8 為 1 時點亮 LED1，依此類推，當 cn8 為 7 時點亮 LED7，從而實現流水燈效果。

流水燈實例的 FPGA 程式設計框圖如圖 7-5 所示。經過前面的分析，流水燈的閃爍頻率由計數器 cn_light 控制，僅修改 cn_light 的計數週期，即可達到調整流水燈閃爍頻率的目的。新的設計方案需要設計 2 個計數器：cn_light 和 cn8。電路的基本模組仍然是計數器。

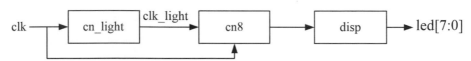

圖 7-5　流水燈實例的 FPGA 程式設計框圖

7.3.3　閃爍頻率可控制的流水燈

實例 7-5：閃爍頻率可控制的流水燈電路設計

採用前面討論的流水燈設計方案，設計一個可通過按鍵控制閃爍頻率的流水燈電路。基本功能為，當兩個按鍵均不按下（key[1:0]=2'b11）時，單個 LED 點亮的時間為 0.2s；當 key[0]按下（key[1:0]=2'b10）時，單個 LED 點亮的時間為 0.15s；當 key[1]按下（key[1:0]=2'b01）時，單個 LED 點亮的時間為 0.1s；當兩個按鍵同時按下（key[1:0]=2'b00）時，單個 LED 點亮的時間為 0.05s。

完善後的流水燈 Verilog HDL 程式碼如下。

```verilog
//waterlight.v 程式
module waterlight(
    input clk50m,                               //50MHz 時鐘信號
    input [1:0] key_n,                          //按下為低電壓準位
    output reg [7:0] led                        //高電壓準位點亮
);

    reg [25:0] LIGHT_TIME=26'd50_0000;
    reg [25:0] cn_light=0;
    reg [2:0] cn8=0;
    reg clk_light =0;

    //根據按鍵狀態設置計數週期
    always @(*)                                 //第 14 行
        case (key_n)                            //第 15 行
            0: LIGHT_TIME=26'd500_0000;         //0.2s/2    //第 16 行
            1: LIGHT_TIME=26'd307_5000;         //0.15s/2   //第 17 行
            2: LIGHT_TIME=26'd250_0000;         //0.1s/2    //第 18 行
            default: LIGHT_TIME=26'd120_5000;   //0.05s/2   //第 19 行
        endcase

    //產生週期為 LIGHT_TIME 的時鐘信號
    always @(posedge clk50m)                    //第 23 行
        if (cn_light < LIGHT_TIME)
            cn_light <= cn_light + 1;
        else begin
            cn_light <= 0;
            clk_light <= !clk_light;
        end                                     //第 29 行

    //產生八進制計數器 cn8
    always @(posedge clk_light)                 //第 32 行
        cn8 <= cn8 + 1;                         //第 33 行

    //根據計數器狀態點亮 LED
    always @(*)                                 //第 36 行
        case (cn8)
            0: led <= 8'b0000_0001;
            1: led <= 8'b0000_0010;
            2: led <= 8'b0000_0100;
            3: led <= 8'b0000_1000;
            4: led <= 8'b0001_0000;
            5: led <= 8'b0010_0000;
            6: led <= 8'b0100_0000;
            default: led <= 8'b1000_0000;
        endcase                                 //第 46 行
```

```
endmodule
```

程式中，第 14～19 行根據按鍵狀態，設置計數週期 LIGHT_TIME 分別為 0.1s、0.075s、0.05s、0.025s，第 23～29 行產生計數週期為 LIGHT_TIME 的計數器，且每計滿一個週期，信號 clk_light 取一次反，相當於產生週期為 2 倍 LIGHT_TIME 時長的時鐘信號。第 32～33 行在 clk_light 的驅動下，產生八進制計數器 cn8。第 36～46 行根據 cn8 的狀態依次點亮相應的 LED，完成流水燈電路功能。

7.3.4　採用移位元運算設計流水燈電路

前面用計數器的方法實現流水燈電路。根據流水燈的工作原理，每個時間段分別點亮一個 LED，也可以採用移位元運算實現流水燈電路，即設置 8 個 LED 的初始狀態為 8'b0000_0001，每個時間段使 LED[7:0]依次向左移一位，即依次變化為 8'b0000_0010，8'b0000_0100，直到 8'b1000_0000。當 LED 移位到 8'b1000_0000 時再次將 LED 狀態重置為 8'b0000_0001 即可。

Verilog HDL 語法中的移位元操作符包括左移操作符"<<"和右移操作符">>"，且移位元後數據的空位均被置 0。

採用移位元操作符重寫流水燈電路，將 32～46 行替換為下列語句即可。

```
//採用移位元操作符完成的流水燈電路
reg [7:0] ldt=8'b0000_0001;
always @(posedge clk_light)
if (ldt==8'b10000_0000)
    ldt <= 8'b0000_0001;
else
    ldt <= (ldt<<1);

always @(posedge clk_light)
        led <= ldt;
```

從上面這段程式碼可以看出，採用移位元操作符實現流水燈電路的程式碼要比採用多個計數器實現流水燈電路的程式碼簡單些。前面花費這麼多篇幅來介紹計數器的設計方法的意義何在？因為在 FPGA 設計過程中，計數器的設計具有普遍性。隨著學習的深入，讀者會逐漸體會到計數器在 FPGA 設計過程中無可替代的作用。

7.4　Verilog 的本質是並行語言

7.4.1　典型的 Verilog 錯誤用法——同一信號重複賦值

下面是一段重置致能的計數器電路的 Verilog HDL 程式碼。

```
module counter(
    input rst,
```

```
    input clk,
    output [3:0] cn
    );

    reg [3:0] num;
    always @(*)          //第 8 行
        if (rst)         //第 9 行
            num <= 0;    //第 10 行

    always @(posedge clk) //第 12 行
        num <= num + 1;   //第 13 行

    assign cn = num;      //第 15 行

endmodule
```

　　程式碼編寫者的本意是將重置模式與工作狀態分段來寫，便於程式碼的後期管理。第 8～10 行採用 always 語句完成重置模式下 num 計數器置 0；第 12～13 行實現計數功能。編寫完程式碼後進行編譯時，雲源軟體給出如下的錯誤提示資訊。

ERROR(EX2000) : Net 'num[3]' is constantly driven from multiple places("D:\CGD100_Verilog\chp7\E7_5_waterlight\waterlight\src\mutisource.v":10)
ERROR(EX1999) : Found another driver here("D:\CGD100_Verilog\chp7\E7_5_waterlight\waterlight\src\mutisource.v":13)

　　提示資訊的大意是：無法處理多個驅動信號對 num[3] 的重複操作。
　　下面是一段信號大小比較電路的 Verilog HDL 程式碼。

```
module compare(
    input [3:0] a,
    input [3:0]    b,
    input [3:0] c,
    output [3:0] max
    );

    reg [3:0] tem;       //第 8 行
      always @(*)        //第 9 行
        tem <= a + b;    //第 10 行

    always @(*)          //第 12 行
        begin
          if (tem < c)   //第 14 行
            tem <= c;
        end              //第 16 行

    assign max = tem;
```

```
endmodule
```

上述程式碼中，第 8～10 行採用 always 語句計算 a 與 b 的和 tem；第 12～16 行判斷 tem 與 c 的大小，並將較大的值賦給 tem，最終作為輸出信號 max 輸出。編寫完程式碼後進行編譯時，雲源軟體給出如下的錯誤提示資訊。

ERROR (EX2000) : Net 'tem[3]' is constantly driven from multiple places("D:\CGD100_Verilog\chp7\E7_5_waterlight\waterlight\src\mutisource.v":10)

ERROR (EX1999) : Found another driver here("D:\CGD100_Verilog\chp7\E7_5_waterlight\waterlight\src\mutisource.v":16)

提示資訊的大意是：無法處理多個驅動信號對 tem[3]的重複操作。

上述兩段程式碼均無法通過編譯，且給出的錯誤提示資訊類似，即程式碼中對某個信號進行了多重賦值操作。

接下來我們分析一下出現類似錯誤提示資訊的原因，並理解用 Verilog HDL 編寫程式碼的一個非常重要的原則，即不能對同一個信號在同一時刻重複進行賦值操作。

7.4.2　並行語言與順序語言

無論對於上面的第一段計數器程式碼還是第二段比較器（信號大小比較電路）程式碼，如果按照 C 語言的語法規則，採用前述的思路編寫程式碼沒有任何問題。因為 C 語言本身就是一種循序執行語言，即檔中的所有語句均是按書寫順序（不考慮中斷的情況）執行的。既然語句都是按書寫循序執行的，也就不會出現不同語句對同一變數同時賦值的情況。

而 Verilog HDL 本質上是並行語言！

借用並行語句與順序語句的概念，我們將程式碼按編寫循序執行的語言稱為順序語言，將程式碼執行順序與編寫順序無關的語言稱為並行語言。Verilog HDL 與 C 語言最本質的區別在於，C 語言是順序語言，Verilog HDL 是並行語言。

根據 Verilog HDL 語法規則，Verilog HDL 中有順序語句和並行語句。如 if…else 語句就是典型的順序語句。而 assign 語句或獨立的設定陳述式則為並行語句，這些語句之間沒有直接的邏輯關係，語句是並存執行的，與書寫順序無關。

同時，Verilog HDL 語法中的另一個重要概念是區塊描述。區塊描述通常用來將兩條或多條語句組合在一起，使其在格式上看起來更像一條語句。Verilog HDL 有兩種區塊描述：begin…end（順序塊）和 fork…join（並行塊）。其中，begin…end 用來表示順序區塊描述，可用在 Verilog HDL 可綜合的程式中，也可用在測試激勵檔中；fork…join 用來表示並行區塊描述，只能用在測試激勵檔中。

根據 Verilog HDL 語法描述，順序塊中的語句是按循序執行的，即只有上面一條語句執行完後，下面的語句才能執行；並行塊的語句是並存執行的，即各條語句無論書寫的順序如何，均是同時執行的。

雖然從語法上來講，順序塊中的語句是按循序執行的，但我們從語句所描述的電路角度來理解，更容易把握語句的執行結構。如果順序塊中用到 if…else 語句，由於 if…else

本身就具備嚴格的先後順序，因此語句按循序執行。如果順序塊中的幾條語句本身沒有直接的邏輯關係，則各語句仍然是並存執行的。

因此，如果我們將每條相對獨立的語句或每個區塊描述當作一條語句，如將 if...else 語句當作一條語句，每個 always 區塊描述當作一條語句，每個 begin...end 語句當作一條語句，則所有語句的執行順序與書寫順序無關，因為這些語句均是同時並存執行的。

如何理解 Verilog HDL 程式的各區塊描述的並存執行過程？因為 Verilog HDL 程式描述的是電路，每個獨立的區塊描述描述的是一個相對獨立（具有輸入、輸出信號）的電路模組。上電時，各區塊描述描述的電路會同時工作，各區塊描述本身並沒有先後順序之分，也就不存在誰先執行誰後執行的問題。

7.4.3　採用並行思維分析信號重複賦值問題

由於 Verilog HDL 是並行語言，所有區塊描述之間都是相互並行的關係。因此對於前面討論的計數器程式碼來講，將第 8～10 行程式碼與第 12～13 行程式碼的書寫順序互換，程式碼描述的電路並沒有任何改變。而如果仍採用類似 C 語言的語法規則來分析這段程式碼，則調整後的程式碼與原程式碼的執行過程是完全不一樣的。同樣，對於比較器程式碼來講，將第 8～10 行程式碼與第 12～16 行程式碼的書寫順序互換，程式碼描述的電路也沒有任何改變。

無論是否改變計數器及比較器的程式碼書寫順序，程式編譯後都會出現同樣的錯誤提示資訊：無法處理多個驅動信號對某個信號的重複操作。

為什麼會出現上述的錯誤提示資訊？對於計數器程式碼來講，上電後第 8～10 行程式碼形成的電路會根據 rst 的狀態對 num 賦值（賦值為 0），同時第 12～13 行程式碼會在 clk 的驅動下對 num 進行計數。由於程式碼中並沒有設定 rst 與 clk 的優先順序關係，因此會存在同一時刻對 num 賦值為 0 的情況，且 num 完成計數的功能。相當於 num 信號同時被兩個信號驅動，num 的狀態無法確定，在電路中也是無法實現的。對於比較器程式碼來講，上電後第 8～10 行程式碼中 tem 的值為 a 與 b 的和，同時第 12～16 行程式碼要求 tem 的值為與 c 相比之後的較大值。由於程式碼中並沒有設定兩種情況下的優先順序關係，因此會存在同一時刻 tem 的值被兩個信號驅動的情況，在電路中也是無法實現的。

因此，上述計數器程式碼及比較器程式碼無法通過編譯的根本原因為，程式碼中的某個信號同一時刻被多個驅動信號重複賦值。

理解了 Verilog HDL 的並行語言特點，修改後的計數器程式碼如下。

```
 reg [3:0] num;
always @(posedge clk)          //原第 12 行
      if (rst)
          num <= 0;
      else
       num <= num + 1;          //原第 13 行
```

```
assign cn = num;          //原第 15 行
```

將賦值程式碼與計數程式碼寫在同一個 always 區塊描述中，採用 if…else 語句設定了賦值與計數的優先順序，則"num<=0"和"num<=num+1"兩條語句始終不可能同時執行，也就避免了信號 num 被多個驅動信號重複賦值的情況發生。修改後的程式碼實際上是一個同步重置的計數器電路。

修改後的比較器程式碼如下。

```
reg [3:0] tem;            //第 8 行
always @(*)               //第 9 行
tem <= a + b;             //第 10 行
reg[3:0] tem1;            //第 11 行
always @(*)               //第 12 行
    if (tem < c)          //第 13 行
        tem1 <= c;        //第 14 行
    else                  //第 15 行
        tem1 <= tem;      //第 16 行
assign max =   tem1;      //第 17 行
```

在第 11 行宣告了一個 4bit 的 reg 類型變數 tem1，第 12～16 行通過判斷 tem 與 c 的大小，將較大的值賦給 tem1，第 17 行將 tem1 通過 max 信號輸出。整個程式碼避免了信號 tem 被多個驅動信號重複賦值的情況發生。

7.5　呼吸燈電路設計

7.5.1　呼吸燈的工作原理

一些手機、電腦等產品在關閉顯示幕後，會有一個顯示燈不斷由暗變亮，又由亮變暗，好像人的呼吸一樣，這種 LED 燈稱為呼吸燈。

我們知道，常規的 LED 燈只有亮（高電壓準位）及暗（低電壓準位）兩種狀態。如果產生一個週期性的脈衝信號用於驅動 LED 燈，則 LED 燈會出現閃爍狀態。如果脈衝信號的頻率足夠高（大於人眼的分辨頻率 24Hz），則由於人眼的解析度問題，看起來 LED 燈仍然是恒亮的。此時，只要控制脈衝信號的占空比（一個週期內高電壓準位持續的時間占整個週期的比值），相當於控制了通過 LED 燈的平均電流大小，就可以控制 LED 燈的亮度。這種通過控制脈衝信號占空比改變 LED 燈亮度的方法稱為脈衝寬度調製（Pulse Width Modulation，PWM）。

採用 PWM 方法能夠實現控制 LED 燈亮度的目的。要實現呼吸燈功能，則只需合理設計每種亮度的保持時間，使得 LED 燈在每一小段時間內依次呈現不同的亮度狀態即可。

設計呼吸燈需要明確呼吸的頻率。比如要求呼吸燈的呼吸頻率為 0.25Hz，呼吸週期為 4s，即呼的狀態（由亮至暗）時長為 2s，吸的狀態（由暗到亮）時長為 2s。根據 PMW 調整 LED 燈亮度的原理，還需要確定呼的狀態或吸的狀態過程中總共出現多少種亮度狀態。如果亮度狀態太少,則 LED 燈的呼吸狀態會顯得斷斷續續,感覺呼吸不順暢。亮度狀態越多,則呼吸狀態越順暢。

接下來我們設計一個亮度狀態為 1000 種,呼吸頻率為 0.25Hz 的呼吸燈電路。

7.5.2　設計思路分析

實例 7-6:呼吸燈電路設計

在 CGD100 開發板上完成呼吸燈電路設計,要求 8 個 LED 燈產生呼吸效果。

與流水燈電路相比,呼吸燈電路的設計稍複雜些。為了編寫出更簡潔的程式碼,首先需要形成合理的設計思路及方案,設計思路及方案的好壞直接影響到編寫程式碼的效率。

根據前面對呼吸燈原理的描述,要實現控制呼吸頻率、亮度狀態等功能,均需要採用計數器電路。為便於讀者理解整個電路的設計過程,下面先給出呼吸燈電路的頂層 RTL 原理圖,如圖 7-6 所示。

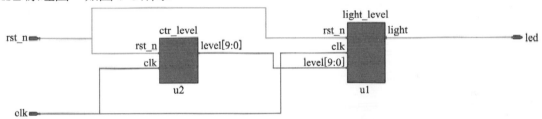

圖 7-6　呼吸燈電路的頂層 RTL 原理圖

如圖 7-6 所示,本次設計採用 2 個功能模組完成呼吸燈電路。亮度實現模組(light_level)用於根據 level[9:0]信號產生不同占空比的 LED 信號,即產生不同亮度的信號。level 的取值範圍為 0～999,可產生 1000 種亮度的 LED 信號,clk 為 50MHz 時鐘信號,rst_n 為低電壓準位有效的重置信號。亮度控制模組(ctr_level)用於分時段產生不同的亮度控制信號 level[9:0]。由於設計實例中呼吸頻率為 0.25Hz,呼的狀態(由亮至暗)持續時間為 2s,共 1000 種亮度狀態,則每種狀態持續 2ms;吸的狀態(由暗至亮)持續時間為 2s,共 1000 種亮度狀態,則每種狀態持續 2ms。因此,level 信號相當於一個間隔為 2ms 的計數器,且依次從 0 增加到 999,而後又從 999 依次減小到 0。level 及 light 信號的波形如圖 7-7 所示。

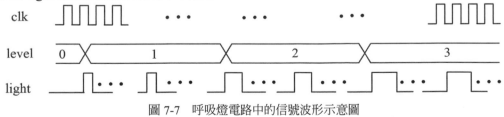

圖 7-7　呼吸燈電路中的信號波形示意圖

7.5.3　亮度實現模組 Verilog HDL 設計

　　根據呼吸燈頂層電路模組的設計，亮度實現模組（light_level）在 50MHz 時鐘信號的驅動下，根據 level 的值產生不同占空比的 LED 信號，實現產生不同亮度 LED 燈的功能。在 50MHz 時鐘信號驅動下，最小脈衝寬度為一個 50MHz 時鐘週期，由於要求設計 1000 種不同的占空比信號，最暗的狀態為全 0，其次為 1 個週期的高電壓準位、997 個週期的低電壓準位，再次為 2 個週期的高電壓準位、996 個週期的低電壓準位，依次增加高電壓準位的寬度並減小低電壓準位的寬度，直到 997 個週期的高電壓準位、1 個週期的低電壓準位，最亮的為全 1。採用這種思路即可產生 1000 種不同亮度的信號。

　　light_level 模組的 Verilog HDL 程式碼如下。

```
module light_level(
    input rst_n,
    input clk,                           //50MHz 時鐘信號
    input [9:0] level,                   //0-不亮；999-最亮；其他值無效
    output reg light                     //亮度級別為 level 的脈衝信號
    );


    reg [9:0] cn;
    reg pd=0;
    reg pce=0;

    //產生 999 進制計數器
    always @(posedge clk or negedge rst_n)      //第 13 行
        if (!rst_n)                             //第 14 行
            cn <= 0;                            //第 15 行
        else
            if (cn<998)
                cn <= cn + 1;
            else
                cn <= 0;                        //第 20 行

    //根據 cn、level 的值產生不同亮度等級的信號
    always @(posedge clk or negedge rst_n)      //第 23 行
        if (!rst_n)
            light <= 0;
        else
            light <= (cn>=level)? 0:1;          //第 27 行

endmodule
```

　　第 13～20 行在 50MHz 時鐘信號 clk 的驅動下生成一個 999 進制的計數器 cn。第 23～27 行根據 level 的值，產生不同占空比的信號 light。當 level 為 0 時，light 輸出全 0 值；當 level 為 1 時，輸出的 light 高電壓準位脈衝時長為 1 個時鐘週期，低電壓準位脈

衝時長爲 997 個時鐘週期；當 level 爲 999 時，輸出全 1 值。因此，亮度實現模組的核心仍然是週期爲 999 的計數器。

7.5.4　亮度控制模組 Verilog HDL 設計

根據呼吸燈頂層電路模組的設計，亮度控制模組（ctr_level）在 50MHz 時鐘信號的驅動下，輸出範圍爲 0～999 的亮度信號 level，用於控制 light_level 輸出不同亮度的信號。由於設定呼吸頻率爲 0.25Hz，在 4s 內共產生 2000 種狀態，前 1000 種狀態從 0 遞增到 999，後 1000 種狀態從 999 遞減至 0。因此，每種狀態的持續時間爲 2ms。

ctr_level 模組的 Verilog HDL 程式碼如下。

```
module ctr_level(
    input rst_n,
    input clk,                              //50MHz 時鐘信號
    output reg [9:0] level                  //0-不亮；999-最亮；其他值無效
);

    reg [20:0] cn;
    reg pd=0;
    reg pce=0;
    reg [10:0] cnt_level;

//間隔爲 2ms 的計數器
    always @(posedge clk or negedge rst_n)  //第 13 行
        if (!rst_n)
            cn <= 0;
        else
            if (cn<99999)
                cn <= cn + 1;
            else
                cn <= 0;                     //第 20 行

//產生 2000 進制計數器
    always @(posedge clk or negedge rst_n)  //第 23 行
        if (!rst_n)
            cnt_level <= 0;
        else if (cn==0)
            if (cnt_level <1999)
                cnt_level <= cnt_level + 1;
            else
                cnt_level <= 0;              //第 30 行

//產生 0~999，999~0 的呼吸狀態計數器
    always @(*)                             //第 33 行
        if (cnt_level>999)
```

```
            level <= 1999 - cnt_level;
        else
            level <= cnt_level;                    //第 37 行

    endmodule
```

　　第 13～20 行產生了 100000 進制（間隔為 2ms）的計數器 cn。第 23～30 行仍然採用 50MHz 時鐘信號 clk 為驅動時鐘信號，每 2ms 計 1 次數（cn==0），產生了 2000 進制的計數器 cnt_level。第 33～37 行，判斷 cnt_level 的值，當 cnt_level 大於 999 時輸出 1999 減去 cnt_level 的值，由於 cnt_level 的計數範圍為 0～1999，因此當 cnt_level 小於 999 時，level 輸出 0～999 的值；當 cnt_level 大於 999 時，依次輸出 999～0 的值。

7.5.5　頂層模組 Verilog HDL 設計

　　由上面的分析可知，無論是亮度實現模組還是亮度控制模組，其主要功能都採用計數器實現。頂層模組中僅需要完成對兩個模組的實例化，同時將 ctr_level 模組的 level 信號輸出給 light_level 即可。

　　頂層模組 breathlight 的 Verilog HDL 程式碼如下。

```
module breathlight(
    input rst_n,            //高電壓準位有效的重置信號
    input clk50m,           //50MHz 時鐘信號
    output [7:0] led        //呼吸燈
    );

    //LED 燈亮度等級：0-不亮；999-最亮;其他值無效
    wire [9:0] level;
    wire light;
    assign led={light,light,light,light,light,light,light,light};

    //亮度實現模組，產生 level 亮度的 LED 燈
    light_level u1(
      .rst_n(rst_n),
      .clk(clk50m),
      .level(level),
      .light(light)
      );

    //亮度控制模組，產生亮度等級信號 level
    ctr_level u2(
        .rst_n(rst_n),
        .clk(clk50m),
        .level(level)
        );

    endmodule
```

完成呼吸燈電路的 Verilog HDL 程式碼設計後，添加接腳約束檔，重新對程式進行編譯，並下載到 CGD100 開發板上，即可觀察到 LED 燈的呼吸效果。讀者可在本書配套資料中的 "chp7\E7_5_breathlight" 目錄下查看完整的工程檔。

7.6　小結

本章詳細討論了計數器的設計。由於時序邏輯電路就是指在時鐘信號控制下工作的電路，而時鐘信號的頻率一般是已知的、確定的，控制電路的工作時刻通常需要採用對時鐘信號或其他信號進行計數的方法來實現。接下來以流水燈和呼吸燈爲例講解了採用計數器設計相應功能電路的方法。

本章的學習要點可歸納爲：

（1）深刻理解計數器的工作原理，掌握不同進制計數器的設計方法。

（2）熟練掌握計數器的多種 Verilog HDL 程式碼的編寫方法。

（3）理解流水燈的多種設計思路，並理解計數器在電路設計中的作用。

（4）理解 Verilog HDL 的並行語句概念。

（5）掌握採用並行思維分析信號重複賦值的方法。

（6）掌握呼吸燈的設計方法。

入門篇

03

入門篇對碼錶電路、數位密碼鎖電路、電子琴電路、串列埠通訊電路及狀態機進行了討論。本篇採用簡潔、規範、高效的 Verilog HDL 語言完成電路的設計，需要設計者熟知 FPGA 的設計規則。對於 FPGA 的初學者來講，驗證電路功能並不是最重要的，重要的是理解程式碼的設計思想。通過本篇的學習，讀者能夠在不參考程式碼的情況下，從頭開始，在腦海中形成具體的電路模型，在指間隨心而動地流淌 Verilog HDL 程式碼。完成正確的功能電路設計需要艱苦卓絕的努力。

08/
設計簡潔美觀的碼錶電路

09/
數位密碼鎖電路設計

10/
簡易電子琴電路設計

11/
應用廣泛的串列埠通訊電路

12
對狀態機的討論

第8章

設計簡潔美觀的碼錶電路

　　碼錶電路，也常常稱為時鐘電路，是"數位電路設計基礎"或"FPGA 設計"課程中必學的電路，深受廣大教師和學生的青睞。要完成一個功能完整、思路清晰、程式碼簡潔規範、電路模組重複使用性好、功能可擴充性好的碼錶電路 Verilog HDL 程式，不僅需要設計者對 Verilog HDL 語法比較熟悉，更重要的是需要具備良好的硬體程式設計思維。大多數初學者僅滿足於實現碼錶的功能，忽略了設計思路和程式設計規範的重要性。接下來我們詳細探討碼錶電路設計過程中，那些容易被忽略，實際上非常重要，雖然有趣，其實繁瑣的設計細節。

8.1　設定一個目標——4 位元碼錶電路

8.1.1　明確功能需求

實例 8-1：碼錶電路設計

　　參照本書前面章節的靜態 LED 數碼管電路設計實例，CGD100 開發板上有 4 個共陽極八段 LED 數碼管。碼錶電路需要在 LED 數碼管上顯示碼錶計時，且具有重定按鍵及啟停按鍵。4 個共陽極 LED 數碼管分別顯示碼錶的相應數位，從右至左依次顯示秒的十分位元、秒的個位、秒的十位、分鐘的個位。碼錶電路的顯示效果如圖 8-1 所示，圖中顯示的時間為 5 分 11.2 秒。

圖 8-1　碼錶電路的顯示效果

碼錶電路具備重置功能，當按下重置按鍵時碼錶計時清零。電路還需要設計一個啓停按鍵，每按一次鍵，碼錶在停止計數/繼續計數兩種狀態之間切換。同時，啓停按鍵需要增加按鍵防彈跳功能。

CGD100 中的 LED 數碼管電路原理在前面章節已進行過詳細介紹，其中 SEG_A、SEG_B、SEG_C、SEG_D、SEG_E、SEG_F、SEG_G、SEG_DP 直接與 FPGA 的 I/O 接腳連接，用於控制 8 個筆劃段（發光二極體）；SEG_DIG1、SEG_DIG2、SEG_DIG3、SEG_DIG4 與 FPGA 的 I/O 接腳相連，用於控制四個 LED 數碼管的選通信號；四個三極管用於放大 FPGA 送來的位元選信號，增強驅動能力。CGD100 開發板上配置的 LED 數碼管爲共陽極型，當 FPGA 的輸入信號爲低電壓準位時，點亮對應的筆劃段。

8.1.2　形成設計方案

碼錶電路是數位電路技術課程中的經典電路。接下來我們採用 Verilog HDL 完成整個電路的設計。

Verilog HDL 程式設計過程相當於晶片設計過程，也可以類比實際的數位電路設計過程。在設計程式時，需要考慮模組的通用性、可維護性。所謂通用性，是指將功能相對獨立的模組用單獨的檔編寫，使其功能完整，便於提供給其他程式使用；所謂可維護性，是指描述功能模組埠的程式簡潔明瞭，關鍵程式碼注釋詳略得當，程式碼規範。

設計程式通常採用由頂向下的思路，即先規劃整體模組，再合理分配各子模組的功能，然後詳細對各子模組進行劃分，最終形成每個末端子模組。設計時，按照預先規劃的要求，分別設計各子模組程式碼，而後根據整體方案完成各模組的合併，最終完成程式設計。

根據碼錶電路的功能要求，考慮硬體電路原理，可以將程式分爲兩個子模組：碼錶計數模組（watch_counter）及 LED 數碼管顯示模組（seg_disp）。兩個模組的連接關係如圖 8-2 所示。其中 dec2seg、keyshape 分別爲兩個功能相對獨立的子模組，dec2seg 用於完成段碼的編碼，keyshape 用於實現按鍵防彈跳功能。

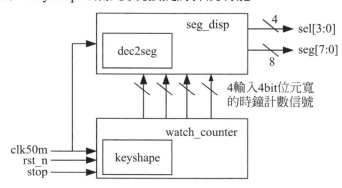

圖 8-2　碼錶電路 Verilog HDL 程式設計方案

碼錶計數模組（watch_counter）用於產生 4 輸入 4bit 位元寬的時鐘計數信號，分別表示秒的十分位（second_div）、秒的個位（second_low）、秒的十位（second_high）、分的個位（minute）。LED 數碼管顯示模組（seg_disp）用於顯示 4 輸入 4bit 位元寬的資料，即將送入的 4 輸入信號分別以數位記號的形式顯示在 4 個 LED 數碼管上。由於 seg_disp 僅用於顯示，因此可以設計成通用的電路模組，使用者需要在某個 LED 數碼管顯示某個數位，只需在對應的輸入端輸入相應的 4bit 信號即可。

8.2　頂層檔的 Verilog HDL 設計

為便於讀者對整個程式的理解，下面先給出頂層檔 watch.v 中的程式碼。

```
//watch.v 中的程式碼
module watch(
    input    rst_n,              //重置信號，低電壓準位有效
    input    clk50m,             //系統時鐘信號，50MHz
    output [7:0] seg_dp,         //段碼
    output [3:0] seg_s,          //LED 數碼管選通信號
    input    stop);              //碼錶啟停控制信號

    wire [3:0] second_div,second_low,second_high,minute;

    //4 個八段 LED 數碼管顯示模組
    seg_disp u1 (
            .clk(clk50m),
            .a({1'b1,second_div}),
            .b({1'b0,second_low}),
            .c({1'b1,second_high}),
            .d({1'b0,minute}),
            .seg(seg_dp),
            .sel(seg_s));

    //碼錶計數模組
    watch_counter u2 (
            .rst_n(rst_n),
            .clk(clk50m),
            .second_div(second_div),
            .second_low(second_low),
            .second_high(second_high),
            .minute(minute),
            .stop(stop));

endmodule
```

由 watch.v 中的程式碼可知，程式由 seg_disp 和 watch_counter 兩個模組組成。seg_disp 為 LED 數碼管顯示模組，clk50m 為 50MHz 的時鐘信號，a、b、c、d 均為 5bit 位元寬的信號，分別對應 CGD100 上的四位元 LED 數碼管上需要顯示的數字，且最高

位元 a[4]、b[4]、c[4]、d[4]用於控制對應小數點段 dp，低 3 位 a[3:0]、b[3:0]、c[3:0]、d[3:0]用於顯示具體的數位，seg 和 sel 分別對應 LED 數碼管的 8 個段碼及 4 位選通信號；watch_counter 為碼錶計數模組，完成碼錶計數功能，輸入為低電壓準位有效的重置信號 rst_n、50MHz 時鐘信號 clk50m，以及用於控制碼錶啟停的 stop 信號，輸出為碼錶的 4 個數位。

8.3 　設計一個完善的 LED 數碼管顯示模組

根據前面的設計思路，由於 LED 數碼管顯示功能應用廣泛，我們希望將 LED 數碼管顯示模組設計成通用的顯示驅動模組。後續調用這個模組的時候，只需要提供 50MHz 的時鐘信號，以及對應 LED 數碼管顯示的數位即可。

LED 數碼管顯示模組可以類比於硬體板卡的底層驅動程式，是連接應用程式與底層硬體之間的橋樑。一個功能完善的顯示模組，需要具備介面簡單、功能完備、易於複用的特點。

在設計程式碼之前，首先需要瞭解動態掃描的概念。CGD100 板上共有 4 個 LED 數碼管，為節約用戶接腳，4 個 LED 數碼管共用了 8 個段碼信號 seg_dp[7:0]，電路通過控制選通信號 seg_s[3:0]的狀態來確定顯示某一個具體的 LED 數碼管。因此，電路每一時刻只會點亮某一個 LED 數碼管。由於人眼的視覺暫留現象，當 LED 數碼管的閃爍頻率超過 24Hz 時，人眼無法分辨 LED 數碼管的閃爍狀態，LED 數碼管就呈現出恆亮的狀態。

設置每次每個 LED 數碼管點亮的持續時間為 1ms，則 4 個 LED 數碼管依次點亮一次需 4ms，每個 LED 數碼管的閃爍頻率為 250Hz，遠超過人眼的分辨能力。當通過控制選通信號點亮某個 LED 數碼管時，將該 LED 數碼管所需顯示的數位對應輸出，即可實現 4 個 LED 數碼管獨立顯示不同數字的目的。

下面是 seg_disp.v 檔中的程式碼。

```
//seg_disp.v 檔中的程式碼
module seg_disp(
    input clk,
    input [4:0] a,//a[4]-dp
    input [4:0] b,//b[4]-dp
    input [4:0] c,//c[4]-dp
    input [4:0] d,//d[4]-dp
    output [7:0] seg,
    output reg [3:0] sel
    );

    reg [3:0] dec;
    wire [6:0] segt;
    reg dp;
```

```verilog
//4 位元二進位段碼顯示模組
dec2seg u1 (
      .dec(dec),
      .seg(segt));

assign   seg = {dp,segt};

reg [27:0]cn28=0;
//50000 進制計數器，即 1ms 的計數器
always @(posedge clk)
     if (cn28>49998)
            cn28<=0;
     else
            cn28<=cn28+1;

reg [1:0] cn2=0;
//4ms 的計數器
always @(posedge clk)
     if (cn28==0)
     cn2 <= cn2 + 1;

//根據 cn2 的值，LED 數碼管動態掃描顯示 4 個資料
always @(*)
     case (cn2)
     0: begin
            sel<=4'b0111;
            dec<=a[3:0];
            dp <= a[4];
            end
     1: begin
            sel<=4'b1011;
            dec<=b[3:0];
            dp <= b[4];
            end
     2: begin
            sel<=4'b1101;
            dec<=c[3:0];
            dp <= c[4];
            end
     default:begin
            sel<=4'b1110;
            dec<=d[3:0];
            dp <= d[4];
            end
     endcase

endmodule
```

程式中的 4 位元二進位段碼顯示模組 dec2seg 為編碼模組,即根據輸入的 4 位元二進位信號在 7 個筆劃段(不包括小數點段 dp)上顯示相應的數位。這個模組是我們在第 5 章設計過的模組,本實例直接將 dec2seg.v 檔複製到工程目錄,並添加到當前工程中,在 seg_disp.v 中實例化該模組即可。

由於每個 LED 數碼管每次點亮的時間為 1ms,因此程式中設計了一個 1ms 的計數器 cn28。根據 cn28 的狀態,再設計一個 2bit 位寬的計數器 cn2。每次 cn28 為 0 時,cn2 加 1,則 cn2 為間隔 1ms 的四進制計數器。因此,cn2 共 4 個狀態,且每個狀態的持續時間為 1ms。程式接下來根據 cn2 的狀態,依次選通對應的 LED 數碼管,並送出需要顯示的數位信號和小數點段碼信號,最終完成 LED 數碼管顯示模組的 Verilog HDL 程式設計。

8.4　碼錶計數模組的 Verilog HDL 設計

8.4.1　碼錶計數電路設計

碼錶計數模組需要根據輸入的 50MHz 時鐘信號產生碼錶計數信號,分別為秒的十分位元信號 second_div、秒的個位信號 second_low、秒的十位元信號 second_high 和分鐘的個位信號 minute。根據時鐘的運行規律,碼錶的計數以秒的十分位元信號 second_low 為基準計時單位。當 second_div 計滿十個數時,second_low 加 1;當 second_div 計至 9,second_low 計至 9,下一個 second_div 信號來到時,second_high 加 1;同理,當 second_div 計至 9,second_low 計至 9,second_high 計至 5 時,下一個 second_div 信號來到時,minute 加 1。rst 為高電壓準位有效的重置信號,當其有效時計時清零。stop 為啟停按鍵信號,每按一次 stop 按鍵,碼錶在“啟動計時”和“停止計時”兩種狀態之間切換。

為便於理解,我們先僅完成碼錶計數功能,在計數模組中預留 stop 信號,在完成碼錶計數功能之後,再添加 stop 信號的啟停功能實現程式碼。

完成計數功能的 Verilog HDL 程式碼有很多種,每種程式碼其實都代表了一種設計思路。根據不同思路編寫的程式碼在功能擴展、程式修改等方面會存在比較大的差異。根據對碼錶電路功能的理解,由於碼錶最小計數單位為 0.1s,因此首先需要產生一個 0.1s 的時鐘信號或計數器,而後在這個基礎上產生其他計時信號。

下面是一段比較常見的碼錶計數電路程式碼,程式碼首先設計了一個 10Hz 的時鐘信號,而後在 10Hz 時鐘信號的驅動下,採用一個 always 區塊描述實現了其他幾位元數目信號。

```verilog
//碼錶計數電路程式碼
module watch_counter(
    input rst_n,                              //低電壓準位有效的重置信號
    input clk,                                //50MHz 時鐘信號
    input stop,                               //啓停信號
    output [3:0] second_div,                  // 0.1s 計數
    output [3:0] second_low,                  //秒的個位
    output [3:0] second_high,                 //秒的十位
    output [3:0] minute);                     //分鐘計數

    reg [3:0] min,sec_div,sec_low,sec_high;
    reg clk10hz;
    reg [40:0] cn_div;

    //產生頻率爲 10Hz 的時鐘信號 clk10hz
    always @(posedge clk or negedge rst_n)    //第 16 行
        if (!rst_n) begin
            cn_div <= 0;
            clk10hz <= 0;
        end
        else
            if (cn_div>=2499999) begin
                cn_div<=0;
                clk10hz <= !clk10hz;
            end
            else
                cn_div<=cn_div+1;             //第 27 行

    //產生時鐘計數
    always @(negedge rst_n or posedge clk10hz)   //第 30 行
        if (!rst_n) begin
            min <= 0;
            sec_div <= 0;
            sec_low <= 0;
            sec_high <= 0;
        end                                   //第 36 行
        else begin
            if (sec_div<9)                    //第 38 行
                sec_div <= sec_div + 1;
            else begin                        //第 40 行
                sec_div <= 0;                 //第 41 行
                if (sec_low<9)                //第 42 行
                    sec_low <= sec_low + 1;   //第 43 行
                else begin                    //第 44 行
                    sec_low <= 0;             //第 45 行
                    if (sec_high<5)           //第 46 行
```

```
                        sec_high <= sec_high + 1;
                else begin
                    sec_high <= 0;
                    if (min<9)
                        min <= min + 1;
                    else
                        min <= 0;
                    end
                end                               //第 55 行
            end                                   //第 56 行
        end                                       //第 57 行


    assign minute = min;
    assign second_div = sec_div;
    assign second_low = sec_low;
    assign second_high =sec_high;


endmodule
```

　　程式中第 16～27 行在 50MHz 時鐘信號驅動下，採用分頻的方式得到頻率為 10Hz 的信號 clk10hz，則每個 clk10hz 信號的週期為 0.1s。第 30～57 行在一個 always 區塊描述中，採用 if…else 語句依次產生了 0.1s、秒的個位、秒的十位及分鐘的計數值。這段程式碼看起來緊湊簡潔，但理解起來還是有一定難度的。

　　第 30～36 行程式碼描述了重置功能電路，當 rst_n 有效時，所有計數器的值均設置為 0。第 38～41 行在 clk10hz 的驅動下產生十進位計數器 sec_div，即相當於產生 0.1s 的計數值。需要注意的是，第 40 行的 begin 與第 56 行的 end 為一對完整語句。也就是說，第 40～56 行的語句僅在 sec_div 為 0 時執行，即其他計數器的值僅在 0.1s 的計數值達到 0 時（由 9 進位時）繼續計數。

　　接下來分析秒的個位元數目器 sec_low 的工作過程。第 42～45 行為 sec_low 計數器生成程式碼，sec_low 為一個十進位計數器。需要注意的是，sec_low 僅在 sec_div 為 0 時開始計數，即 sec_div（0.1s 計數器）每計滿 10 個數（1s）時，sec_low 加 1。同樣，第 44 行的 begin 與第 55 行的 end 組成一對完整的語句。因此，第 44～55 行程式碼僅在 sec_div 為 0 且 sec_low 為 0 時才執行，即計時器計到 0.0 秒（由 9.9 秒進位時），其他計數器才開始"動作"。

　　秒的十位元數目器及分鐘計數器的工作過程與秒的個位元數目器類似，請讀者自行分析。

　　請在本書配套資料的"chp8/ E8_1_watch/watch0"目錄下查看編寫的碼錶計數電路的完整工程檔。

8.4.2　碼錶計數電路的 ModelSim 模擬

完成碼錶計數電路 Verilog HDL 程式碼後，添加測試激勵檔，啓動 ModelSim 模擬軟體，查看模擬波形，如圖 8-3、圖 8-4 所示。

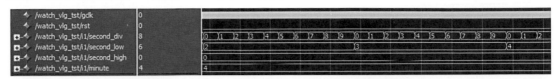

圖 8-3　碼錶計數電路的模擬波形（0.1s 計數部分）

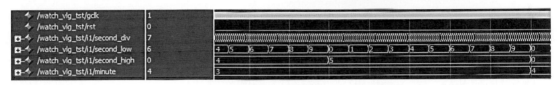

圖 8-4　碼錶計數電路的模擬波形（1s 計數部分）

從 ModelSim 模擬波形可以看出，碼錶計數電路的計數值時序滿足要求。當 0.1s 計數器 second_div 由 9 進位到 0 時，秒的個位元數目器 second_low 加 1；當 0.1s 計數器 second_div 由 9 進位到 0，且秒的個位元數目器 second_low 由 9 進位到 0 時，秒的十位元數目器 second_high 加 1。

經過上面的分析，爲了實現正確的碼錶計數電路，採用一段 always 語句描述計數器的方法雖然可行，但邏輯關係比較複雜，需要用到多重 if…else 嵌套語句。後續要增加計數功能，比如增加 0.01s 的計數值，或者 10 分鐘的計數值，則需要在完整分析整段程式碼的基礎上重新添加程式碼。

如何寫出結構更簡潔、功能更易於擴展、更易於理解的碼錶計數電路？接下來我們討論另一種碼錶計數電路的 Verilog HDL 程式碼設計方法。

8.4.3　簡潔美觀的碼錶計數器設計

設計思路決定程式碼的編寫方法，也在很大程度上決定了程式碼的簡潔性、可讀性、可擴展性。對於碼錶計數器來講，最小的計時單位爲 0.1s，0.1s 的計數值 sec_div 就是一個獨立的十進位計數器，且計數時鐘週期爲 0.1s。因此，可以將 0.1s 的計數值 sec_div 寫在一個單獨的 always 區塊描述內，如下所示。

```
//產生週期爲 0.1s 的計數器 cn_div
always @(posedge clk or negedge rst_n)
    if (!rst_n)
        cn_div <= 0;
    else
        if (cn_div>=4999999)
            cn_div<=0;
        else
```

```
            cn_div<=cn_div+1;

    //產生 0.1s 的計數值 sec_div
    always @(posedge clk or negedge rst_n)
        if (!rst_n)
            sec_div <= 0;
        else if (cn_div==4999999)
            if (sec_div>=9)
                sec_div<=0;
            else
                sec_div<=sec_div+1;
```

　　上面的程式中，第一段 always 區塊描述描述了一個週期爲 0.1s 的計數器 cn_div，第二段 always 區塊描述同樣以 50MHz 的時鐘信號 clk 爲驅動時鐘信號，將（cn_div==44999999）的判斷結果作爲時鐘致能信號，描述 0.1s 的計數值。由於 cn_div 的計數週期爲 0.1s，每次（cn_div==4999999）的間隔爲 0.1s，且判斷結果成立的持續時間爲一個時鐘週期，因此採用（cn_div==4999999）的結果作爲時鐘致能信號，就實現了以 clk 爲驅動時鐘信號，每次計數間隔爲 0.1s 的計數功能。

　　再分析秒的個位計數值 sec_low 的計數規律。根據碼錶計數規則，sec_low 僅當 sec_div 由 9 進位到 0 時才計 1 次數。因此，可以將（sec_div==9）和（cn_div==4999999）兩個條件同時成立的時刻作爲時鐘致能信號，從而控制計數的間隔爲 1s。因此，可以編寫出秒的個位計數值 sec_low 的生成程式碼。

```
    //產生秒的個位計數值 sec_low
    always @(posedge clk or negedge rst_n)
        if (!rst_n)
            sec_low <= 0;
        else if ((cn_div==4999999)&(sec_div==9))
            if (sec_low>=9)
                sec_low<=0;
            else
                sec_low<=sec_low+1;
```

　　採用類似的方法，可以生成秒的十位、分鐘計數值的生成程式碼。採用這種方法設計的碼錶計數器完整程式碼如下所示。

```
//watch_counter.v 檔中的程式碼
module watch_counter(                              //第 1 行
    input rst_n,
    input clk,
     input stop,
    output [3:0] second_div,
    output [3:0] second_low,
    output [3:0] second_high,
    output [3:0] minute);
```

```verilog
reg [3:0] min,sec_div,sec_low,sec_high;
reg [40:0] cn_div;

//產生週期爲 0.1s 的計數器 cn_div
always @(posedge clk or negedge rst_n)          //第 14 行
    if (!rst_n)                                 //第 15 行
        cn_div <= 0;                            //第 16 行
    else                                        //第 17 行
            if (cn_div>=4999999)                //第 18 行
                cn_div<=0;                      //第 19 行
            else                                //第 20 行
                cn_div<=cn_div+1;               //第 21 行

//產生 0.1s 的碼錶計數值 sec_div
always @(posedge clk or negedge rst_n)
    if (!rst_n)
        sec_div <= 0;
    else if (cn_div==4999999)
        if (sec_div>=9)
            sec_div<=0;
        else
            sec_div<=sec_div+1;

//產生秒的個位計數值 sec_low
always @(posedge clk or negedge rst_n)
    if (!rst_n)
        sec_low <= 0;
    else if ((cn_div==4999999)&(sec_div==9))
        if (sec_low>=9)
            sec_low<=0;
        else
            sec_low<=sec_low+1;

//產生秒的十位元數目值 sec_high
always @(posedge clk or negedge rst_n)
    if (!rst_n)
        sec_high <= 0;
    else if ((cn_div==4999999)&(sec_div==9)&(sec_low==9))
        if (sec_high>=5)
            sec_high<=0;
        else
            sec_high<=sec_high+1;

//產生分鐘的計數值 min
always @(posedge clk or negedge rst_n)
```

```
                  if (!rst_n)
                      min <= 0;
                  else if ((cn_div==4999999)&(sec_div==9)&(sec_low==9)&(sec_high==5))
                      if (min>=9)
                          min<=0;
                      else
                          min<=min+1;

            assign minute = min;
            assign second_div = sec_div;
            assign second_low = sec_low;
            assign second_high =sec_high;

       endmodule
```

　　上面這段程式碼雖然增加了程式碼的長度，但無疑結構更加清晰、更易於進行功能擴展，且具有更強的可讀性。

8.4.4　實現碼錶的啓停功能

　　上面設計的碼錶計數器電路模組沒有實現碼錶的啓停功能，即沒有對 stop 信號進行功能實現。根據功能需求，需要按一次鍵，計時狀態在"啓""停"狀態之間進行切換。根據 CGD100 開發板按鍵原理圖，按鍵信號實際上會產生一個脈衝信號，即按鍵的預設狀態爲低電壓準位，按下鍵爲高電壓準位，鬆開鍵爲低電壓準位。由於機械開關的特性，每次按鍵還會產生抖動，如何實現按鍵防彈跳是本章後續會討論的問題。

　　碼錶計數電路中設計一個 start_stop 信號來控制計數器的啓停狀態，即當 start_stop 信號爲高電壓準位時，碼錶電路停止計數，爲低電壓準位時繼續計數。

　　上面的碼錶計數電路模組中，分別對 4 位碼錶數值進行了計數，由於所有計數均是以 0.1s 的計數值 cn_div 爲基礎進行的，因此只要 cn_div 停止計數，則整個碼錶計數器即停止計數。在上面的碼錶計數器模組中，僅需對第 18 行程式碼進行修改，如下所示。

```
    else if ((!sart_stop) || (cn_div==4999999))                   //第 18 行
```

　　當 start_stop 信號爲高電壓準位，且 cn_div 沒有計數到 4999999 時，則停止計數，否則繼續計數。當 start_stop 信號爲高電壓準位，cn_div 剛好計數到 4999999 時，cn_div 會繼續計數到 0，此時停止計數。設置對 cn_div 計數到 4999999 的判斷，是爲了避免當 start_stop 信號爲高電壓準位時，如果 cn_div 剛好計數到 4999999，此時 cn_div 不再計數，但 sec_div 會繼續計數的情況發生。由於所有碼錶計數器的計數時刻均會判斷 cn_div 是否爲 4999999，因此僅需修改第 18 行的程式碼，即可實現對所有碼錶計數器進行啓停控制的功能。

8.5   按鍵防彈跳模組的 Verilog HDL 設計

8.5.1   按鍵防彈跳產生的原理

通常的按鍵開關爲機械彈性開關，當機械觸點斷開、閉合時，由於機械觸點的彈性作用，一個按鍵開關在閉合時不會馬上穩定地接通，在斷開時也不會一下子斷開。因而在閉合及斷開的瞬間均伴隨一連串的抖動，爲了不產生這種現象而採取的處理措施就是按鍵防彈跳。

按鍵的抖動對於人類來說是感覺不到的，但對 FPGA 來說，則完全可以感應到，而且還是一個很漫長的過程，因爲 FPGA 處理的速度在微秒(µs)級或奈秒(ns)級，而按鍵抖動的時間至少延遲幾毫秒。

FPGA 如果在觸點抖動期間檢測按鍵的通斷狀態，則可能判斷出錯，即按鍵一次（按下或釋放）被錯誤地認爲是多次操作，從而引起誤處理。因此，爲了確保 FPGA 對一次按鍵動作只進行一次回應，就必須考慮如何消除按鍵抖動的影響。

按鍵抖動示意圖如圖 8-5 所示（圖中的按鍵信號預設爲低電壓準位，按下爲高電壓準位。若按鍵信號預設爲高電壓準位，按下爲低電壓準位，則按鍵信號的前沿爲負緣(falling edge)，後沿爲正緣(rising edge)）。抖動時間的長短由按鍵的機械特性決定，一般爲 5ms～20ms。這是一個很重要的時間參數，在很多場合都要用到。

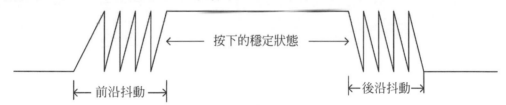

圖 8-5   按鍵抖動示意圖

按鍵穩定閉合時間的長短是由操作人員的按鍵動作決定的，一般爲零點幾秒至數秒。按鍵抖動會引起一次按鍵被誤讀多次。按鍵防彈跳處理的目的，就是要求每按一次鍵，FPGA 能夠正確地檢測到按鍵動作，且僅響應一次。

在處理按鍵抖動的程式中，必須同時考慮消除閉合和斷開兩種情況下的抖動。所以，對於按鍵防彈跳的處理，必須根據最差的情況來考慮。機械式按鍵的抖動次數、抖動時間、抖動波形都是隨機的。不同類型按鍵的最長抖動時間也有差別，抖動時間的長短和按鍵的機械特性有關，按鍵輸出信號的最大跳變時間（正緣(rising edge)和負緣(falling edge)）一般在 20ms 左右。

要實現按鍵防彈跳，可用硬體和軟體兩種方法。常用的硬體方法是在按鍵電路中接入 RC 濾波電路。當電路板上的按鍵較多時，這種方法將導致硬體電路複雜化，不利於降低系統成本和提高系統的穩定性。因此，在 FPGA 電路中通常採用軟體的方法實現按鍵防彈跳。

8.5.2 按鍵防彈跳模組 Verilog HDL 設計

根據按鍵產生的實際信號特性，可以採用下面的思路實現按鍵防彈跳。

（1）初次檢測到按鍵動作時，前沿計數器開始計數，且持續計至 20ms。

（2）當前沿計數器計滿 20ms 後，檢測鬆開按鍵的動作，若檢測到鬆開按鍵的動作，則後沿計數器開始計數，且持續計滿 20ms 後清零。

（3）當前沿計數器及後沿計數器均計滿 20ms 時，前沿計數器清零，開始下一次按鍵動作的檢測。

根據上述設計思路，每檢測到一次按鍵動作，前沿計數器和後沿計數器均會有一次從 0 持續計數至 20ms 的過程。根據任意一個計數器的狀態，如判斷前沿計數器為 1 時，輸出一個時鐘週期的高電壓準位脈衝，即可用於標識一次按鍵動作。

下面是按鍵防彈跳模組的 Verilog HDL 程式碼。

```
//keyshape.v 檔中的程式碼
module keyshape(
    input clk,
    input key_n,
    output reg shape
    );

    reg kt=0;
    reg rs=0;
    reg rf=0;

    always @(posedge clk)
        kt <= key_n;

    always @(posedge clk)
        begin
            rs<=key_n&(!kt);        //正緣(rising edge)檢測信號
            rf<=(!key_n)&kt;        //負緣(falling edge)檢測信號
        end

    wire [27:0] t20ms=28'd1000000;
    reg [27:0] cn_begin=0;
    reg [27:0] cn_end=0;
    always @(posedge clk)
        //按鍵第一次鬆開 20ms 後清零
        if ((cn_begin==t20ms) & (cn_end==t20ms))
            cn_begin <=0;
        //當檢測到按鍵動作，且未計滿 20ms 時計數
        else if ((rf) & (cn_begin<t20ms))
            cn_begin <= cn_begin + 1;
            //當已開始計數，且未計滿 20ms 時計數
```

```
              else if ((cn_begin>0) & (cn_begin<t20ms))
                   cn_begin <= cn_begin + 1;

          always @(posedge clk)
              if (cn_end > t20ms)
                 cn_end <= 0;
              else if (rs & (cn_begin==t20ms))
                   cn_end <= cn_end + 1;
              else if (cn_end>0)
                   cn_end <= cn_end + 1;

          //輸出按鍵防彈跳後的信號
          always @(posedge clk)
           shape<=(cn_begin==1)?1'b1:1'b0;


     endmodule
```

程式中的 rs 和 rf 分別為按鍵信號的正緣(rising edge)及負緣(falling edge)檢測信號，cn_begin 為前沿計數器，cn_end 為後沿計數器。程式的設計思路與上文分析的方法完全一致，讀者可以對照起來理解。

上述程式中的 keyshape 模組用於實現按鍵防彈跳，使得人工每按一次鍵，shape 信號出現一個時鐘週期的高電壓準位脈衝。

8.5.3　將按鍵防彈跳模組整合到碼錶電路中

為便於理解，下面先給出將按鍵防彈跳模組整合到碼錶電路中的程式碼。在碼錶計數模組 watch_counter 的程式碼中，可添加下列程式碼。

```
wire shape;                          //第 1 行
reg sart_stop=0;                     //第 2 行

keyshape u1(                         //第 4 行
    .clk(clk),                       //第 5 行
    .key_n(stop),                    //第 6 行
    .shape(shape));                  //第 7 行

//對防彈跳後的信號進行判斷，產生啟停信號 start_stop
always @(posedge clk)                //第 10 行
    if (shape)                       //第 11 行
        sart_stop <= !sart_stop;     //第 12 行
```

第 4～7 行對按鍵防彈跳模組進行了實例化，模組輸入為人工按鍵的輸入信號 stop，輸出為經過防彈跳處理的 shape 信號。由於 shape 信號在每次按鍵過程中僅出現一次高電壓準位脈衝，因此第 10～12 行對 shape 信號進行判斷，當檢測到 shape 信號為高電壓

準位時，產生迴圈翻轉的啓停信號 start_stop，用於控制後續 0.1s 計數器的計數狀態，最終完成控制碼錶啓停的功能。

完成程式碼設計後，添加接腳約束檔，完成程式編譯，即可將程式下載到 CGD100 開發板上驗證碼錶計數功能。讀者可在本書配套資料中的“\chp8\E8_1_watch1”目錄下查看完整的碼錶電路工程檔。

8.6 ｜ 小結

本章設計了一個簡潔美觀的碼錶電路，並對設計過程進行了詳細的分析。本章的學習要點可歸納爲：

（1）熟悉較複雜電路的功能模組規劃方法，理解自頂向下的 FPGA 工程設計思路。

（2）掌握功能完善的 LED 數碼管驅動模組設計方法。

（3）理解碼錶計數模組設計思路。

（4）掌握按鍵防彈跳原理及 Verilog HDL 設計方法。

（5）完成具備重置及啓停功能的碼錶電路設計。

第 9 章

數位密碼鎖電路設計

數位密碼鎖電路主要包括數位密碼輸入、數位密碼設置，並根據輸入的數位完成開關鎖等功能。本章詳細討論數位密碼鎖電路的 Verilog HDL 設計。

9.1 數位密碼鎖的功能描述

實例 9-1：數位密碼鎖電路設計

本章詳細討論 4 位元數位密碼鎖的 Verilog HDL 設計過程。在開始 Verilog HDL 設計之前，我們先要明確數位密碼鎖的功能要求。

（1）採用 4 位元 LED 數碼管顯示 4 個按鍵的輸入數位，且每位元數位為 0～9 之間的任意一個值。

（2）採用 1 位元 LED 燈顯示當前的開鎖狀態，若處於開鎖狀態，則 LED 燈 lock_open 點亮，否則熄滅。

（3）採用 1 位元 LED 燈顯示當前密碼設置狀態，若處於密碼設置狀態（同時為開鎖狀態），則 LED 燈 ledset 點亮，否則熄滅。

（4）4 個按鍵的鍵值分別在對應的 4 位元 LED 數碼管上顯示，每按一次鍵，數字在 0～9 之間迴圈加 1。

（5）當 4 個按鍵設置的值與鎖的內置密碼一致時，lock_open 點亮，表示鎖已打開，否則 lock_open 熄滅，表示上鎖。

（6）當鎖處於打開狀態時，按下 keyset 鍵，進入密碼設置狀態，此時 ledset 點亮，可通過 4 個按鍵分別設置 4 位元新的密碼值，且密碼值分別在 4 位元 LED 數碼管上顯示。再次按下 keyset 鍵，完成密碼重置，此時 ledset 熄滅。

9.2 規劃好數位密碼鎖的功能模組

9.2.1 數位密碼鎖整體結構框圖

根據第 8 章對碼錶電路的討論，當我們對 Verilog HDL 的基本語法知識比較熟悉之後，Verilog HDL 設計很大程度上在於如何合理規劃各子模組的功能，以及形成合理的子模組設計思路。

在瞭解一項 FPGA 工程需求後，每位工程師都會形成自己的設計思路。工程師的設計經驗越多，設計技巧越好，積累的成熟功能模組越多，形成的設計思路也就越合理，從而為後續提高 Verilog HDL 程式碼設計的效率打下較好的基礎。

圖 9-1 是本章採用的數位密碼鎖 Verilog HDL 結構框圖。

按鍵防彈跳模組 shape.v 完成 5 個按鍵（4 個密碼輸入按鍵，1 個密碼設置按鍵）信號的防彈跳處理。按鍵計數模組 counter.v 根據 4 位元按鍵信號完成 0～9 的迴圈計數。LED 數碼管顯示模組 seg_disp.v 將輸入的 4 位數字顯示在對應的八段 LED 數碼管上。密碼設置模組 PasswordSet.v 完成密碼的設置和比對。

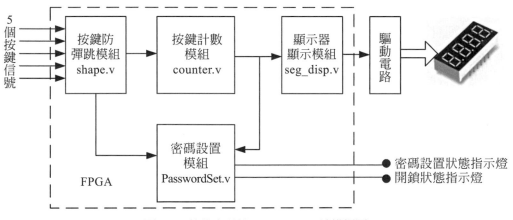

圖 9-1　數位密碼鎖 Verilog HDL 結構框圖

9.2.2 數位密碼鎖的頂層模組設計

為便於讀者更好地理解數位密碼鎖的設計過程，下面先給出數位密碼鎖的頂層 Verilog HDL 程式碼，再分別對每個模組的 Verilog HDL 設計過程進行分析。

```
module password(
    input clk50m,              //系統時鐘信號，50MHz
    input [3:0]key_n,          //4 個按鍵，分別對應 4 個密碼數值
    input keyset_n,            //密碼設置按鍵，控制密碼設置狀態
    output [3:0]seg_s,         //共陽極 LED 數碼管的選通信號
    output [7:0]seg_dp,        //共陽極 LED 數碼管的段碼
```

```
    output ledset,            //密碼設置指示燈，高電壓準位亮，表示處於密碼設置狀態
    output lock_open);        //開鎖狀態指示燈，高電壓準位亮，表示已開鎖

    wire [4:0] key_shape;
    wire [3:0]cn0,cn1,cn2,cn3;

    //按鍵防彈跳模組
    shape u1(
      .clk(clk50m),
      .din({keyset_n,key_n}),
      .dout(key_shape) );

    //計數模組，每按一次鍵，對應數值加 1
    counter u2(
      .clk(clk50m),
      .key_shape(key_shape[3:0]),
      .c0(cn0),
      .c1(cn1),
      .c2(cn2),
      .c3(cn3));

    //密碼設置模組，完成密碼的儲存、開鎖功能
    PasswordSet u3(
      .clk(clk50m),
      .key_shape(key_shape[4]),
      .cn0(cn0),
      .cn1(cn1),
      .cn2(cn2),
      .cn3(cn3),
      .lock_open(lock_open),
      .ledset(ledset));

    //4 個八段 LED 數碼管顯示模組，在 4 個八段 LED 數碼管上採用動態掃描的方式顯示
    seg_disp u4 (
      .clk (clk50m),
      .a({1'b1,cn0}),
      .b({1'b1,cn1}),
      .c({1'b1,cn2}),
      .d({1'b1,cn3}),
      .seg(seg),
      .sel(sel));

endmodule
```

圖 9-2 為數位密碼鎖電路頂層檔的 RTL 原理圖，圖中的模組劃分與圖 9-1 基本一致，請讀者對照起來理解。其中 LED 數碼管顯示模組（u4：seg_disp）與第 8 章的程式

碼完全一致，直接將相關檔複製到本實例的工程項目中，並在頂層檔中對模組實例化使用即可。

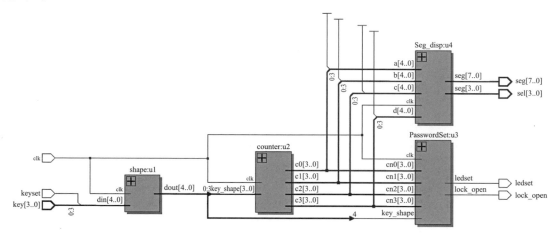

圖 9-2　數位密碼鎖電路頂層檔的 RTL 原理圖

9.3　數位密碼鎖功能子模組設計

9.3.1　按鍵防彈跳模組 Verilog HDL 設計

數位密碼鎖電路中共有 5 輸入按鍵輸入，均需進行按鍵防彈跳處理。由於第 8 章已經完成了單個按鍵防彈跳模組的設計，因此數位密碼鎖中的防彈跳模組只需實例化 5 個按鍵防彈跳模組即可。

shape.v 模組的 Verilog HDL 程式碼如下。

```
//shape.v 檔中的程式碼
module shape(
    input clk,
    input [4:0] din,
    output [4:0] dout
        );

    keyshape u1(
        .clk(clk),
        .key(din[0]),
        .shape(dout[0]));

    keyshape u2(
        .clk(clk),
        .key(din[1]),
        .shape(dout[1]));

    keyshape u3(
```

```
                  .clk(clk),
                   .key(din[2]),
                   .shape(dout[2]));

           keyshape u4(
               .clk(clk),
               .key(din[3]),
               .shape(dout[3]));

           keyshape u5(
                .clk(clk),
                .key(din[4]),
                .shape(dout[4]));
        endmodule
```

　　文件的程式碼比較簡單，對 keyshape.v 檔重複實例化了 5 次，輸入、輸出均為 5bit 信號，1bit 信號對應一個按鍵防彈跳模組。

9.3.2　計數模組 Verilog HDL 設計

　　計數模組完成對按鍵次數的計數功能，經過按鍵防彈跳後的信號使得每按一次鍵僅輸出一個週期的高電壓準位脈衝，因此計數模組可檢測輸入信號的高電壓準位狀態，且每檢測到一次高電壓準位則計數器加 1，控制計數器為十進位計數器即可。實例中需要對 4 個按鍵進行計數，對每個按鍵進行計數的 Verilog HDL 程式碼幾乎一致，下面給出計數模組 counter.v 的 Verilog HDL 程式碼。

```
//counter.v 檔中的程式碼
module counter(
    input clk,
    input [3:0] key_shape,
    output[3:0] c0,c1,c2,c3);

    reg [3:0] cn0,cn1,cn2,cn3;

    always @(posedge clk)
      if (key_shape[0]==1)
          if ( cn0>=9 )
              cn0<=0;
          else
              cn0<=cn0+1;

    always @(posedge clk)
    if (key_shape[1]==1)
        if ( cn1>=9 )
            cn1<=0;
        else
```

```
                    cn1<=cn1+1;

        always @(posedge clk)
            if (key_shape[2]==1)
                if ( cn2>=9 )
                    cn2<=0;
                else
                    cn2<=cn2+1;

        always @(posedge clk)
            if (key_shape[3]==1)
                if ( cn3>=9 )
                    cn3<=0;
                else
                    cn3<=cn3+1;

        assign c0=cn0;
        assign c1=cn1;
        assign c2=cn2;
        assign c3=cn3;

    endmodule
```

　　細心的讀者從上面的程式碼可以看出，輸入信號 key_shape 實際上是計數器的時鐘致能信號。而計數器只不過是驅動時鐘信號為 clk、時鐘致能信號為 key_shape、週期為 10 的計數器而已。或者說，程式的驅動時鐘信號為 50MHz 的時鐘信號 clk，但決定計時間隔的信號為防彈跳後的信號 key_shape。

9.3.3　密碼設置模組才是核心模組

　　前面討論的 LED 數碼管顯示模組（seg_disp.v）、按鍵防彈跳模組（shape.v）、計數器模組（counter.v），或者本身功能比較簡單，或者直接複用以前設計的功能模組，每個模組的設計難度都不大，這實際上也得益於數位密碼鎖電路整體功能模組的劃分比較合理。

　　開鎖及密碼設置等功能是數位密碼鎖的核心功能，這些功能均在密碼設置模組 PasswordSet.v 中實現。

　　為便於讀者理解，我們先給出模組的 Verilog HDL 程式碼，再對程式碼的設計過程進行說明。

```
//PasswordSet.v 檔中的程式碼
module PasswordSet(
    input clk,
    input key_shape,
    output reg lock_open,                              //高電壓準位亮，表示鎖已打開
```

第 9 章 數位密碼鎖電路設計

181

```verilog
    output ledset,                                  //高電壓準位表示處於密碼設置狀態
    input [3:0]cn0,
    input[3:0]cn1,
    input[3:0]cn2,
    input[3:0]cn3);

//設置初始密碼
    reg [3:0] ps0=4;                                //第 13 行
    reg [3:0] ps1=3;                                //第 14 行
    reg [3:0] ps2=2;                                //第 15 行
    reg [3:0] ps3=1;                                //第 16 行

//檢測密碼設置完成的狀態                              //第 18 行
    reg middleset=0;
    reg mid_tem=0;
    always @(posedge clk)
    mid_tem<=middleset;
    wire ps_set;
    assign ps_set=mid_tem&(~middleset);             //第 24 行

//密碼設置完成後，更新當前的密碼
    always @(posedge clk)                           //第 27 行
        if (ps_set) begin
          ps0<=cn0;
          ps1<=cn1;
          ps2<=cn2;
          ps3<=cn3;
          end                                       //第 33 行

        always @(posedge clk)                       //第 34 行
    //當密碼輸入正確時，若檢測到按下密碼設置按鍵，則設置密碼狀態反轉一次
        if ((cn0==ps0)&(cn1==ps1)&(cn2==ps2)&(cn3==ps3)&(key_shape==1))
            middleset<=!middleset;
        else if (key_shape==1)
        //如果密碼輸入不正確，檢測到按下密碼設置按鍵，則始終處於
        //密碼設置完成（無法設置密碼）狀態
            middleset<=0;                           //第 41 行

        //輸出密碼設置狀態指示信號
        assign ledset=middleset;                    //第 44 行

//若密碼輸入正確，則指示鎖打開
    always @(*)                                     //第 47 行
        if ((cn0==ps0)&(cn1==ps1)&(cn2==ps2)&(cn3==ps3))
            lock_open<=1;
        else lock_open<=0;                          //第 50 行
```

endmodule

　　數位密碼鎖的密碼儲存在 4 個 reg 類型的變數 ps0、ps1、ps2、ps3 中，定義這 4 個變數時同時賦初值，作為數位密碼鎖的初始密碼。程式檔中後續的程式碼通過按鍵對這幾個 reg 變數進行修改，從而實現重置密碼的目的。第 47～50 行為密碼比對及開鎖程式碼，當檢測到 4 個輸入信號（根據按鍵進行計數的信號）的值與儲存密碼的 4 個變數的值相同時，指示開鎖狀態的信號 lock_open 置高電壓準位，表示開鎖。

　　程式中的第 34～41 行用於產生密碼設置信號。當檢測到 4 個輸入信號的值與儲存的密碼相同，且密碼設置按鍵按下（key_shape==1）時，middleset 信號反轉一次（定義 middleset 信號初值為 0），否則 middleset 始終為 0。因此，在開鎖狀態下且按下密碼設置按鍵時，middleset 會由低電壓準位轉換成高電壓準位。

　　當 middleset 為高電壓準位時，使用者通過按鍵控制 4 個計數器的值，相當於改變 4 個輸入信號 cn0～cn3 的值。使用者通過按鍵設置好新的密碼時，再次按下密碼設置按鍵（key_shape==1），根據第 41 行，middleset 由高電壓準位轉換成低電壓準位。此時，middleset 相當於產生了一個負緣(falling edge)信號，根據第 18～24 行，ps_set 將產生一個週期的高電壓準位脈衝。再根據第 27～33 行，儲存密碼的變數 ps0、ps1、ps2、ps3 分別更新為 4 個輸入信號 cn0、cn1、cn2、cn3 的值，從而完成密碼的重置。

　　完成程式碼設計後，添加接腳約束檔，經程式編譯後，即可將程式下載到 CGD100 開發板上驗證數位密碼鎖電路的功能。讀者可在本書配套資料中的“\chp9\E9_1_password”目錄下查看完整的數位密碼鎖電路工程檔。

9.4　小結

　　本章詳細討論了數位密碼鎖電路的 Verilog HDL 設計，學習要點可歸納為：
　　（1）理解數位密碼鎖電路的整體設計思路。
　　（2）熟悉應用成熟模組完成工程實例設計的方法。
　　（3）理解密碼設置模組的 Verilog HDL 設計過程。
　　（4）完成數位密碼鎖電路的設計及板載測試。

第 10 章

簡易電子琴電路設計

　　電子琴電路是很多 FPGA 學習者喜聞樂見的實例電路。通過控制方波信號的頻率驅動蜂鳴器產生不同音調的聲音，即可實現電子琴電路的基本功能。本章詳細討論簡易電子琴電路的 Verilog HDL 設計。該電子琴可實現人工琴鍵演奏以及自動播放樂曲的功能。

10.1　音符產生原理

　　樂曲都是由一連串的音符組成的，按照樂曲的樂譜依次輸出這些音符所對應的頻率，就可以在揚聲器上連續地發出各個音符的音調。為了準確地演奏一首樂曲，僅僅讓揚聲器發出聲音是遠遠不夠的，還必須準確地控制樂曲的節奏，即每個音符的持續時間。由此可見，樂曲中每個音符的發音訊率以及音符持續的時間是樂曲能夠連續演奏的兩個關鍵因素。

　　樂曲的 12 平均律規定：每 2 個八度音之間的頻率相差約 1 倍，比如簡譜中的低音1 與高音 1 的頻率分別為 262Hz 和 523Hz。在 2 個八度音之間，又可分為 12 個半音。另外，音符 A（簡譜中的低音 5）的頻率為 392Hz，音符 E 到 F 之間、B 到 C 之間為半音，其餘為全音。由此可以計算出簡譜中從低音 1 至高音 7 之間每個音符的頻率。簡譜音名與頻率的對應關係如表 10-1 所示。

表 10-1　簡譜音名與頻率的對應關係

音　　名	頻率（Hz）	音　　名	頻率（Hz）	音　　名	頻率（Hz）
低音 1	262	中音 1	523	高音 1	1047
低音 2	296	中音 2	587	高音 2	1175
低音 3	330	中音 3	659	高音 3	1319
低音 4	350	中音 4	698	高音 4	1397
低音 5	392	中音 5	784	高音 5	1568
低音 6	440	中音 6	880	高音 6	1760
低音 7	494	中音 7	988	高音 7	1976

　　根據音符產生原理，產生各音符所需的頻率可以使用分頻器來得到，由於各音符對應的頻率多為非整數，而分頻係數又不能為小數，所以必須將計算得到的分頻數四捨五入取整數。若分頻器時鐘頻率過低，則由於分頻係數過小，四捨五入取整數後的誤差較大；若分頻器時鐘頻率過高，雖然誤差變小，但分頻係數將會變大。在實際的設計中應綜合考慮這兩方面的因素，在儘量減小頻率誤差的前提下取合適的時鐘頻率。實際上，只要各個音符間的相對頻率關係不變，演奏出的樂曲聽起來就不會走調。

　　CGD100 開發板上的晶振時鐘頻率為 50MHz，設置分頻器的基準頻率為 1.5625MHz。在具體設計 Verilog HDL 程式時，可以首先設計 32 倍的分頻器產生 1.5625MHz 的時鐘信號 sysclk，然後對該信號進行分頻，產生所需要頻率的音符信號。

　　產生音符的方法有多種，一種比較簡單的方法是對 sysclk 進行迴圈計數，當計滿一個週期時對音符頻率信號取一次反。由於信號翻轉 2 次才為一個週期，因此採用這種方法得到的計數週期為音符週期的一半。比如要產生 523Hz 的中音 1 信號，則分頻器的計數週期為 1.5625MHz÷2÷523MHz=1494。簡譜音名對應的分頻器計數週期如表 10-2 所示。

表 10-2　簡譜音名對應的分頻器計數週期

音　名	頻率（Hz）	計 數 周 期	音　名	頻率（Hz）	計 數 周 期
低音 1	262	2982	中音 5	784	996
低音 2	296	2639	中音 6	880	888
低音 3	330	2367	中音 7	988	791
低音 4	350	2232	高音 1	1047	746
低音 5	392	1993	高音 2	1175	665
低音 6	440	1776	高音 3	1319	592
低音 7	494	1582	高音 4	1397	559
中音 1	523	1494	高音 5	1568	498
中音 2	587	1331	高音 6	1760	444
中音 3	659	1186	高音 7	1976	395
中音 4	698	1119			

10.2　琴鍵功能電路設計

10.2.1　頂層模組設計

實例 10-1：琴鍵功能電路頂層模組設計

　　CGD100 開發板上共有 8 個按鍵，可以採用其中的 7 個按鍵分別產生 7 個中音音符。為了進一步討論 Verilog HDL 語法中的 if...else 使用方法，我們僅使用 5 個按鍵來實現 7 個中音音符，讀者在理解電子琴設計原理之後，可以自行修改程式碼，採用 7 個按鍵分別產生 7 個中音音符。

　　爲了採用 5 個按鍵實現 7 個中音音符的聲音效果，除 5 個按鍵（key0、key1、key2、key3、key4）分別代表一個中音音符（中音 1～5）外，另外設置同時按 key0、key1 時產生中音 6，設置同時按下 key0、key2 時產生中音 7。

　　經過前面的分析可知，琴鍵功能電路的核心仍然是計數器。只需要根據不同的按鍵順序設計不同的計數週期，再根據計數值進行分頻即可產生按鍵所對應的音符信號。

　　琴鍵功能電路的設計思路並不複雜，但在編寫 Verilog HDL 程式碼時仍需要合理考慮電路模組的通用性、功能獨立性、可擴展性，以及考慮如何使信號功能更加明確、易於使用。

　　根據表 10-2，由於音符分高、中、低 3 種音調，每種單調共 7 個音符，可以採用 2 個信號分別表示音調及音符，輸入時鐘頻率設置爲 1.625MHz。因此，設計音符產生模組（note.v）的輸入爲 1.5625MHz 的時鐘信號 sysclk、音調信號 tone[1:0]、音符信號 num[2:0]，輸出爲對應頻率的音符 beep。

　　琴鍵模組（key_piano.v）的功能在於根據按鍵狀態，設置對應的音調信號 tone[1:0] 及音符信號 num[2:0]。

　　對於完整的琴鍵功能電路來講，還需設計一個頂層檔 Synthesizer0.v，在文件中實例化 note.v 及 key_piano.v，並將 50MHz 的晶振時鐘分頻產生 1.5625MHz 的時鐘信號。

　　頂層文件 Synthesizer0.v 中的 Verilog HDL 程式碼如下。

```
//Synthesizer0.v 中的程式碼
module Synthesizer0(
        input clk50m,                    //系統時鐘信號，50MHz
        //5 個按鍵，對應 5 個中音音符，key_n[1:0]=2'b11 時爲中音 6，{key_n[2]、key_n[0]}=2'b11
時爲中音 7
        input [4:0]key_n,
        //顯示當前音符：led[7:1]分別代表音符 1~7，led[0]熄滅時代表低音
        //led[0]點亮時代表中音，led[0]以 4Hz 閃爍時代表高音
        output [7:0] led,
        output beep);                    //蜂鳴器，輸出對應頻率的音符

        reg [4:0] cnt_sys=0;
        wire sysclk;
        wire [2:0] num_key;
        wire [1:0] tone_key;

        //對 clk50m 進行 32 分頻，得到 1.5625MHz 時鐘信號 sysclk
        always @(posedge clk50m)
          cnt_sys <= cnt_sys+1;

        assign sysclk = cnt_sys[4];

        //琴鍵模組
        key_piano u1(
          .key_n(key_n),                 //5 個按鍵
```

```
                .tone(tone_key),              //00 代表低音，01 代表中音，10 代表高音
                .num(num_key));               //代表音符 1~7


            //音符產生模組
            note u2(
                .sysclk(sysclk),              //系統時鐘信號，1.5625MHz
                .tone(tone_key),              //音調，00-低音，01-中音，10-高音
                .num(num_key),                //音符，001~111 分別代表音符 1~7
                .led(led),                    //顯示當前音符
                .beep(beep));                 //蜂鳴器

        endmodule
```

10.2.2　琴鍵模組設計

　　琴鍵模組可以完全用組合邏輯電路來實現，只需根據按鍵狀態輸出對應頻率的音調及音符即可。由於 CGD100 開發板上的獨立按鍵只有 5 個，為實現 7 個中音音符的輸出，音符 6、7 採用了組合按鍵的方法實現。正由於組合按鍵功能的設計，我們可以重新理解一下 if…else 語句本身具有的優先順序電路描述特性。

```
        //key_piano.v 中的程式碼
        module key_piano(                                         //第 1 行
    //5 個按鍵對應 5 個中音音符，key_n[1:0]=2'b11 時為中音 6，{key_n[2],key_n[0]}=2'b11 時為中音 7
    input [4:0]key_n,
            output [1:0] tone,                                    //00 代表低音，01 代表中音，10 代表高音
            output reg [2:0] num);                                //1~7 分別代表音符 1~7


            assign tone = 2'd1;                                   //通過按鍵產生中音


            //根據按鍵狀態，產生相應的音調及音符
            always @(*)                                           //第 10 行
                if (key_n[1:0]==2'b00) num <= 3'd6;               //第 11 行
                else if ({key_n[2],key_n[0]}==2'b00) num <= 3'd7; //第 12 行
                else if (!key_n[0]) num <= 3'd1;                  //第 13 行
                else if (!key_n[1]) num <= 3'd2;                  //第 14 行
                else if (!key_n[2]) num <= 3'd3;                  //第 15 行
                else if (!key_n[3]) num <= 3'd4;                  //第 16 行
                else if (!key_n[4]) num <= 3'd5;                  //第 17 行
                else num <= 3'd0;                                 //第 18 行

        endmodule
```

　　由於該模組為組合邏輯電路，因此沒有時鐘輸入信號。琴鍵模組的關鍵程式碼為第 10～18 行，採用 always 區塊描述及 if…else 語句完成琴鍵功能。第 1 條 if 語句用於判斷 key_n[1:0]是否為 2'b11，即 key_n[1]、key_n[0]是否同時按下，若按下，則輸出對應

的音符 6。根據 if…else 的語法規則，這條語句的優先順序別最高，若成立，則後面的語句不再執行。當 key_n[1:0]不為 2'b11 時，第 12 行再判斷 key_n[2]、key_n[0]是否同時按下，若按下，則輸出對應的音符 7，且後面的語句不再執行。而後依次判斷是否有單個按鍵按下，若有某個按鍵按下，則輸出按鍵對應的音符，且 key_n[0]~key_n[4]的優先順序依次降低。

　　根據上述程式碼的設計原理，若某時刻僅按下某一個按鍵，則輸出該按鍵對應的音符；若某時刻同時按下 2 個及以上按鍵，則首先判斷是否為音符 6，其次判斷是否為音符 7，再次根據 5 個按鍵的優先順序輸出優先順序最高的按鍵對應的音符。因此，上述程式碼可以正確地完成按鍵產生對應音符的功能。

　　如果將上述程式碼中對按鍵的判斷順序調整一下，先判斷音符 1～5，再判斷音符 6～7，形成的程式碼如下。

```
//修改後的程式碼
    always @(*)                                      //第 10 行
    if (!key_n[0]) num <= 3'd1;                      //第 11 行
    else if (!key_n[1]) num <= 3'd2;                 //第 12 行
    else if (!key_n[2]) num <= 3'd3;                 //第 13 行
    else if (!key_n[3]) num <= 3'd4;                 //第 14 行
    else if (!key_n[4]) num <= 3'd5;                 //第 15 行
    else if (!key_n[1:0]==2'b00) num <= 3'd6;        //第 16 行
    else if ({key_n[2],key_n[0]}==2'b00) num <= 3'd7;//第 17 行
else num <= 3'd0;                                    //第 18 行
```

　　大家思考一下，修改後的程式碼可以產生音符 6 和音符 7 嗎？

　　當某時刻同時按下 key_n[1]和 key_n[0]時，程式設計的目的是 num 輸出 3'd6，實際上程式執行到第 11 行時，由於 key_n[0]為 1'b0，num 輸出為 3'd1，不再執行後面的語句。因此，當某時刻同時按下 key_n[1]和 key_n[0]時，num 輸出 3'd1，無法輸出 3'd6。同理，程式也始終無法輸出 3'd7 的狀態，即無法產生音符 7。這正是由於 if…else 描述的語句具有優先順序，當兩個按鍵同時按下時，由於第 11～15 行必定有一條語句滿足條件，程式也就不會執行到第 16、17 行。

10.2.3　音符產生模組設計

　　根據前面討論的音符產生原理，音符產生模組 note.v 的核心就是具有不同分頻比的分頻器，而分頻器的實質就是計數器。音符產生模組 note.v 的核心功能在於根據輸入的音調信號 note[1:0]和音符信號 num[2:0]實現對 1.5625MHz 時鐘信號 sys_clk 的分頻。下面是 note.v 模組的程式碼。

```
//note.v 模組程式碼
module note(
        input sysclk,                    //系統時鐘信號，1.5625MHz
        input [1:0] tone,                //音調，00-低音，01-中音，10-高音
        input [2:0] num,                 //音符，001~111 分別代表音符 1~7
```

```verilog
//顯示當前音符：led[7:1]分別代表音符 1~7，led[0]熄滅時代表低音,led[0]點亮時代表中音
//led[0]以 4Hz 頻率閃爍時代表高音
    output reg [7:0] led,
    output beep);                                          //蜂鳴器


 reg [11:0] cnt_note=0;
reg [11:0] number=0;
reg beep_tem=0;

reg f4=0;
reg [17:0] cnt4hz=0;


//通過分頻器產生 4Hz 頻率信號
always @(posedge sysclk)                                //第 19 行
    if (cnt4hz<203124)
        cnt4hz <= cnt4hz + 1;
    else begin
        cnt4hz <= 0;
        f4 <= !f4;
        end                                            //第 25 行


//根據輸入的音調及音符，設置相應的計數週期
always @(*)                                              //第 28 行
    case ({tone,num})
        5'b00_001: begin number <= 12'd2982; led[0] <= 0;   led[7:1] <= 7'b0000001; end
        5'b00_010: begin number <= 12'd2639; led[0] <= 0;   led[7:1] <= 7'b0000010; end
        5'b00_011: begin number <= 12'd2367; led[0] <= 0;   led[7:1] <= 7'b0000100; end
        5'b00_100: begin number <= 12'd2232; led[0] <= 0;   led[7:1] <= 7'b0001000; end
        5'b00_101: begin number <= 12'd1993; led[0] <= 0;   led[7:1] <= 7'b0010000; end
        5'b00_110: begin number <= 12'd1776; led[0] <= 0;   led[7:1] <= 7'b0100000; end
        5'b00_111: begin number <= 12'd1582; led[0] <= 0;   led[7:1] <= 7'b1000000; end
        5'b01_001: begin number <= 12'd1494; led[0] <= 1;   led[7:1] <= 7'b0000001; end
        5'b01_010: begin number <= 12'd1331; led[0] <= 1;   led[7:1] <= 7'b0000010; end
        5'b01_011: begin number <= 12'd1186; led[0] <= 1;   led[7:1] <= 7'b0000100; end
        5'b01_100: begin number <= 12'd1119; led[0] <= 1;   led[7:1] <= 7'b0001000; end
        5'b01_101: begin number <= 12'd996;  led[0] <= 1;   led[7:1] <= 7'b0010000; end
        5'b01_110: begin number <= 12'd888;  led[0] <= 1;   led[7:1] <= 7'b0100000; end
        5'b01_111: begin number <= 12'd791;  led[0] <= 1;   led[7:1] <= 7'b1000000; end
        5'b10_001: begin number <= 12'd746;  led[0] <= f4; led[7:1] <= 7'b0000001; end
        5'b10_010: begin number <= 12'd665; led[0] <= f4; led[7:1] <= 7'b0000010; end
        5'b10_011: begin number <= 12'd592;  led[0] <= f4; led[7:1] <= 7'b0000100; end
        5'b10_100: begin number <= 12'd559;  led[0] <= f4; led[7:1] <= 7'b0001000; end
        5'b10_101: begin number <= 12'd498;  led[0] <= f4; led[7:1] <= 7'b0010000; end
        5'b10_110: begin number <= 12'd444;  led[0] <= f4; led[7:1] <= 7'b0100000; end
        5'b10_111: begin number <= 12'd395;  led[0] <= f4; led[7:1] <= 7'b1000000; end
        default :   begin number <= 12'd0;       led[0] <= f4; led[7:1] <= 7'b0000000; end
```

```
    endcase                                      //第 52 行

        //對 sysclk 進行分頻，得到對應頻率的音符信號 beep
        assign beep = beep_tem;
        always @(posedge sysclk)                 //第 56 行
            if (cnt_note < (number-1))
                cnt_note <= cnt_note+1;
            else begin
                cnt_note <= 0;
                beep_tem <= !beep_tem;           //第 61 行
                end                              //第 62 行

    endmodule
```

為了增強電子琴的聲光效果，程式設計了 LED 燈來顯示當前的音符狀態。完整的高、中、低音共 27 個音符，由於 CGD100 僅 8 個 LED 燈，因此採用 LED[0]來表示 3 個不同的音調。當 LED[0]為 0 時表示低音，為 1 時表示中音，以 4Hz 頻率閃爍時為高音。程式中的第 19～25 行通過分頻器產生了頻率為 4Hz 的信號 f4。

根據表 10-2，不同的音符（音名）對應不同的計數週期，即不同的分頻比。第 29～52 行程式碼為一個 case 語句，根據 tone 和 num 的值設置計數器 cnt_note 的週期 number 及 LED 的狀態。這段程式碼的本質是第 5 章討論的解碼器電路。

第 56～62 行描述了一個週期為 number 的計數器 cnt_note，而 number 的值是由 tone 和 num 的值確定的。第 61 行生成音符信號 beep_tem，並送至模組的埠作為 beep 信號輸出。

至此，琴鍵功能電路的 Verilog HDL 程式碼就編寫完成了。新建接腳約束檔，重新編譯器，即可下載到開發板上開始彈奏屬於自己的電子琴了。

讀者可以在開發板配套資料中的"\Chp10\Synthesizer0"目錄下查閱完整的工程檔。

10.3　自動演奏樂曲《梁祝》

10.3.1　自動演奏樂曲的原理

音符的持續時間必須根據樂曲的演奏速度及每個音符的節拍數來確定。因此，要控制音符的音長，就必須知道樂曲的速度和每個音符所對應的節拍數。如果將全音符的持續時間設為 1s 的話，一拍應該持續的時間為 0.25s，則只需要提供一個 4Hz 的時鐘頻率即可產生四分音符的時長。

至於音長的控制，在自動演奏模組中，每個樂曲的音符是按位址存放的，播放樂曲時按 4Hz 的時鐘頻率依次讀取簡譜，每個音符的持續時間為 0.25s。如果樂譜中某個音符為三拍音長，則只需連續讀取 3 個相同的音符即可。同理，連續讀取 4 個相同的音符就可以產生四拍音長。

比如，要產生圖 10-1 所示的一段樂曲，則需要以 4Hz 的頻率依次讀取的音符為：
低音 3、低音 3、低音 3、低音 3、低音 5、低音 5、低音 5、低音 6、中音 1、中音 1、
中音 1、中音 2、低音 6、中音 1、低音 5、低音 5。

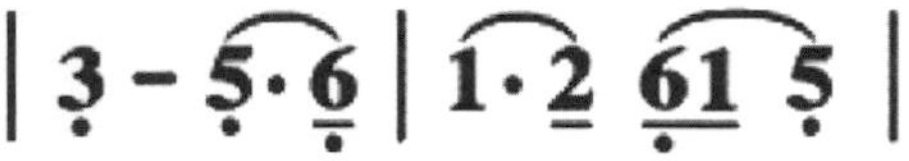

圖 10-1　《梁祝》中的一段簡譜

10.3.2　自動演奏樂曲《梁祝》片段

樂曲《梁祝》的一段簡譜如圖 10-2 所示。

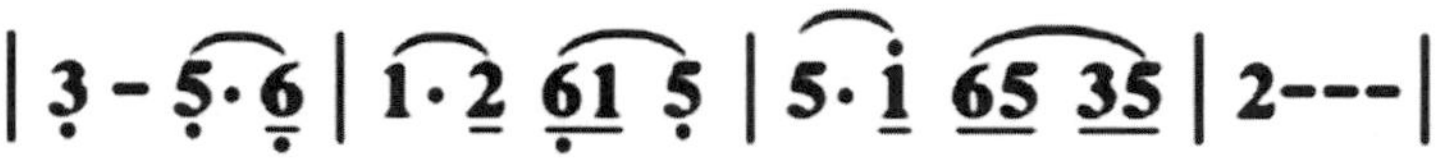

圖 10-2　樂曲《梁祝》的一段簡譜

根據前面對樂曲演奏原理的討論，採用 FPGA 實現《梁祝》片段的演奏，只需根據
簡譜依次產生相應的音符即可。由於本章前面已經完成了音符電路模組的 Verilog HDL
設計，輸出音調 tone[1:0] 及音符 num[2:0] 即可產生相應的聲音，因此接下來編寫的樂曲
演奏模組只需根據圖 10-2 依次輸出對應的 tone 及 num 信號即可。

樂曲演奏模組 music.v 的 Verilog HDL 程式碼如下。

```
//music.v 程式碼
module music(
        input sysclk,                  //系統時鐘信號，1.5625MHz
        output reg [1:0] tone,         //音調，00-低音，01-中音，10-高音
        output reg [2:0] num);         //音符，001~111 分別代表音符 1~7

     reg [11:0] cnt_note=0;
    reg [11:0] number=0;

    reg clk_f4=0;
    reg [17:0] cnt4hz=0;
    reg [7:0] cn_music=0;

    //通過分頻器產生 4Hz 頻率信號
    always @(posedge sysclk)
        if (cnt4hz<203124)
            cnt4hz <= cnt4hz + 1;
        else begin
            cnt4hz <= 0;
            clk_f4 <= !clk_f4;
            end

    //產生樂曲片段長度的計數器，迴圈計數，實現迴圈播放
```

```verilog
always @(posedge clk_f4)
    if (cn_music < 90)
        cn_music <= cn_music + 1;
    else
        cn_music <= 0;

//根據樂譜輸出音調及音符資料
always @(posedge clk_f4)
    case (cn_music)
            'd0: begin tone<=0; num <= 3; end
            'd1: begin tone<=0; num <= 3; end
            'd2: begin tone<=0; num <= 3; end
            'd3: begin tone<=0; num <= 3; end
            'd4: begin tone<=0; num <= 5; end
            'd5: begin tone<=0; num <= 5; end
            'd6: begin tone<=0; num <= 5; end
            'd7: begin tone<=0; num <= 6; end
            'd8: begin tone<=1; num <= 1; end
            'd9: begin tone<=1; num <= 1; end
            'd10: begin tone<=1; num <= 1; end
            'd11: begin tone<=1; num <= 2; end
            'd12: begin tone<=0; num <= 6; end
            'd13: begin tone<=1; num <= 1; end
            'd14: begin tone<=0; num <= 5; end
            'd15: begin tone<=1; num <= 5; end
            'd16: begin tone<=1; num <= 5; end
            'd17: begin tone<=1; num <= 5; end
            'd18: begin tone<=2; num <= 1; end
            'd19: begin tone<=1; num <= 6; end
            'd20: begin tone<=1; num <= 5; end
            'd21: begin tone<=1; num <= 3; end
            'd22: begin tone<=1; num <= 5; end
            'd23: begin tone<=1; num <= 2; end
            'd24: begin tone<=1; num <= 2; end
            'd25: begin tone<=1; num <= 2; end
            'd26: begin tone<=1; num <= 2; end
            'd27: begin tone<=1; num <= 2; end
            'd28: begin tone<=1; num <= 2; end
            'd29: begin tone<=1; num <= 2; end
            'd30: begin tone<=1; num <= 2; end
            'd31: begin tone<=1; num <= 2; end
            'd32: begin tone<=1; num <= 2; end
            'd33: begin tone<=1; num <= 2; end
            'd34: begin tone<=1; num <= 2; end
            'd35: begin tone<=1; num <= 3; end
            'd36: begin tone<=0; num <= 7; end
```

```
'd37: begin tone<=0; num <= 6; end
'd38: begin tone<=0; num <= 5; end
'd39: begin tone<=0; num <= 5; end
'd40: begin tone<=0; num <= 6; end
'd41: begin tone<=1; num <= 1; end
'd42: begin tone<=1; num <= 1; end
'd43: begin tone<=1; num <= 2; end
'd44: begin tone<=1; num <= 2; end
'd45: begin tone<=0; num <= 3; end
'd46: begin tone<=0; num <= 3; end
'd47: begin tone<=1; num <= 1; end
'd48: begin tone<=1; num <= 1; end
'd49: begin tone<=0; num <= 6; end
'd50: begin tone<=0; num <= 5; end
'd51: begin tone<=0; num <= 6; end
'd52: begin tone<=1; num <= 1; end
'd53: begin tone<=0; num <= 5; end
'd54: begin tone<=2; num <= 1; end
'd55: begin tone<=1; num <= 5; end
'd56: begin tone<=0; num <= 5; end
'd57: begin tone<=0; num <= 5; end
'd58: begin tone<=0; num <= 5; end
'd59: begin tone<=0; num <= 5; end
'd60: begin tone<=0; num <= 5; end
'd61: begin tone<=0; num <= 5; end
'd62: begin tone<=0; num <= 5; end
'd63: begin tone<=0; num <= 5; end
'd64: begin tone<=0; num <= 5; end
'd65: begin tone<=0; num <= 5; end
'd66: begin tone<=0; num <= 5; end
'd67: begin tone<=1; num <= 3; end
'd68: begin tone<=1; num <= 3; end
'd69: begin tone<=1; num <= 3; end
'd70: begin tone<=1; num <= 3; end
'd71: begin tone<=0; num <= 5; end
'd72: begin tone<=0; num <= 7; end
'd73: begin tone<=0; num <= 7; end
'd74: begin tone<=1; num <= 2; end
'd75: begin tone<=1; num <= 2; end
'd76: begin tone<=0; num <= 6; end
'd77: begin tone<=1; num <= 1; end
'd78: begin tone<=0; num <= 5; end
'd79: begin tone<=0; num <= 5; end
'd80: begin tone<=0; num <= 5; end
'd81: begin tone<=0; num <= 5; end
'd82: begin tone<=0; num <= 5; end
```

```
                'd83: begin tone<=0; num <= 5; end
                'd84: begin tone<=1; num <= 5; end
                'd85: begin tone<=1; num <= 5; end
                'd86: begin tone<=0; num <= 6; end
                'd87: begin tone<=1; num <= 1; end
                'd88: begin tone<=0; num <= 5; end
                'd89: begin tone<=0; num <= 5; end
                'd90: begin tone<=0; num <= 5; end
                default :    begin tone<=0; num <= 5; end
            endcase

        endmodule
```

10.4　完整的電子琴電路設計

前面已完成了琴鍵功能電路的設計，以及自動演奏《梁祝》樂曲的模組。根據 music.v 模組的功能，只需輸入 1.5625MHz 的時鐘信號，即可自動輸出《梁祝》樂曲，驅動蜂鳴器實現樂曲的自動播放。因此，接下來我們只需要將兩個功能整合在一個項目中即可。

修改 synthesizer 專案的頂層檔，通過按鍵 key[4:3]來控制琴鍵功能及自動演奏功能之間的切換。當 key[4:3]同時按下時，CGD100 自動演奏《梁祝》樂曲，否則實現琴鍵功能。修改後的頂層檔程式碼如下。

```
//完整的電子琴電路 Verilog HDL 程式碼
module Synthesizer1(
    input clk50m,                         //系統時鐘信號，50MHz
    //實現琴鍵功能時，5 個按鍵分別對應 5 個中音音符
    //key_n[1:0]=2'b00 時為中音 6，{key_n[2]、key_n[0]}=2'b00 時為中音 7
    input [4:0]key_n,
    input key_music,                      //按下時（低電壓準位）播放單音樂，否則為琴鍵功能
    //顯示當前音符：led[7:1]分別代表音符 1~7，
    //led[0]熄滅時代表低音，led[0]點亮時代表中音，led[0]以 4Hz 閃爍時代表高音
    output [7:0] led,
    output beep);                         //蜂鳴器

    wire sysclk;
      reg [4:0] cnt_sys=0;
      wire [2:0] num_key,num_music;
    wire [1:0] tone_key,tone_music;
      reg [2:0] num_note;
      reg [1:0] tone_note;

    //對 clk50m 進行 32 分頻，得到 1.5625MHz 時鐘信號 sysclk
    always @(posedge clk50m)
        cnt_sys <= cnt_sys+1;
```

```verilog
    assign sysclk = cnt_sys[4];

//如果 key_music 按下，則自動播放樂曲，否則為琴鍵功能
always @(*)
    if (!key_music) begin
            tone_note <= tone_music;
            num_note <= num_music;
            end
        else begin
            tone_note <= tone_key;
            num_note <= num_key;
            end

//琴鍵模組
    key_piano u1(
        .key_n(key_n),
        .tone(tone_key),                  //00 代表低音，01 代表中音，10 代表高音
        .num(num_key));                   //1~7 分別代表音符 1~7

//音符產生模組
    note u2(
        .sysclk(sysclk),                  //系統時鐘信號，1.5625MHz
        .tone(tone_note),                 //音調，00 代表低音，01 代表中音，10 代表高音
    .num(num_note),                       //音符，001~111 分別代表音符 1~7
        .led(led),
        .beep(beep));                     //蜂鳴器

    //樂曲演奏模組
    music u3(
        .sysclk(sysclk),
        .tone(tone_music),
        .num(num_music));

    endmodule
```

　　完成程式碼設計後，添加接腳約束檔，完成程式編譯，即可將程式下載到開發板上驗證電子琴電路功能。讀者可在本書配套資料中的"\chp10\synthesizer1"目錄下查看完整的電子琴電路工程檔。

10.5　小結

本章詳細討論了電子琴電路的 Verilog HDL 設計。本章的學習要點可歸納爲：
（1）理解電子琴電路的整體設計思路。
（2）掌握音符產生的原理。
（3）理解琴鍵模組及樂曲演奏模組的 Verilog HDL 設計過程。
（4）完成電子琴電路的設計及板載測試。

第 11 章

應用廣泛的串列埠通訊電路

本章首先討論串列埠通訊電路的基本原理及 Verilog HDL 設計方法，而後詳細討論採用串列埠通訊方式，通過電腦控制碼錶電路的 Verilog HDL 設計過程。

11.1 RS-232 串列埠通訊的概念

串列埠通訊協定是電腦上一種通用的設備通信協定，大多數電腦包含兩個基於 RS-232 協定的串列埠。串列埠通訊協定也是儀器儀錶設備通用的通信協定，可以用於獲取遠端採集設備的資料。為使電腦、手機及其他通信設備互相通信，目前已經對串列通信建立了幾個一致的概念和標準。這些概念和標準涉及三個方面：傳輸速率、電特性、信號名稱和介面標準。

串列埠通訊的概念非常簡單，串列埠按位元（bit）發送和接收位元組（Byte）。儘管按位元組傳輸的串列通信速度較低，但是串列埠可以在使用一根資料線發送資料的同時用另一根資料線接收資料。串列埠通訊很簡單並且能夠實現較長距離通信，比如 IEEE488 定義串列埠通訊的長度可達 1200 m。串列埠用於 ASCII 碼字元的傳輸時，通常使用 3 根線：地線、發送資料線、接收資料線。由於串列埠通訊是非同步的，因而埠能夠在一根線上發送資料的同時在另一根線上接收資料。完整的串列埠通訊還定義了用於連結的介面。串列埠通訊最重要的參數是串列傳輸速率、資料位元、停止位元和同位檢查位元。對於兩個相互通信的埠，這些參數必須匹配。

1）串列傳輸速率

串列傳輸速率是一個衡量通信速度的參數，表示每秒傳送的符號個數。當每個符號只有 2 種狀態時，則每個符號表示 1 位元資訊，此時串列傳輸速率表示每秒傳送的位數。例如，300 波特表示每秒傳送 300 位元資料。我們提到的時鐘週期，就是指串列傳輸速率參數（例如，如果協定需要 4800bit/s 的串列傳輸速率，那麼時鐘頻率就是 4800Hz）。這意味著串列埠通訊在資料線上的抽樣頻率為 4800Hz。標準串列傳輸速率包括 110bit/s、300bit/s、600bit/s、1200bit/s、4800bit/s、9600bit/s 和 19200bit/s。大多數埠的接收串列傳輸速率和發送串列傳輸速率可以分別設置，而且可以通過程式設計來指定。

2）數據位元

資料位元是衡量串列埠通訊中每次傳送的實際位數的參數。當電腦發送一個資訊包時，實際的資料不一定全是 8 位元的，標準的值有 4 位的、5 位的、6 位的、7 位的和 8 位的。如何設置取決於使用者傳送的資訊。例如，標準的 ASCII 碼是 0～127（7 位）。擴展的 ASCII 碼是 0～255（8 位）。如果資料使用簡單的文本（標準 ASCII 碼），那麼每個資料包使用 7 位元資料，包括起始位元和停止位元、資料位元和同位檢查位元。

3）停止位元

停止位元指單個資料包的最後 1 位元資料，是單個資料包的結束標誌。典型的值為 1 位、1.5 位和 2 位。由於資料是在傳輸線上定時的，並且每一個設備都有自己的時鐘，在通信中的兩台設備間會出現不同步，因此停止位不僅僅表示傳輸的結束，而且提供電腦校正時鐘同步的機會。停止位的位數越多，對收、發時鐘同步的容忍程度越大，資料的傳輸效率就越低。

4）同位檢查位元

同位是串列埠通訊中的一種簡單的檢錯方式，包括奇數同位檢查、偶校驗、高電壓準位校驗、低電壓準位校驗。當然，沒有校驗位也可以進行正常通信。對於需要進行同位的情況，串列埠會設置校驗位元（資料位元後面的一位元），用一位元來確保傳輸的資料有偶數個或者奇數個邏輯高電壓準位位元。例如，如果資料是 011，那麼對於偶校驗，校驗位元為 0，保證邏輯高電壓準位的位元數是偶數個；對於奇數同位檢查，校驗位元為 1，這樣整個資料單元就有奇數個（3 個）邏輯高電壓準位位元。高電壓準位校驗和低電壓準位校驗不檢查傳輸的資料單元，只是簡單地將校驗位元設為邏輯高電壓準位或者邏輯低電壓準位，這樣就使得接收設備能夠知道 1 位元的狀態，有機會判斷是否有雜訊幹擾了通信或者收、發雙方出現了不同步現象。

11.2　串列埠硬體電路原理分析

在 FPGA 平臺上採用 Verilog HDL 語言實現串列埠通訊的收、發功能，即實現電腦串列埠與 CGD100 開發板之間的串列埠資料傳輸。要求 FPGA 電路板能同時通過 RS-232 串列埠發送字元資料，並接收來自電腦的字元資料；資料傳輸速率為 9600bit/s；停止位元為 1 位元，資料位元為 8 位元，無同位檢查位元；系統時鐘頻率為 50 MHz；電路板同時將接收到的資料通過串列埠向電腦發送。

為簡化設計，本實例只使用了串列埠通訊中的三根信號線（發送資料線、接收資料線、地線），沒有使用連結信號。CGD100 開發板上的串列埠電路原理圖如圖 11-1 所示。

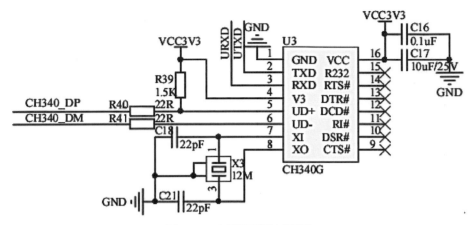

圖 11-1　串列埠電路原理圖

　　開發板上的串列埠電路採用的是 USB 轉串列埠晶片 CH340G。CH340G 晶片內部已整合了收發緩衝器，需外接晶振及極少的週邊電路，使用簡單、性能穩定。圖 11-1 左側的 CH340_DP、CH340_DM 信號線接 USB 插座，可直接通過 USB 線與電腦連接，UTXD 和 URXD 為 3.3V 的串列埠發送及接收信號，可直接與 FPGA 的 I/O 埠連接。因此，在 CGD100 開發板上設計串列埠通訊程式，僅需要接收 UTXD 發送的資料，並按 RS-232 協議向 URXD 接腳發送資料即可。

11.3　串列埠通訊電路 Verilog HDL 設計

11.3.1 頂層檔的 Verilog HDL 設計

實例 11-1：串列埠通訊電路設計

　　在 CGD100 開發板上完成串列埠通訊電路設計，電路板接收電腦端發送的 1 位元組資料，並將接收到的資料每隔 1s 發送至電腦端。

　　對於 FPGA 實現來講，輸入信號為 50MHz 的時鐘信號（clk50m）及串列埠送入的信號（rs232_rec），主要輸出信號為送至串列埠的信號（rs232_txd）。

　　為便於讀者對整個程式的理解，下面先給出頂層檔 uart.v 中的程式碼。

```
//uart.v 中的程式碼
module uart(
    input clk50m,              //系統時鐘信號：50MHz
    input rs232_rec,           //串列埠接收信號
    output dv,                 //接收資料有效信號，1 個 clk_uart 時鐘週期高電壓準位
    output clk_uart,           //串列埠串列傳輸速率時鐘信號
    output [7:0]led,           //接收到的資料
    output rs232_txd);         //串列埠發送信號

    wire clk_send,clk_rec;
    wire [7:0] data;
```

```
    reg start=0;
    reg [13:0] cn14=0;

    assign led = data;
    assign clk_uart = clk_send;

    // 時鐘模組，產生串列埠收發時鐘信號
    clock u1(
        .clk50m(clk50m),
        .clk_txd(clk_send),         //9600Hz
        .clk_rxd(clk_rec));         //19200Hz

    //發送模組，將 data 資料按串列埠協定發送，每檢測到 start 為高電壓準位時發送一幀資料
    send u2(
        .clk_send(clk_send),
        .start(start),
        .data(data),
        .txd(rs232_txd));

    //接收模組，接收串列埠發來的資料，轉換成 data 信號
    rec u3(
        .clk_rec(clk_rec),
        .rxd(rs232_rec),
        .dv(dv),
        .data(data));

    //產生發送控制信號 start，每秒出現一個高電壓準位脈衝
    always@(posedge clk_send)
    begin
        if (cn14==9599)
            cn14<=0;
        else cn14<=cn14+1;
        if (cn14==0)
            start<=1;
        else start<=0;
    end

endmodule
```

由程式碼可以清楚地看出，系統由 1 個時鐘模組（u1：clock）、1 個串列埠發送模組（u2：send）、1 個串列埠接收模組（u3：rec）組成。其中，時鐘模組用於產生與串列傳輸速率相對應的收、發時鐘信號；接收模組用於接收串列埠送來的資料；發送模組用於將接收到的資料通過串列埠發送出去。其中發送模組的 start 信號為發送觸發信號，當出現一個 clk_send 時鐘週期的高電壓準位脈衝信號時，向串列埠發送一幀 data 資料。

程式結尾處設計了一個產生 start 信號的進程，每秒（頻率為 9600Hz 的發送時鐘 clk_send 計滿 9600 個數）產生一個週期的高電壓準位信號 start。

11.3.2　時鐘模組的 Verilog HDL 設計

　　串列埠的串列傳輸速率有多種，最常用的是 9600bit/s。為簡化設計，該實例僅設計一種 9600bit/s 的串列傳輸速率。串列埠通訊協定屬於非同步傳輸協定，由於非同步傳輸的時鐘頻率要求不是很高，因此可以採用對系統時鐘信號進行分頻的方法產生所需的時鐘信號。下面先給出時鐘模組的 Verilog HDL 程式碼，而後對其進行討論。

```verilog
//clock.v 中的程式碼
module clock(
     input clk50m,
     output clk_txd,
     output clk_rxd);

     reg [11:0] cn12=0;
     reg clk_tt=0;
     reg [11:0] cn11=0;
     reg clk_rt=0;

     //產生 9600Hz 的發送時鐘信號
     //50 000 000/9600≈5208  每 2604 個數翻轉一次，產生 9600Hz 的時鐘
     always@(posedge clk50m)
          if (cn12==2603) begin
               cn12<=0;
               clk_tt<=!clk_tt;
               end
          else
               cn12<=cn12+1;

     //產生 19200Hz 的接收時鐘信號
     //50 000 000/19200≈2604  每 1302 個數翻轉一次，產生 19200Hz 的時鐘
     always@(posedge clk50m)
          if (cn11==1301) begin
               cn11<=0;
               clk_rt<=!clk_rt;
               end
          else
               cn11<=cn11+1;

     assign clk_txd=clk_tt;
     assign clk_rxd=clk_rt;

endmodule
```

　　從上面的程式碼中可知，發送時鐘信號的頻率與串列傳輸速率相同，而接收時鐘信號的頻率則為串列傳輸速率的 2 倍。對於發送時鐘信號的計數器而言，由於計數器的計數範圍為 0～2603，共 2604 個數，每計滿一個週期 clk_tt 翻轉一次，一個週期內共翻轉 2 次，每完成 2 個週期的計數為 5208，相當於對 50MHz 信號進行 5208 分頻，產生 9600Hz 的發送時鐘信號。產生接收時鐘信號的方式與此類似，僅需修改計數器的計數週期。

　　發送時鐘的頻率與串列傳輸速率相同，這很容易理解，即發送資料時，按串列傳輸速率及規定的格式向串列埠發送資料即可。接收時鐘的頻率在數值上之所以設置成串列傳輸速率的 2 倍，則是為了避免接收時鐘與資料傳輸速率（串列傳輸速率）之間的偏差導致資料接收錯誤。

11.3.3　接收模組的 Verilog HDL 設計

　　本實例不涉及連結信號及校驗信號，接收模組的 Verilog HDL 設計也比較簡單。基本思路是用接收時鐘信號對輸入資料信號線 rs232_rec（接收模組檔中的信號名稱為 rxd）進行檢測，當檢測到負緣(falling edge)時（根據 RS-232 串列埠通訊協議，空閒位元為 1，起始位為 0）表示接收到有效資料，開始連續接收 8 位元資料，並存放在接收暫存器中，接收完成後通過 data 埠輸出。

　　由前面的討論可知，非同步傳輸對時鐘信號頻率的要求不是很高，原因是每個字元均有用於同步檢測的起始位和停止位。換句話說，只要在每個字元（本實例為 8 位元）的傳輸過程中，不要因為收、發時鐘信號的不同步而引起資料傳輸錯誤即可。對於串列埠資料接收端來講，下面分析一下採用頻率與串列傳輸速率相同的時鐘信號接收資料時，可能出現資料檢測錯誤的情況。

　　圖 11-2 僅畫出了接收串列埠資料的時序圖。如果採用頻率與串列傳輸速率相同的時鐘信號來接收串列埠資料，則每個時鐘週期內（假設採用時鐘信號的正緣(rising edge)來採樣資料）只對資料線 rxd 採樣一次資料。由於接收端不知道發送資料信號的相位和頻率（雖然收、發端約定好了串列傳輸速率，但兩者之間因為晶振的性能差異，兩者的頻率仍然無法完全一致），因此接收端產生的時鐘信號與資料信號的相位及頻率存在偏移。若接收端的首次採樣時刻(clk_send的正緣(rising edge))與資料訊號邊緣(Signal edge)接近，則所有採樣時刻均會與資料訊號邊緣(Signal edge)十分接近，由於時鐘信號的相位抖動及頻率偏移，很容易產生資料檢測錯誤的情況。

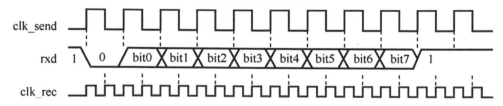

圖 11-2　不同時鐘信號接收串列埠資料時序圖

　　如果採用頻率為 2 倍串列傳輸速率（或者更高頻率）的時鐘信號對資料進行檢測，則首先利用頻率為 2 倍串列傳輸速率的時鐘信號 clk_rec 檢測資料的起始位元（rxd 的初次負緣(falling edge))，而後間隔一個 clk_rec 時鐘週期對接收資料進行採樣。由於 clk_rec 的頻率是串列傳輸速率的 2 倍，因此可以設定資料的採樣時刻為檢測到 rxd 訊號邊緣 (Signal edge)後的一個 clk_rec 時鐘週期處，即接收到的每個 rxd 資料碼元的中間位置，從而有利於保證檢測時刻資料的穩定性。這樣，只有收、發時鐘信號的頻率偏移大於 1/4 個碼元週期的情況才可能出現資料檢測錯誤，從而大大減小資料檢測錯誤的概率，增強接收資料的可靠性。

經過上面的分析，相信讀者比較容易理解下面給出的資料接收模組的程式碼。

```verilog
//rec.v 中的程式碼
module rec(
     input clk_rec,
     input rxd,
     output reg dv,
     output reg [7:0] data);

     reg rxd_d=0;
     reg rxd_fall=0;
     reg [4:0] cn5=0;
     reg [7:0] dattem=0;

     //檢測串列埠接收信號 rxd 的負緣(falling edge)，表示開始接收資料
     always @(posedge clk_rec)
         begin
              rxd_d<=rxd;
              if ((!rxd)&rxd_d)
                   rxd_fall <=1;
              else
                   rxd_fall <=0;
         end

     //由於 clk_rec 的頻率為串列傳輸速率的 2 倍，在檢測到 rxd 負緣(falling edge)之後，連續計 20
個數
     always @(posedge clk_rec)
         begin
              if ((rxd_fall ==1)&(cn5==0))
                   cn5<=cn5+1;
              else if ((cn5>0)&(cn5<19))
                   cn5<=cn5+1;
              else if (cn5>18)
                   cn5<=0;
         end

     //根據計數器 cn5 的值，依次將串列埠資料存入 dattem 暫存器
     always @(posedge clk_rec)
         case (cn5)
```

```
              2:dattem[0]<=rxd;
              4:dattem[1]<=rxd;
              6:dattem[2]<=rxd;
              8:dattem[3]<=rxd;
             10:dattem[4]<=rxd;
             12:dattem[5]<=rxd;
             14:dattem[6]<=rxd;
             16:dattem[7]<=rxd;
             //接收完成後，輸出完整的資料
             18: data <= dattem;
        endcase

    //產生一個串列傳輸速率時鐘週期的高電壓準位有效信號，指示接收到有效資料
    always @(posedge clk_rec)
        if (cn5>=18) dv <= 1'b1;
        else dv <= 1'b0;
endmodule
```

　　程式首先設計了一個負緣(falling edge)檢測電路，產生一個高電壓準位脈衝的負緣(falling edge)檢測信號 rxd_fall。根據串列埠通訊協定，高電壓準位為停止位，低電壓準位為起始位，因此檢測到 rxd 的負緣(falling edge)，即可判斷串列埠傳輸一幀資料的起始時刻。

　　程式接下來的進程根據 rxd_fall 信號設計了一個計數器 cn5，從 0 持續計至 19，即計 20 個數。由於 clk_rec 的頻率為串列傳輸速率的 2 倍，每幀資料長度為 8 位元，加上起始位及停止位，共 10 位，計數至 20，剛好計滿傳輸完一幀資料的時間。

　　程式根據計數器 cn5 的狀態，每間隔一個計數值取出 1 位元資料儲存在 datatem 暫存器中，最終將接收到的一幀完整資料由 data 埠輸出，完成資料接收。

　　程式最後根據 cn5 的狀態，當其大於或等於 18，即在 18、19 兩個狀態情況下，輸出高電壓準位信號 dv，用於指示接到的資料有效。由於 clk_rec 的頻率為 clk_send 的 2 倍，因此 dv 信號的高電壓準位持續時間為一個串列傳輸速率時鐘週期，該信號通過埠輸出，便於其他模組判斷串列埠接收到的資料是否有效。

11.3.4　發送模組的 Verilog HDL 設計

　　資料發送模組只需將起始位元及停止位元加至資料的兩端，然後在發送時鐘的節拍下逐位元向外發送即可。為便於與其他模組有效連接，發送模組設計了一個觸發信號 start，當檢測到 start 為高電壓準位時，發送一幀 data 資料。

　　下面直接給出資料發送模組的 Verilog HDL 程式碼。

```
// send.v 中的程式碼
module send(
    input clk_send,
```

```
    input start,
    input [7:0] data,
    output reg txd );

    //檢測到 start 為高電壓準位時，連續計 10 個數
    reg [3:0] cn=0;
    always @(posedge clk_send)
        if (cn>4'd8)
            cn <=0;
        else if (start==1)
            cn <= cn + 1;
        else if (cn>0)
            cn <= cn + 1;

    //根據計數器 cn 的值，依次發送起始位元、資料位元、停止位元
    always @(*)
        case (cn)
            1: txd<=0;
            2: txd<=data[0];
            3: txd<=data[1];
            4: txd<=data[2];
            5: txd<=data[3];
            6: txd<=data[4];
            7: txd<=data[5];
            8: txd<=data[6];
            9: txd<=data[7];
            default txd<=1;
        endcase

endmodule
```

　　程式首先設計了一個計數器 cn，當檢測到 start 為高電壓準位時開始計數，從 0 計至 9。由於 clk_send 的頻率與串列傳輸速率相同，則每個計數週期發送 1 位元資料即可。根據串列埠通訊協定，需依次發送起始位元 0，而後從資料的最低位元開始依次完成 8 位元資料的發送，最後發送停止位 1，共完成 10 位元資料的發送。

11.3.5　FPGA 實現及板載測試

　　編寫完成整個系統的 Verilog HDL 程式碼之後，根據 CGD100 開發板電路添加接腳約束檔，重新編譯工程，即可下載到開發板上進行板載測試。

　　根據 CGD100 的電路原理圖，可以得到 RS-232 串列埠通訊電路 FPGA 程式的對外介面信號和 FPGA 晶片接腳的對應關係，如表 11-1 所示。

表 11-1　RS-232 串列埠信號定義

對外介面信號名稱	FPGA 晶片接腳編號	傳 輸 方 向	功 能 說 明
clk50m	11	→FPGA	50MHz 的時鐘信號
rs232_rec	49	→FPGA	電腦發送至 FPGA 的串列埠信號
rs232_txd	48	FPGA→	FPGA 發送至電腦的串列埠信號

在串列埠通訊程式中添加接腳約束檔，按表 11-1 設置對應信號及接腳的約束位置，生成 fs 檔，並下載到 CGD100 開發板中。

完成串列埠通訊介面除錯，還需在電腦上安裝串列埠晶片 CH340G 的驅動程式，以及串列埠除錯助手軟體。打開串列埠除錯助手軟體，在"串列埠設置"欄的"串列埠"下拉清單中選中驅動程式設置的串列埠編號（如 COM3），設置串列傳輸速率為 9600，資料位元為 8，校驗位為 None，停止位為 1，"流控"為 none，選中"Hex"選項按鈕，勾選"自動換行""顯示時間"核取方塊，按一下軟體介面右下方的"打開"按鈕，則"打開"按鈕自動切換成"發送"按鈕，此時軟體的資訊視窗中每隔一秒顯示"00"字元，表示電腦收到了 CGD100 開發板發送的"00"字元，如圖 11-3 所示。

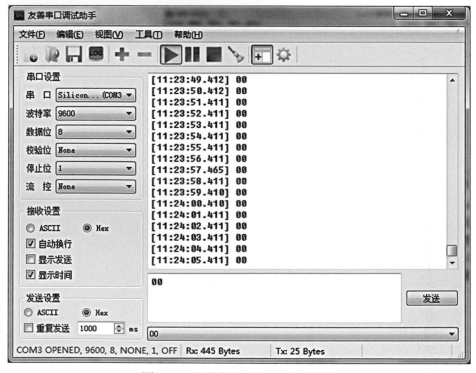

圖 11-3　串列埠收、發"00"字元介面

　　在軟體介面下方的編輯方塊中輸入字元"AB"，按一下"發送"按鈕，電腦將"AB"字元按協定向 CGD100 發送，由於程式中實現了將接收到的資料再回送至電腦的功能，因此在串列埠軟體介面中可以看見送回的"AB"字元，如圖 11-4 所示。

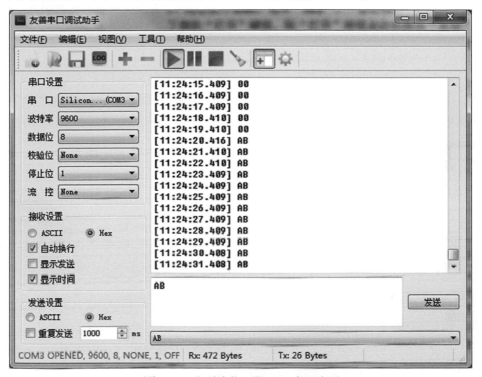

圖 11-4　串列埠收、發"AB"字元介面

　　讀者可在本書配套資料中的"chp11/E11_1_uart"資料夾下查閱完整的串列埠通訊 FPGA 工程檔。

11.4　採用串列埠控制碼錶電路

11.4.1　設計需求分析

實例 11-2：串列埠控制碼錶電路設計

　　串列埠通訊本身可以完成電腦與外設之間的低速通信。前面設計的電路實現了電腦與 CGD100 開發板之間的通信。通信的本質是資料傳輸及資訊交換。我們在第 8 章完成了碼錶電路的設計，碼錶電路具有重置及啟停功能，且這些功能都是採用按鍵實現的。接下來我們對碼錶電路進行完善，具體增加的功能主要有以幾項：

　　（1）通過串列埠、按鍵實現碼錶的重置功能。K8 鍵為重置鍵，串列埠發送"FF"時重置。

　　（2）通過串列埠、按鍵控制碼錶的啟、停。K1 鍵為啟停鍵，串列埠發送"F0"時停止計時，發送"F1"繼續計時。

（3）通過串列埠讀取當前的碼錶時間資訊。串列埠發送"F2"時讀取當前時間，並在串列埠除錯助手視窗中顯示。

（4）通過串列埠設置當前的碼錶時間資訊。設置方式爲：當串列埠數據高 4 位元爲 4'd0 時，低 4 位值設置爲碼錶的秒的十分位元資料；當高 4 位爲 4'd1 時，低 4 位值設置爲碼錶的秒的個位數據；當高 4 位爲 4'd2 時，低 4 位值設置爲碼錶的秒的十位元數據；當高 4 位爲 4'd3 時，低 4 位值設置爲碼錶的分鐘資料。

圖 11-5 爲串列埠控制碼錶電路的結構框圖。碼錶電路模組爲第 8 章設計的 watch.v 電路，串列埠通訊模組即爲本章前面設計的 uart.v 電路。要實現串列埠對碼錶電路的控制，需要根據設計需求對模組 watch.v 和 uart.v 進行修改，增加碼錶時間獲取模組 time_send.v，同時新建一個頂層檔 uart_watch.v，將三個模組連接起來。

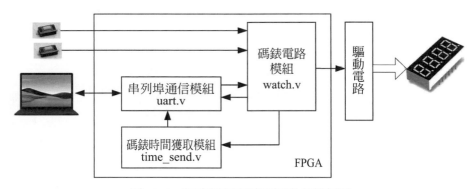

圖 11-5 串列埠控制碼錶電路的結構框圖

如何完善每個模組的介面信號，如何設計各模組之間的資訊對話模式，這些都是工程師需要仔細考慮的問題。接下來我們討論頂層檔程式碼，並對各模組之間的資訊對話模式進行說明。

11.4.2 頂層檔的 Verilog HDL 設計

頂層文件 uart_watch.v 的 Verilog HDL 程式碼如下。頂層檔中實例化了 3 個模組：碼錶電路模組（watch.v）、串列埠通訊模組（uart.v）和碼錶時間獲取模組（time_send.v）。

```
//uart_watch.v 檔中的程式碼
module uart_watch(
    input   rst_n,                  //重置信號，低電壓準位有效
    input   clk50m,                 //系統時鐘信號，50MHz
    input   rs232_rec,              //串列埠接收信號，9600bit/s
    output rs232_txd,               //串列埠發送信號，9600bit/s
    output [7:0] seg_dp,            //段碼
    output [3:0] seg_s,             //LED 數碼管位選通信號
    input   stop);                  //碼錶啓停控制信號

    wire [3:0] sec_div,sec_low,sec_high,min;
    wire [7:0] data_rec,data_send;
```

```
       wire reset_n,clk_uart,dv;

       //碼錶電路模組
       watch u1 (
              .rst_n(reset_n),          //輸入，重置信號，由串列埠和按鍵共同控制產生的重置信號
              .clk50m(clk50m),
              .dv(dv),                  //輸入，接收資料有效，高電壓準位脈衝
              .data_rec(data_rec),      //輸入，串列埠接收到的 8 位元信號
              .seg_dp(seg_dp),
              .seg_s(seg_s),
              .sec_high(sec_high),      //輸出，4 位元資料，表示秒的十位
              .sec_low(sec_low),        //輸出，4 位元資料，表示秒的個位
              .sec_div(sec_div),        //輸出，4 位元資料，表示秒的十分位
              .min(min),                //輸出，4 位元資料，表示分鐘
              .stop(stop));

       //串列埠通訊模組
       uart u2 (
              .clk50m(clk50m),
              .rs232_rec(rs232_rec),
              .led(data_rec),           //輸出，串列埠接收到的 8 位元信號
              .dv(dv),                  //輸出，接收資料有效，高電壓準位脈衝
              .clk_uart(clk_uart),      //輸出，串列傳輸速率時鐘信號
              .rs232_txd(rs232_txd),
              .start(start),            //輸入，發送一幀資料的觸發信號
              .data_send(data_send));   //輸入，需要發送的 8 位元資料

       //碼錶時間獲取模組
       time_send u3(
              .rst_n(rst_n),            //按鍵重置信號，高電壓準位有效
              .dv(dv),                  //接收資料有效信號，1 個 clk_rec 時鐘週期高電壓準位信號
              .clk_uart(clk_uart),      //串列埠串列傳輸速率時鐘信號
              .data_rec(data_rec),      //輸入，串列埠接收到的 8 位元信號
              .sec_div(sec_div),        //輸入，4 位元資料，表示秒的十分位
              .sec_low(sec_low),        //輸入，4 位元資料，表示秒的個位
              .sec_high(sec_high),      //輸入，4 位元資料，表示秒的十位
              .min(min),                //輸入，4 位元資料，表示分鐘
              .start(start),            //輸出，發送一幀資料的觸發信號
              .reset_n(reset_n),        //串列埠與按鍵共同控制的重置信號，高電壓準位有效
              .data_send(data_send));   //輸出，需要發送的 8 位元資料

endmodule
```

　　與前面討論的串列埠通訊電路相比，本實例中需要對串列埠通訊模組的頂層檔進行完善，即將發送起始信號 start 由程式埠引入，由 time_send.v 模組產生 start 信號觸發串列埠的資料發送狀態，需要發送的資料由程式埠 data_send 送入。

　　碼錶時間獲取模組 time_send.v 根據串列埠控制命令收集當前的碼錶時間資訊，並將碼錶時間資訊組成 2 幀資料（4 位元 min 和 4 位 sec_high 組成 1 幀 8 位元資料，4 位元 sec_low 和 4 位 sec_div 組成 1 幀 8 位元資料）依次通過串列埠發送出去。串列埠資料發送功能由串列埠通訊模組 uart.v 完成，碼錶時間獲取模組只需產生一個 clk_uart 時鐘週期的高電壓準位信號 start，同時將當前的碼錶時間資訊組合成 1 幀 8 位元資料 data_send 傳輸給 uart.v 模組即可。碼錶時間獲取模組還要回應串列埠控制命令產生重置信號，且與重置按鍵信號合成一路全域重置信號，用於碼錶電路的重置。

　　碼錶電路模組 watch.v 需要回應串列埠控制命令完成碼錶時間的設置，因此需要在第 8 章碼錶電路的基礎上對程式碼進行完善。

　　接下來我們討論碼錶時間獲取模組的設計思路，以及碼錶電路模組的完善過程。

11.4.3　碼錶時間獲取模組 Verilog HDL 設計

　　碼錶時間獲取模組主要完成兩項功能：一是回應串列埠控制命令產生重置信號；二是回應串列埠控制命令將獲取到的碼錶時間資訊送至串列埠通訊模組發送出去。本實例設置 8'hff 為重置命令，即電腦通過串列埠向 CGD100 發送 8'hff，完成對碼錶電路的重置；設置 8'hf2 為時間獲取命令，當 CGD100 接收到 8'hf2 時，通過串列埠將碼錶時間資訊發送出去。

　　先來看看碼錶時間獲取模組的 Verilog HDL 程式碼。

```
//time_send.v 檔中的程式碼
module time_send(
    input    rst_n,                    //按鍵重置信號，低電壓準位有效
    input    dv,                       //接收資料有效信號，1 個 clk_rec 時鐘週期高電壓準位信號
    input    clk_uart,                 //串列埠串列傳輸速率時鐘
    input [7:0] data_rec,
    input [3:0] sec_div,
    input [3:0] sec_low,
    input [3:0] sec_high,
    input [3:0] min,
    output reg start,
    output reset_n,                    //串列埠與按鍵共同控制的重置信號，低電壓準位有效
    output reg[7:0] data_send);

    reg [3:0] cn4;
    reg uart_rst_n=1;

    //檢測到串列埠控制命令為 8'hff 時，產生一個時鐘週期的重置信號
    always @(posedge clk_uart)         //第 19 行
        if ((data_rec==8'hff) && dv)   //第 20 行
            uart_rst_n <= 1'b0;        //第 21 行
        else                           //第 22 行
            uart_rst_n <= 1'b1;        //第 23 行
```

```
        //串列埠與按鍵聯合控制的重置信號
        assign reset_n = rst_n && uart_rst_n;        //第 26 行

        //檢測到讀取時鐘命令 data_rec[7:0]=8'hf2,產生 13 個計數
        always @(posedge clk_uart)                    //第 29 行
            if ((data_rec==8'hf2) && dv &&(cn4==0))
                cn4 <= cn4 + 1;
            else if ((cn4>0)&(cn4<12))
                cn4<=cn4+1;
            else if (cn4>11)
                cn4<=0;                               //第 35 行

        //根據 cn4 的計數值,依次通過串列埠發送碼錶計數值
        always @(posedge clk_uart)                    //第 38 行
          if (cn4==1) begin
              start <= 1'b1;
              data_send <= {min,sec_high};
              end
          else if (cn4==12) begin
              start <= 1'b1;
              data_send <= {sec_low,sec_div};
              end
          elsc
              start <= 1'b0;                          //第 48 行

    endmodule
```

　　程式中第 19～23 行為串列埠產生重置信號的程式碼。第 20 行檢測串列埠資料是否為 8'hff 且資料有效信號 dv 是否為高電壓準位,若兩個條件均滿足,則設置 uart_rst_n 為高電壓準位,否則為低電壓準位。由於串列埠接收模組 rec.v 在每次接收到新的資料後,在將接收到的資料送出時,還提供持續一個串列傳輸速率時鐘週期高電壓準位的有效信號 dv,因此每次檢測到 8'hff 時均會產生一個串列傳輸速率時鐘週期高電壓準位的信號 uart_rst_n,從而實現了合理回應重置命令的功能:產生重置信號,但不至於始終處於重置模式。第 26 行將 uart_rst_n 與重置按鍵信號進行"與"後輸出信號 reset_n,達到串列埠重置和按鍵重置均可實現碼錶電路重置的效果。

　　第 35～39 行檢測串列埠控制命令 8'hf2,且持續產生 13 個 clk_uart 時鐘週期的高電壓準位信號。在按鍵防彈跳電路模組、串列埠發送模組、串列埠接收模組中都有類似的功能程式碼,即檢測到某種狀態,產生一定的計數值。比如按鍵防彈跳電路中,檢測到按鍵負緣(falling edge)後,產生 20ms 的計數;串列埠發送模組中,檢測到 start 信號後,產生 10 個串列傳輸速率時鐘週期的計數;串列埠接收模組中,檢測到接收起始信號後,產生 20 個接收時鐘週期的計數。由於每發送 1 幀 8 位元資料需要 10 個串列傳輸速率時鐘週期,考慮 1 個週期時間餘量,在 cn4 分別為 1、12 時依次發送{min,sec_high}及

{sec_low,sec_div}信號,同時設置發送起始信號 start 為高電壓準位。發送功能由第 38
～48 行程式碼完成。

11.4.4　完善碼錶電路頂層模組 Verilog HDL 程式碼

根據本實例的設計需求,要實現串列埠設置碼錶啟停、設置碼錶的時間、讀取碼錶
的時間資訊的功能。第 8 章完成的碼錶電路具備按鍵控制碼錶啟停的功能。因此首先需
要修改 watch.v 程式碼,增加與串列埠通訊模組之間的資料交互介面,同時修改
watch_counter.v 檔中的程式碼,完成碼錶啟停、設置時間、讀取時間的功能。

修改後的碼錶電路頂層檔中的程式碼如下。

```
//watch.v 檔中的程式碼
module watch(
    input   rst_n,
    input   clk50m,
    output [7:0] seg_dp,
    output [3:0] seg_s,
    input   stop,

input [7:0] data_rec,            //增加輸入,串列埠資料介面
input dv,                        //增加輸入,增加資料接收有效信號,1 個 clk_uart 週期高電壓準位
output [3:0] sec_div,            //增加輸出,秒的十分位
    output [3:0] sec_low,        //增加輸出,秒的個位
    output [3:0] sec_high,       //增加輸出,秒的十位
    output [3:0] min);           //增加輸出,分鐘

    wire [3:0] second_div,second_low,second_high,minute;

    //將碼錶時間信號送至模組埠輸出
    assign sec_div = second_div;         //第 19 行
    assign sec_low = second_low;         //第 20 行
    assign sec_high = second_high;       //第 21 行
    assign min = minute;                 //第 22 行

    //碼錶計數模組
    watch_counter u2 (
        .rst_n(rst_n),
        .clk(clk50m),
        .data_rec(data_rec),
        .dv(dv),
        .second_div(second_div),
        .second_low(second_low),
        .second_high(second_high),
        .minute(minute),
        .stop(stop));
```

```
    //4 個八段 LED 數碼管顯示模組
    seg_disp u3 (
            .clk(clk50m),
            .a({1'b1,second_div}),
            .b({1'b0,second_low}),
            .c({1'b1,second_high}),
            .d({1'b0,minute}),
            .seg(seg_dp),
            .sel(seg_s));

endmodule
```

程式埠增加了串列埠資料信號 data_rec、資料有效信號 dv 及 4 個碼錶計數信號，這些埠信號均與碼錶計數模組 watch_counter.v 進行交互，與段碼顯示模組沒有關聯，因此只需修改 watch_counter.v 模組即可。其中第 19〜22 行已完成了碼錶時間信號送至模組埠的功能，因此碼錶計數模組需要回應串列埠控制命令控制碼錶的啓停，設置碼錶時間。

11.4.5　完善碼錶計數模組 Verilog HDL 程式碼

串列埠控制碼錶停止、啓動的命令分別為 8'hf0 和 8'hf1，需要使串列埠及按鍵同時控制碼錶的啓、停。無論碼錶當前是否處於計數狀態，當串列埠發送 8'hf0 時碼錶立即停止計數，此時啓停按鍵動作一次則碼錶繼續計數，再次動作一次則停止計數；無論碼錶當前是否處於計數狀態，當串列埠發送 8'hf1 時碼錶均處於計數狀態，此時啓停按鍵動作一次則碼錶停止計數，再次動作一次則繼續計數。讀者要仔細理解串列埠啓停與按鍵啓停之間的邏輯關係，便於正確設計出碼錶計數模組的 Verilog HDL 程式碼。

碼錶時間的命令字設置方式為：當串列埠數據高 4 位元為 4'd0 時，低 4 位值設置為碼錶的 sec_div 數據；當高 4 位為 4'd1 時，低 4 位值設置為碼錶的 sec_low 數據；當高 4 位為 4'd2 時，低 4 位值設置為碼錶的 sec_high 數據；當高 4 位為 4'd3 時，低 4 位值設置為碼錶的 min 數據。

下面是修改後的碼錶計數模組 watch_counter.v 的 Verilog HDL 程式碼。

```
//修改後的 watch_counter.v 檔程式碼
module watch_counter(
    input rst_n,
    input clk,
    input stop,
    input dv,                              //增加的資料有效信號
    input [7:0] data_rec,                  //增加的串列埠資料信號
    output [3:0] second_div,
    output [3:0] second_low,
    output [3:0] second_high,
    output [3:0] minute);
```

```
reg [3:0] min,sec_div,sec_low,sec_high;
reg [40:0] cn_div;

wire shape;
reg start_stop=0;

keyshape u1(
  .clk(clk),
  .key_n(stop),
  .shape(shape));

//完成串列埠及按鍵同時控制碼錶啓、停功能
always @(posedge clk)                          //第 25 行
    begin
      if ((data_rec==8'hf0) && dv) begin       //uart 控制計數停止  第 27 行
        if (!start_stop)
          start_stop <= 1'b1;
        end                                    //第 30 行
      else if ((data_rec==8'hf1) && dv) begin  //uart 控制計數開始   第 31 行
        if (start_stop)
          start_stop <= 1'b0;
        end                                    //第 34 行
      else if (shape)                          //第 35 行
        start_stop <= !start_stop;             //按鍵控制啓停
    end                                        //第 37 行


//產生週期爲 0.1s 的計數器 cn_div
always @(posedge clk or negedge rst_n)
  if (!rst_n)
    cn_div <= 0;
  else if ((!start_stop) || (cn_div==4999999))
    if (cn_div>=4999999)
      cn_div<=0;
    else
      cn_div<=cn_div+1;

//產生秒的十分位元數目值 sec_div
always @(posedge clk or negedge rst_n)
    if (!rst_n)
      sec_div <= 0;
    else if ((data_rec[7:4]==4'd0) && dv)      //增加的設置時間程式碼   第 53 行
      sec_div <= data_rec[3:0];                //增加的設置時間程式碼   第 54 行
    else if (cn_div==4999999)
      if (sec_div>=9)
        sec_div<=0;
```

```
              else
                  sec_div<=sec_div+1;

      //產生秒的個位計數值 sec_low
      always @(posedge clk or negedge rst_n)
          if (!rst_n)
              sec_low <= 0;
          else if ((data_rec[7:4]==4'd1)    && dv)          //增加的設置時間程式碼
              sec_low <= data_rec[3:0];                     //增加的設置時間程式碼
          else if ((cn_div==4999999)&(sec_div==9))
              if (sec_low>=9)
                  sec_low<=0;
               else
                  sec_low<=sec_low+1;

      //產生秒的十位元數目值 sec_high
      always @(posedge clk or negedge rst_n)
          if (!rst_n)
              sec_high <= 0;
          else if ((data_rec[7:4]==4'd2) && dv)             //增加的設置時間程式碼
              sec_high <= data_rec[3:0];                    //增加的設置時間程式碼
          else if ((cn_div==4999999)&(sec_div==9)&(sec_low==9))
              if (sec_high>=5)
                  sec_high<=0;
               else
                  sec_high<=sec_high+1;

      //產生分鐘的計數值 min
      always @(posedge clk or negedge rst_n)
          if (!rst_n)
              min <= 0;
          else if ((data_rec[7:4]==4'd3) && dv)             //增加的設置時間程式碼
              min <= data_rec[3:0];                         //增加的設置時間程式碼
          else if ((cn_div==4999999)&(sec_div==9)&(sec_low==9)&(sec_high==5))
          if (min>=9)
              min<=0;
           else
              min<=min+1;

  assign minute = min;
  assign second_div = sec_div;
  assign second_low = sec_low;
  assign second_high =sec_high;

endmodule
```

程式中第 25～37 行完成控制碼錶啓停的功能。當檢測到串列埠資料爲 8'hf0 時，判斷 start_stop 信號的狀態，若爲低電壓準位（啓動計數），則設置 start_stop 爲高電壓準位（停止計數）；當檢測到串列埠資料爲 8'hf1 時，判斷 start_stop 信號的狀態，若爲高電壓準位（停止計數），則設置 start_stop 爲低電壓準位（啓動計數）；當沒有檢測到 8'hf0 或 8'hf1 時，每檢測到一次按鍵防彈跳後的信號 shape 爲高電壓準位，變換一次啓停狀態。

對於秒的十分位元資料信號，增加的設置碼錶時間程式碼爲第 53～54 行。當檢測到串列埠資料的高 4 位元爲 1（data_rec[7:4]==4'd1）時，將資料的低 4 位元值設置爲秒的十分位元資料（sec_div<=data_rec[3:0]）。其他幾位元碼錶時間資訊的設置程式碼與 sec_div 的設置程式碼類似。

讀者可在本書配套資料中的“Chp11/E11_2_uart_watch”目錄中查看完整的工程檔，並將編譯後的程式下載到 CGD100 開發板上測試驗證。

11.4.6 FPGA 實現及板載測試

編寫完成整個系統的 Verilog HDL 程式碼之後，根據 CGD100 開發板電路添加接腳約束檔，重新編譯工程，即可下載到開發板上進行板載測試。

上電後，LED 數碼管顯示碼錶計時狀態；按下重置鍵 K8，碼錶清零；按下啓停按鍵 K1，則碼錶在計時及停止計時狀態之間切換。

通過串列埠發送“FF”，此時碼錶清零；通過串列埠發送“F0”，碼錶停止計時；通過串列埠發送“F1”，碼錶繼續計數；通過串列埠發送“F2”，可以從串列埠除錯助手介面中讀取當前的碼錶時間；依次通過串列埠發送十六進位數“35、24、13、02”，可以設置當前的碼錶時間爲 5 分 43.2 秒。

11.5 小結

本章設計了一個具備雙向傳輸功能的串列埠通訊電路，同時完成了採用串列埠控制碼錶電路的 FPGA 程式設計，對設計過程進行了詳細的分析。本章的學習要點可歸納爲：

（1）理解串列埠通訊原理，理解串列埠通訊協議。

（2）掌握串列埠通訊電路的 Verilog HDL 設計過程。

（3）理解爲了準確接收資料，提高串列埠接收時鐘信號速率的原因。

（4）進一步熟悉並掌握合理規劃各模組功能的思路和方法。

（5）完成串列埠控制碼錶電路的 Verilog HDL 設計及板載測試。

第 12 章

對狀態機的討論

　　描述邏輯電路的方法有多種，狀態機（State Machine）就是其中的一種。從本質上來講，邏輯電路本身就是由不同的工作狀態組成的，因此一些工程師認為一切電路都可以用狀態機的方式來編寫 Verilog HDL 程式碼。事實上，每一種描述方法都有其固有的優缺點及不同的適用範圍。雖然作者不推薦採用狀態機的方法完成 Verilog HDL 設計，但作為一種在 FPGA 設計領域應用較為廣泛的設計方法，FPGA 工程師有必要對其有一定的瞭解。本章採用對比分析的方法來討論狀態機的一般設計方法。

12.1　有限狀態機的概念

　　狀態機由狀態暫存器和組合邏輯電路構成，能夠根據控制信號按照預先設定的狀態進行狀態轉移，是協調相關信號動作、完成特定操作的控制中心。如果電路的狀態數量是有限的，則稱為有限狀態機（Finite State Machine，FSM）；如果狀態的數量是無限的，則稱為無限狀態機（Infinite State Machine，ISM）。一般來講，電路的狀態均是有限的。本章僅討論有限狀態機。

　　有限狀態機分為兩類：第一類，若輸出只和狀態有關，與輸入無關，則稱為 Moore 狀態機；第二類，輸出不僅和狀態有關，還和輸入有關，則稱為 Mealy 狀態機。

　　狀態機可歸納為 4 個要素，即現態、條件、動作、次態。這樣的歸納主要是出於對狀態機的內在因果關係的考慮。"現態"和"條件"是因，"動作"和"次態"是果。

　　現態：當前所處的狀態。

　　條件：又稱為"事件"，當一個條件被滿足時，將會觸發一個動作，或者執行一次狀態的遷移。

　　動作：條件滿足後執行的動作。動作執行完畢後，可以遷移到新的狀態，也可以保持原狀態。動作不是必需的，當條件滿足時，也可以不執行任何動作，直接遷移到新狀態。

　　次態：條件滿足後要遷往的新狀態。次態是相對於現態而言的，次態一旦被啟動，就轉變成新的現態了。

　　圖 12-1 是一個典型的狀態轉移圖，圖中有 3 個狀態：IDLE、S1、S2。當重置信號有效（rst=1'b1）時，進入 IDLE 狀態，此時輸出信號 dout=2'd0；在 IDLE 狀態下，當輸入信號 wi=1'b0 時，保持當前狀態不變，當 wi=1'b1 時轉移到 S1 狀態；在 S1 狀態下，輸出信號 dout=2'd1，當 wi=1'b0 時轉移到 IDLE 狀態，當 wi=1'b1 時轉移到 S2 狀態；在 S2 狀態下，輸出信號 dout=2'd2，當 wi=1'b0 時轉移到 IDLE 狀態，當 wi=1'b1 時保持當前狀態不變。

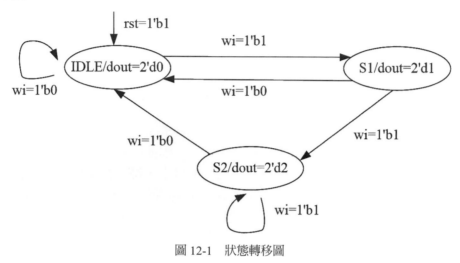

圖 12-1　狀態轉移圖

12.2　狀態機的 Verilog 設計方法

12.2.1　一段式狀態機 Verilog 程式碼

實例 12-1：一段式狀態機電路設計

　　狀態機的 Verilog HDL 設計通常採用 always 區塊描述、case 語句完成。與本書討論的組合邏輯電路的設計方法相似，不同的設計思路會產生不同的設計程式碼。狀態機的設計思路一般來講可分為三種：一段式程式碼、二段式程式碼及三段式程式碼。所謂一段式程式碼，是指將狀態轉移、電路輸出等內容均寫在一段 always 區塊描述中；二段式程式碼是指將電路輸出程式碼與狀態轉移程式碼分開來寫，形成兩個相對獨立的語句段；三段式程式碼是指除了將電路輸出程式碼單獨編寫外，將狀態轉移部分程式碼分成時序邏輯與組合邏輯兩部分，其中時序邏輯部分採用時脈緣觸發的 always 區塊描述完成，組合邏輯部分用電壓準位敏感的 always 區塊描述完成。

　　接下來我們先採用一段式描述方法完成圖 12-1 所示的電路設計。

　　圖 12-1 描述的電路輸入信號為高電壓準位有效的重置信號 rst，1bit 位元寬信號 wi，時鐘信號 clk（圖中未畫出），輸出信號為 3bit 位元寬的 dout。由於圖 12-1 中共有 3 種狀態：IDLE、S1、S2，因此需要採用 2bit 位元寬信號 state[1:0] 來表示這 3 種不同的狀態。下面為一段式描述方法編寫的 Verilog HDL 程式碼。

```
//statemachine1.v 檔中的程式碼
module statemachine1(
    input rst,
     input wi,
     input clk,
    output reg [1:0] dout);

    reg [1:0] state, next_state;
    parameter IDLE=2'b00, S1=2'b01, S2=2'b10;

    always @(posedge clk)
        if (rst) begin
            state <= IDLE;
            dout <= 2'd0;
            end
        else
            case(state)
                IDLE: begin
                    if (wi) begin state <= S1; dout <= 2'd1;       end
                    else begin state <= IDLE; dout <= 2'd0;        end
                    end
                S1: begin
                    if (wi) begin state <= S2; dout <= 2'd2;       end
                    else begin state <= IDLE; dout <= 2'd0;        end
                    end
                S2: begin
                    if (wi) begin state <= S2; dout <= 2'd2;       end
                    else begin state <= IDLE; dout <= 2'd0;        end
                    end
                default: begin    state <= IDLE; dout <= 2'd0;     end
            endcase

endmodule
```

　　讀者可以自行查看檔綜合後的 RTL 原理圖，由於輸出信號 dout 是在具備時鐘信號的 always 區塊描述中輸出的，因此信號是通過正反器送出的。

　　讀者可在本書配套資料中的"chp12/E12_1_statemachine"目錄下查看完整的工程檔。

12.2.2　二段式狀態機 Verilog 程式碼

實例 12-2：二段式狀態機電路設計

　　與一段式描述方法相比，二段式描述方法中將電路的輸出部分採用單獨的 always 區塊描述來描述。下面為二段式描述方法編寫的 Verilog HDL 程式碼。

```
//statemachine_2.v 檔中的程式碼
module statemachine2(
```

```verilog
input rst,
 input wi,
input clk,
output reg [1:0] dout);

reg [1:0] state, next_state;
parameter IDLE=2'b00, S1=2'b01, S2=2'b10;

always @(posedge clk)
    if (rst) begin
        state <= IDLE;
        end
    else
        case(state)
            IDLE: begin
                if (wi) begin state <= S1;        end
                else      begin state <= IDLE;        end
                end
            S1: begin
                if (wi) begin state <= S2;        end
                 else     begin state <= IDLE;        end
                 end
            S2: begin
                if (wi) begin state <= S2;        end
                else     begin state <= IDLE;        end
                end
            default: begin    state <= IDLE;        end
        endcase

//電路的輸出部分程式碼
    always @(posedge clk)
        if (rst)
            dout <= 2'd0;
        else
            case(state)
                IDLE: dout <= 2'd0;
                S1:    dout <= 2'd1;
                S2:    dout <= 2'd2;
                default: dout <= 2'd0;
            endcase

endmodule
```

　　二段式描述方法編寫的 Verilog HDL 程式碼綜合後的 RTL 原理圖與一段式程式碼綜合後的 RTL 原理圖有一定差異，讀者可自行通過雲源軟體進行對比。

　　讀者可在本書配套資料中的 "chp12/statemachine2" 目錄下查看完整的工程檔。

12.2.3　三段式狀態機 **Verilog HDL** 程式碼

實例 **12-3**：三段式狀態機電路設計

接下來我們採用三段式描述方法完成圖 12-1 所示的電路設計。

```verilog
// statemachine3
module statemachine3(
    input rst,
     input wi,
     input clk,
    output reg [1:0] dout);


   reg [1:0] state, next_state;
   parameter IDLE=2'b00, S1=2'b01, S2=2'b10;

      //採用 D 型正反器完成現態 state 與次態 next_state 之間的轉換
      always @(posedge clk)
         if (rst)
               state <= IDLE;
            else
               state <= next_state;

      //採用組合邏輯設置狀態之間的轉換關係
      always @(*)
         case(state)
                  IDLE: begin
                     if (wi) begin next_state <= S1;           end
                        else      begin next_state <= IDLE;       end
                        end
                  S1: begin
                     if (wi) begin next_state <= S2;           end
                        else      begin next_state <= IDLE;       end
                        end
                  S2: begin
                     if (wi) begin next_state <= S2;           end
                        else      begin next_state <= IDLE;       end
                        end
                  default: begin    next_state <= IDLE;         end
               endcase

      //電路的輸出部分程式碼
         always @(posedge clk)
            if (rst)
                  dout <= 2'd0;
            else
                  case(state)
```

```
            IDLE: dout <= 2'd0;
            S1:    dout <= 2'd1;
            S2:    dout <= 2'd2;
            default: dout <= 2'd0;
          endcase

  endmodule
```

　　三種狀態機描述電路的方法雖然編寫的程式碼不同，但本質上是一致的，讀者可以根據電路功能的複雜程度，選取合理的狀態機描述方法。

12.3 計數器電路的狀態機描述方法

實例 12-4：計數器電路的狀態機設計

　　通過前面的狀態機 Verilog HDL 設計實例可知，採用狀態機描述功能電路的方法並不複雜，描述電路的三種思路都比較清晰。這裡有一個前提，即首先要獲得電路的狀態轉移圖。而大多數工科學生在學習數位電路技術課程時，感覺比較難以理解的內容正好就是電路狀態方程的描述及分析。

　　以十進位計數器電路為例，我們討論一下採用狀態機描述的 Verilog HDL 設計方法。

　　經過前面章節的學習，我們知道採用 Verilog HDL 描述一個十進位計數器電路非常簡單，程式碼如下。

```
// counter_10.v 檔中的程式碼
module counter10(
    input rst,
    input clk,
     output reg [3:0] dout);

  reg [3:0] cnt;
  always @(posedge clk)
    if (rst) cnt <= 0;
    else if (cnt<9)
        cnt <= cnt + 1;
    else cnt <= 0;

  assign dout = cnt ;
 endmodule
```

　　如果採用狀態機的方法對計數器進行描述，首先需要繪製出計數器的狀態轉移圖，如圖 12-2 所示。

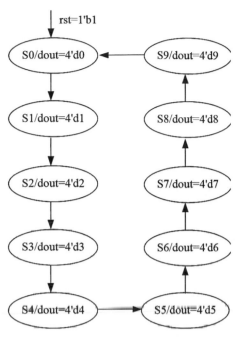

圖 12-2　十進位計數器的狀態轉移圖

　　從圖 12-2 可知，十進位計數器共 10 個狀態，且每個狀態之間的轉換是不需要輸入信號作為觸發條件的，10 個狀態之間依次迴圈轉移即可。採用狀態機編寫的一段式 Verilog HDL 程式碼如下。

```
// statemachine_counter.v 檔中的程式碼
module statemachine_counter(
    input rst,
    input clk,
     output reg [3:0] dout);

    reg [3:0] state;
    parameter S0=4'd0, S1=4'd1, S2=4'd2, S3=4'd3, S4=4'd4;
    parameter S5=4'd5, S6=4'd6, S7=4'd7, S8=4'd8, S9=4'd9;

    always @(posedge clk)
        if (rst) begin
            state <= S0;
                dout <= 4'd0;
                end
            else case(state)
                S0: begin   state <= S1;dout <= 4'd1; end
                S1: begin   state <= S2;dout <= 4'd2; end
                S2: begin   state <= S3;dout <= 4'd3; end
                S3: begin   state <= S4;dout <= 4'd4; end
                S4: begin   state <= S5;dout <= 4'd5; end
                S5: begin   state <= S6;dout <= 4'd6; end
```

```
            S6: begin    state <= S7;dout <= 4'd7; end
            S7: begin    state <= S8;dout <= 4'd8; end
            S8: begin    state <= S9;dout <= 4'd9; end
            S9: begin    state <= S0;dout <= 4'd0; end
        default: begin state <= S0;dout <= 4'd0; end
        endcase

    endmodule
```

從上述程式碼看，採用狀態機描述十進位計數器顯然要更加繁雜些。當然，採用計數器的行為級建模方式完成圖 12-1 所示的狀態轉移圖也不是一件簡單的事。

讀者可以在本書配套資料中的"chp12/E12_4_statemachine_counter"目錄下查閱完整的 FPGA 工程檔。

12.4 序列檢測器的狀態機描述方法

實例 12-5：序列檢測器電路的狀態機設計

我們在前面章節討論 D 型正反器時設計了一個序列檢測器電路，即當輸入序列中連續出現某個指定序列時，輸出一個時鐘週期的高電壓準位信號，否則輸出低電壓準位信號。前面討論的序列檢測器實現了檢測"110101"序列的功能，且根據設計思路，很容易設計檢測其他指定序列的電路。

為便於理解狀態機的 Verilog HDL 設計方法，下面以檢測序列"10010"為例討論狀態機的 Verilog HDL 設計過程，整理後的狀態轉移圖如圖 12-3 所示。

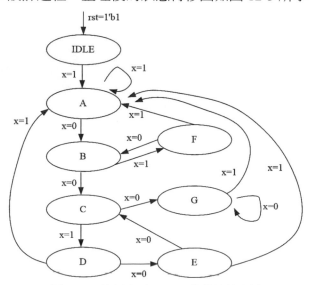

圖 12-3　檢測序列"10010"的狀態轉移圖

與本章前面討論的狀態轉移圖相比，圖 12-3 所示的狀態轉移圖要複雜些。在開始 Verilog HDL 程式碼設計之前，必須先理解狀態轉移圖中各狀態之間轉移的條件及關係。如圖 12-3 所示，當電路重置後首先進入 IDLE 狀態。A、B、C、D、E 分別表示當序列按"10010"順序出現時的當前狀態。由於輸入信號爲單比特序列，因此 A～E 表示單比特資料的狀態。

當接收到的序列信號處於 IDLE 狀態時，如果輸入信號 x=1，則進入 A 狀態，A 爲檢測器的第 1 個狀態。由於序列"10010"的第 1 位爲 1（左側爲第 1 位），因此設置 x=1 時爲狀態 A。當檢測器處於狀態 A 時，如果 x=0，則進入狀態 B，即前 2 位元資料爲"10"，爲"10010"中的前 2 位；如果 x=1，則當前狀態爲"11"，設定當前的 1 仍爲"10010"的第 1 位元資料，因此保持狀態 A 不變。

在狀態 B 的條件下，如果 x=0，前 3 位元資料爲"100"，則進入狀態 C；如果 x=1，前 3 位元資料爲"101"，則設置這個狀態爲 F。

在狀態 C 的條件下，如果 x=1，前 4 位元資料爲"1001"，則進入狀態 D；如果 x=0，前 4 位元資料爲"1000"，則設置這個狀態爲 G（出現 3 個連續的 0）。

在狀態 D 的條件下，如果 x=0，前 5 位元資料爲"10010"，即表示檢測到指定的序列"10010"，則進入狀態 E；如果 x=1，前 5 位元資料爲"10011"，則由於末 2 位爲連續的"11"，因此直接返回狀態 A。

在狀態 E 的條件下，如果 x=0，則前 5 位元資料爲"00100"，由於末 3 位爲連續的"100"，因此返回狀態 C；如果 x=1，則前 5 位元資料爲"00101"，由於沒有出現"10010"的連續位元狀態，因此返回狀態 A。

在狀態 F 的條件下，如果 x=0，連續 4 位元資料爲"1010"，相當於"10010"中的前 2 位元資料，則返回狀態 B；如果 x=1，連續 4 位元資料爲"1011"，相當於末 2 位爲連續的"11"，則直接返回狀態 A。

在狀態 G 的條件下，如果 x=0，連續 4 位元資料爲"0000"，則保持當前狀態。如果 x=1，連續 4 位元資料爲"0001"，則雖然沒有出現"10010"的連續位元狀態，但末位元爲 1，返回狀態 A。

根據前面的分析，可以寫出下面的 Verilog HDL 程式碼。

```
// statemachine_squence.v 檔中的程式碼
module statemachine_squence(
    input x,              //輸入資料序列
    input clk,            //時鐘信號
    input rst,            //高電壓準位有效的重置信號
    output z);            //輸出信號

    reg [2:0] state;      //狀態暫存器

    parameter IDLE= 3'd0, A=3'd1, B=3'd2, C=3'd3, D=3'd4;
    parameter E=3'd5, F=3'd6, G=3'd7;

    assign z=(state==E) ? 1 :0;

    always @(posedge clk or negedge rst)
```

```
            if(!rst)
                state<=IDLE;
            else
                casex( state)
                    IDLE: if(x==1) state<=A;
                    A: if (x==0) state<=B;
                    B: if (x==0) state<=C; else state<=F;
                    C: if (x==1) state<=D; else state<=G;
                    D: if (x==0) state<=E; else state<=A;
                    E: if (x==0) state<=C; else state<=A;
                    F: if (x==1) state<=A; else state<=B;
                    G: if (x==1) state<=A;
                    default: state<=IDLE;
                endcase

    endmodule
```

從上述電路的設計過程來看，整個過程還是比較複雜的，首先繪製狀態轉移圖就需要花費不少的精力。如果採用第 6 章的設計思路，根據 D 型正反器的工作原理，可以直接寫出下面的序列檢測器電路 Verilog HDL 程式碼。

```
module statemachine_squence(
    input x,
    input clk,
    input rst,
    output z);

    //根據 D 型正反器原理設計序列檢測器電路
    reg [3:0] xd;
    reg zt;
    always @(posedge clk or posedge rst)
        if (rst) begin
            zt <= 0;
            xd <= 0;
            end
        else begin
            xd[0] <= x;
            xd[1] <= xd[0];
            xd[2] <= xd[1];
            xd[3] <= xd[2];
            end

    assign z=({xd,x}==5'b10010)? 1: 0;

endmodule
```

對比上面兩種序列檢測器電路的 Verilog HDL 程式碼可知,採用 D 型正反器描述的序列檢測器電路從設計思路到程式碼的簡潔性上看都更具優勢。

讀者可以在本書配套資料中的 "chp12/E12_5_statemachine_squence" 目錄下查閱完整的 FPGA 工程檔。

12.5　小結

從筆者本身的設計經驗來看,雖然狀態機在描述一些電路功能時有一定的優勢,但仍建議大家儘量不採用這種方式來完成 Verilog HDL 設計,而是更加注重電路模型的建立。當然,如果電路的狀態轉移圖更利於描述電路的工作狀態,採用狀態機的設計方法完成 Verilog HDL 設計不失為一種選擇。

本章的學習要點可歸納為:

(1) 理解狀態機的概念。

(2) 掌握三種狀態機描述電路的方法。

(3) 掌握狀態轉移圖的分析及設計方法。

進階篇

04

進階篇包括時序約束、IP 核設計、線上邏輯分析儀除錯和常用的 FPGA 設計技巧等內容。要想設計出滿足時序要求的 Verilog HDL 程式，首要條件就是深刻理解 FPGA 程式運行速度的極限在何處。IP 核是經過驗證的成熟設計模組，是一種提高設計效率的極佳設計方式。將 FPGA 程式下載到目標元件上可以觀察電路的運行情況，線上邏輯分析儀提供了很好的除錯手段。本篇最後還介紹了一些常用的 FPGA 設計技巧。

13/
基本的時序約束方法

14/
採用 IP 核設計

15/
採用線上邏輯分析儀偵錯工具

16/
常用的 FPGA 設計技巧

第 13 章

基本的時序約束方法

　　FPGA 設計雖然是通過編寫 Verilog HDL 或 VHDL 程式碼來完成的，但與 C 語言不同的是，這些程式碼實際描述的是硬體電路結構。在 FPGA 晶片內，Verilog HDL 描述的電路最終映射成正反器、閘電路等基本的邏輯電路結構，並且需要採用 FPGA 晶片內的佈線資源進行相互連接，形成完整的功能電路。簡單來講，FPGA 晶片可以類比為一塊微型電路板，而電路板的佈線狀態很大程度上可以影響電路的最高工作速度。FPGA 設計的時序約束種類較多，本章主要討論週期時序約束的方法。本章最後簡要討論速度與面積互換的 FPGA 設計原則。

13.1　電路的速度極限

　　對於大規模 FPGA 程式設計來說，為提高整個設計的工作頻率及穩定性，通常採用時脈緣觸發的同步時序電路，即整個設計的 D 型正反器均由一個或幾個主時鐘信號驅動，所有的基本邏輯模組均在統一的時鐘節拍下工作。設計中的主時鐘頻率成為衡量系統工作的一個重要性能指標。主時鐘頻率越高，系統運算速度越快，晶片功耗越大，Verilog HDL 程式碼描述的電路在晶片上越難實現，對設計的要求越高。

　　根據本書第 1 章討論的時序邏輯電路的基本結構（見圖 13-1），各級 D 型正反器之間通常會設計一些特定功能的組合邏輯電路，組合邏輯電路的運行需要時間，假設圖 13-1 中兩個組合邏輯電路的運行延遲分別為 t_{c1}、t_{c2}，且 $t_{c1} < t_{c2}$，則整個系統的最小工作時鐘週期 $T = t_{c2} + t_{set} + t_{hold}$。其中，D 型正反器為了在 clk 正緣(rising edge)到達時刻正確反應輸入信號的狀態，需要輸入信號 D 的狀態提前一段時間發生變化，這個時間稱為資料建立時間 t_{set}。同樣，在 clk 正緣(rising edge)時刻的資料發生變化後，還要經過一定時間才能反應到輸出埠，這個時間稱為資料保持時間 t_{hold}。如果兩個 D 型正反器串聯，則最小時鐘工作週期 $T = t_{set} + t_{hold}$。

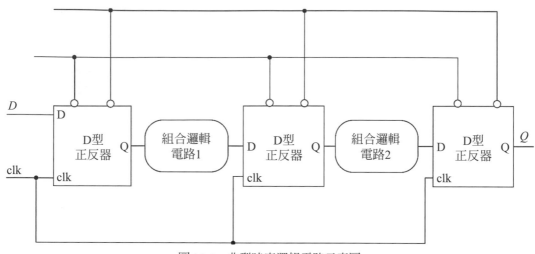

圖 13-1　典型時序邏輯電路示意圖

　　一般來講，組合邏輯電路的傳輸延遲要大於 D 型正反器的資料建立時間和資料保持時間，因此，系統的最高工作頻率決定於兩個 D 型正反器之間組合邏輯電路的最大傳輸延遲。為了提高電路系統的時鐘工作頻率，我們需要合理設計各級 D 型正反器之間的組合邏輯電路傳輸延遲，使得各級電路傳輸延遲儘量相近，或者通過拆分組合邏輯電路，在其中插入適當數量的 D 型正反器，通過增加運算時鐘週期數量（也相當於增加流水線級數）的方式提高時鐘工作頻率。

　　經過上面的分析，電路的最快工作速度，即最小工作時鐘週期由 FPGA 晶片的 D 型正反器的資料建立時間和資料保持時間，以及各級 D 型正反器之間的最大組合邏輯電路處理延遲決定。D 型正反器的性能由 FPGA 晶片本身決定，提高系統運行速度的關鍵在於合理設計電路的結構，縮短各級 D 型正反器之間的組合邏輯電路處理延遲。

　　上面的分析並沒有考慮到佈線的延遲。由於 FPGA 晶片內部實際上是由 D 型正反器、閘電路、選擇器等電路構成的複雜電路，每個單元電路之間根據 Verilog HDL 程式碼相互連接，單元電路之間的佈線延遲也會在較大程度上對系統的工作速度造成影響。FPGA 將 Verilog HDL 程式碼綜合成電路，電路在 FPGA 晶片內部的佈局佈線都是由 FPGA 編譯工具自動完成的，但編譯工具會根據工程師設定的時序約束要求進行佈局佈線。如果設置的時序約束合理，則可以在一定程度上提高系統的運行速度。

　　因此，提高系統工作頻率的方法有兩種：一種是優化設計思路並修改程式結構及程式碼；另一種是在程式的綜合實現階段添加時序約束條件，制定優化策略，並以此指導綜合實現工具進行佈局佈線優化。

13.2 時序約束方法

13.2.1 查看計數器的邏輯電路結構

實例 13-1：計數器的時鐘週期約束設計

對於同步時序電路設計來說，系統的最高工作頻率指的是驅動時鐘信號的工作頻率。系統的工作頻率除由程式結構（D 型正反器之間的組合邏輯電路）和 FPGA 晶片決定外，還受到 FPGA 內部佈局佈線的影響。

週期時序約束，即對採用某個時鐘信號作為觸發信號的所有電路設置工作週期參數，FPGA 在程式綜合及佈局佈線時，會根據使用者指定的週期約束，自動優化佈局佈線策略，儘量滿足用戶指定的時序要求。

我們以下面的 5 位元數目器電路為例說明時序約束的方法。5 位元數目器的 Verilog HDL 程式碼如下。

```
//counter_time.v 檔程式碼
module counter_time(
    input clk,
    output    [4:0] dout);

    reg [4;0] cn;
    always @(posedge clk)
        cn <= cn + 1;

    assign dout = cn;
endmodule
```

前面說過，當目標元件選定後，系統最高工作頻率由暫存器之間的組合邏輯電路傳輸延遲及佈線延遲決定。對於計數器來講，制約系統工作頻率的因素在於低位元至高位的進位鏈邏輯電路。

雲源軟體沒有提供電路綜合後的底層元件連接圖查看功能，為便於瞭解計數器底層邏輯電路結構，圖 13-2 為在 QuartusII 13.1 軟體環境下設計的 5 位元數目器的邏輯電路結構圖。

由圖 13-2 可知，電路中最長的邏輯電路為由 D 正反器 cn[0]到 cn[4]之間的進位元邏輯電路，圖中採用粗線對這條電路進行了標識。也就是說，系統的最高時鐘工作頻率由這條邏輯電路的運算延遲及佈線延遲決定。由於所有 D 正反器之間的運算均需在一個時鐘週期內完成，計數器位數越多，則處理低位至高位之間運算的邏輯電路就越多，系統的時鐘工作頻率也就越低。對於 5 位元數目器的結構，週期時序約束是指在時鐘信號線 clk 上附加週期約束。

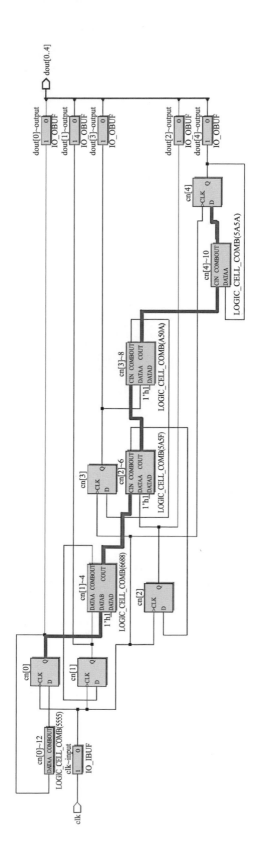

圖 13-2　5 位元計數器的邏輯電路結構圖

13.2.2　計數器電路添加時鐘週期約束

在雲源軟體的計數器工程環境中新建"Timing Constraints File"類型的時序約束檔 counter_time.sdc。

按一下功能表列中的 "Tools" → "Timing Constraints Editor"，打開時序約束編輯器。在約束編輯器中按一下 "File→Open"，打開約束檔設置對話方塊，分別設置網表檔（Netlist File）為當前工程目錄下的"impl/gwsynthesis/counter_time.vg"，時序約束檔（Constraint File）為新建的"counter_time.sdc"，如圖 13-3 所示。

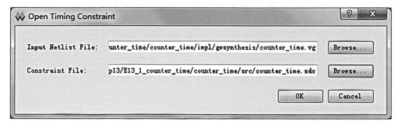

圖 13-3　約束檔設置對話方塊

按一下"OK"按鈕，進入時序約束主介面，如圖 13-4 所示。

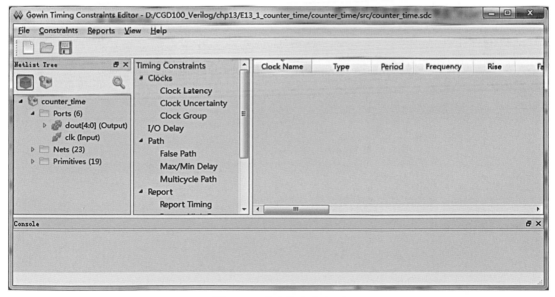

圖 13-4　時序約束主介面

按一下功能表列中的 "Constraints" → "Create Clock"，打開創建時鐘週期約束對話方塊，在"Clock name"編輯方塊中輸入約束名稱 clk，設置時鐘工作頻率（Frequence）為 50MHz，按一下"Objects"右側的流覽按鈕打開約束信號選擇（Select Objects）介面，並選擇約束的信號為"clk"，勾選創建時鐘週期約束對話方塊中的"Add"核取方塊，按一下"OK"按鈕完成時鐘週期約束的創建，如圖 13-5 所示。

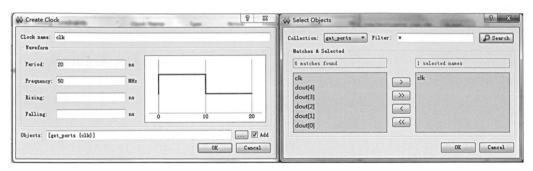

圖 13-5　計數器時鐘週期約束的創建

時鐘週期約束創建完成後，返回雲源軟體主介面，打開 counter_time.sdc，可以發現檔中增加了下面的時序約束程式碼。

```
create_clock -name clk -period 20 -waveform {0 10} [get_ports {clk}] -add
```

對照時鐘週期約束的創建過程，容易理解時序約束語法。其中"create_clock"表示創建時鐘約束；"-name clk"表示創建的約束名稱為 clk；"-period 20"表示時鐘週期為 20ns；"-waveform {0 10}"表示時鐘高電壓準位持續時間為 10ns，即占空比為 50%；"[get_ports {clk}] -add"表示時鐘週期約束的目標信號為工程中的 clk 信號。在瞭解時序約束語法後，也可以直接在 sdc 檔中編輯程式碼完成約束創建。

重新編譯 FPGA 工程，並完成 FPGA 工程的佈局佈線，按一下雲源軟體主介面中"Process"視窗下方的"Process"標籤，按一下"Timing Analysis Report"條目，打開時序分析報告，在右側視窗中可以查看當前工程佈局佈線後的時序分析報告，如圖 13-6 所示。

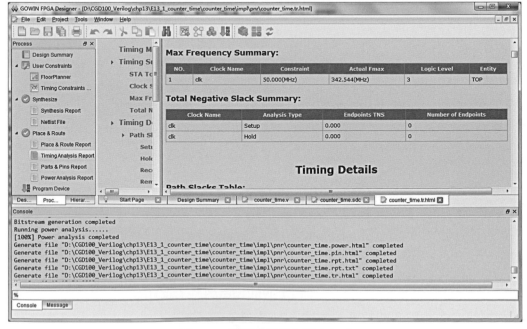

圖 13-6　時序分析報告顯示介面

從圖 13-6 可以看出，當前的計數器工程中，clk 的週期約束爲 50MHz，實際上的最大工作頻率可達 342.544MHz。

需要說明的是，並非週期約束設置的條件越苛刻（頻率越高），佈局佈線後的實現結果就越好。通常來講，約束條件設置的值略優於最終的設計性能，在這種約束條件下容易達到較好的最終實現效果。爲了進一步測試週期約束與 FPGA 實際佈局佈線效果之間的關係，我們修改 counter_time_ucf.sdc 中的時鐘週期參數，將 period 參數設置爲 2ns，waveform 參數設置爲{0 1}，即希望計數器工作到 500MHz，修改後的時序約束程式碼如下。

```
create_clock -name clk -period 2 -waveform {0 1} [get_ports {clk}] -add
```

重新編譯 FPGA 工程並查看時序報告，發現 clk 的最高時鐘工作頻率的數位變爲紅色，且給出了時序不滿足約束需求的佈線信號，如圖 13-7 所示。

Path Number	Path Slack	From Node	To Node	From Clock	To Clock	Relation	Clock Skew	Data Delay
1	-0.919	cn_1_s0/Q	cn_4_s0/D	clk:[R]	clk:[R]	2.000	0.000	2.519
2	-0.862	cn_1_s0/Q	cn_3_s0/D	clk:[R]	clk:[R]	2.000	0.000	2.462
3	-0.805	cn_1_s0/Q	cn_2_s0/D	clk:[R]	clk:[R]	2.000	0.000	2.405
4	0.019	cn_0_s0/Q	cn_1_s0/D	clk:[R]	clk:[R]	2.000	0.000	1.581
5	0.503	cn_0_s0/Q	cn_0_s0/D	clk:[R]	clk:[R]	2.000	0.000	1.097

圖 13-7   時序不滿足約束需求的佈線信號

需要說明的是，不同 FPGA 元件的工作速度是不同的，相同 Verilog HDL 程式碼所形成的電路在不同 FPGA 元件中的最高工作速度也不同。讀者可以嘗試修改.sdc 檔，查看時序分析報告，瞭解目標 FPGA 元件的工作速度。

讀者可在本書配套資料中的"chp13/E13_1_counter_time"目錄下查看完整的工程檔。

13.3   速度與面積的取捨

13.3.1   多輸入加法器電路的結構分析

根據前面對時序電路的分析可知，FPGA 電路的運行速度主要由 FPGA 本身的 D 型正反器運行速度（主要由資料建立時間、資料保持時間決定），以及 D 型正反器之間的組合邏輯電路的複雜度決定。在 FPGA 設計中，邏輯資源也稱爲面積，因爲晶片內的邏輯資源一般是均勻分佈在晶片內的，面積大則資源多。晶片的面積有限，邏輯資源有限，如何利用更少的資源實現設計需求，或者在有限的資源中實現盡可能多的功能，是 FPGA 工程師需要解決的問題。衡量電路工作性能的另一個重要指標是運行速度，速度越快（對於時序邏輯電路來講，相當於系統時鐘工作頻率越快），意味著性能越好。如何減少電路所占的邏輯資源，同時提高電路的運行速度，正是 FPGA 工程師面臨的挑戰。

接下來我們以一個具體的加法器電路實例來討論 FPGA 設計中的速度與面積互換原則。

實例 **13-2**：多輸入加法器電路時序約束設計

下面是 4 輸入加法器的 Verilog HDL 程式碼及綜合後的 RTL 原理圖（見圖 13-8）。

```
//3 級流水線操作的 4 輸入加法器電路
module adder_time(
    input clk,
    input [3:0] d1,d2,d3,d4,
    output reg [5:0] dout);

    reg [3:0] dt1,dt2,dt3,dt4;
    reg[4:0] s1,s2;
    always @(posedge clk)
        begin
            dt1 <= d1;
            dt2 <= d2;
            dt3 <= d3;
            dt4 <= d4;
            s1 <= dt1 + dt2;
            s2 <= dt3 + dt4;
            dout <= s1 + s2;
        end

endmodule
```

雲源軟體綜合後的 RTL 原理圖與圖 13-8 相同，只是顯示的圖形較小，不便於展示，讀者可自行在雲源軟體中查看。

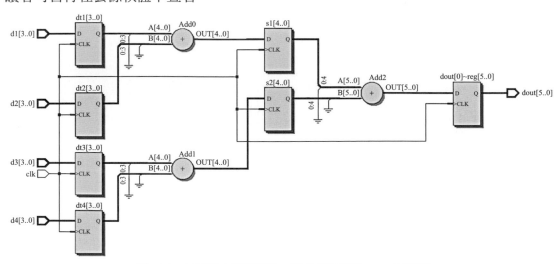

圖 13-8　3 級流水線運算的 4 輸入加法器的 RTL 原理圖

程式要完成 4 輸入信號的加法運算。首先對輸入的 4 輸入數據 d1、d2、d3、d4 進行一級 D 型正反器延遲處理（一些資料中也稱這種處理為採用時鐘打一拍），信號 dt1、dt2、dt3、dt4 均由 D 型正反器輸出，如圖 13-8 所示。採用 2 輸入並行的加法器同時完成 dt1、dt2，以及 dt3、dt4 的加法運算，並由下一級 D 型正反器輸出，得到 s1、s2。最後，採用一級加法器完成 s1 和 s2 的加法運算，並由 D 型正反器輸出最後的加法結果 dout。根據 Verilog HDL 語法規則，在 always 區塊描述中，當有時鐘作為邊緣觸發條件時，所有的輸出信號均會由 D 型正反器輸出。大家可以對照程式碼和 RTL 原理圖進行理解。

　　對於整個電路來講，從輸入信號 d1、d2、d3、d4 到最後得到加法結果 dout，共經歷了 3 級 D 型正反器，也可以說經過了 3 級流水線。加法運算結果 dout 比輸入信號 d1、d2、d3、d4 延遲 3 個時鐘週期。

　　根據前面分析的電路時鐘週期約束的原理，圖 13-8 所示電路中，兩級 D 型正反器中的最長邏輯電路為一個雙輸入加法器。也就是說，電路的最短運行週期由 D 型正反器本身的資料建立時間、資料保持時間、雙輸入加法運算時間及佈線延遲決定。設置時鐘週期約束，就是指導雲源軟體在佈線時儘量根據設置的參數合理佈線，滿足設置的運行時序要求。按照給計數器添加時序約束的方法，添加 50MHz 時鐘信號（clk）週期約束，佈局佈線後查看時序分析報告，可知電路的最高運行頻率可達 128.963MHz。由於資料處理時鐘工作頻率與資料登錄速率相同，因此加法器的資料處理頻率最高可達 128.963MHz。

13.3.2　流水線操作的本質——討論多輸入加法器的運行速度

　　前面討論多輸入加法器的結構時，講到流水線的概念。由於 4 輸入加法運算共經過了 3 級 D 型正反器，也就相當於經過了 3 級流水操作。圖 13-9 是 4 輸入加法器的 ModelSim 模擬波形圖。

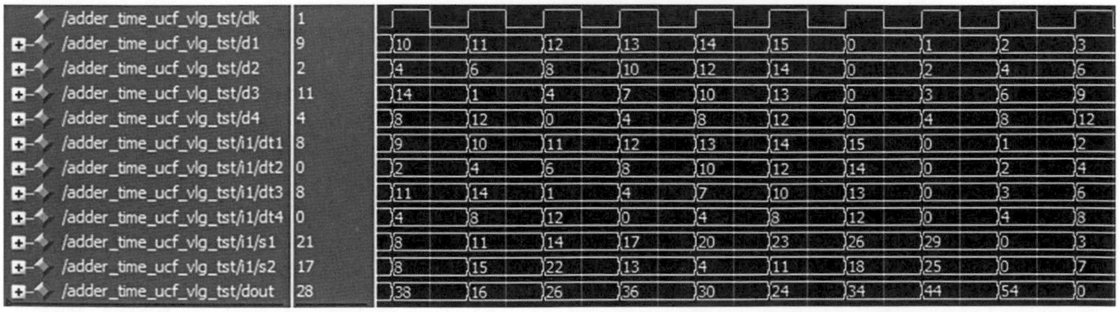

圖 13-9　3 級流水線運算的 4 輸入加法器的 ModelSim 模擬波形圖

　　從模擬波形可以看出，輸入信號 d1、d2、d3、d4 分別為 11、6、1、12 時，下一個時鐘週期得到 1 級流水線後的資料 dt1、dt2、dt3、dt4，再經過一個時鐘週期後，得到 2 輸入加法運算結果（s1=d1+d2=17，s2=d3+d4=13），最後經過一級流水線（一個時鐘週期）得到 dout=30。無論從模擬波形，還是根據 D 型正反器的工作原理，一級流水線操作都會產生一個時鐘週期的延遲。完成 4 輸入數據的加法運算共經過了 3 個時鐘週期的延遲。

　　採用流水線操作有什麼好處呢？答案是可以提高系統整體運行速度，提高系統的時鐘工作頻率，或者說可以提高資料的處理速度，代價是增加了運算的延遲。對於 4 輸入電路來講，系統的最高運行速度主要由兩級 D 型正反器之間的邏輯電路決定（採用 3 級流水線操作時，D 型正反器之間僅有一個雙輸入加法器。

　　我們修改一下 Verilog HDL 程式碼，去掉 s1、s2 這一級 D 型正反器，減少一級流水線操作。修改後的程式碼如下，其 RTL 原理圖如圖 13-10 所示。

```
//2 級流水線操作的 4 輸入加法器電路
module adder_time(
    input clk,
    input [3:0] d1,d2,d3,d4,
    output reg [5:0] dout);

    //2 級流水線操作程式碼
    reg [3:0] dt1,dt2,dt3,dt4;
    wire [4:0] s1,s2;
    assign s1 = dt1 + dt2;
    assign s2 = dt3 + dt4;
    always @(posedge clk)
        begin
            dt1 <= d1;
            dt2 <= d2;
            dt3 <= d3;
            dt4 <= d4;
            dout <= s1 + s2;
            end

endmodule
```

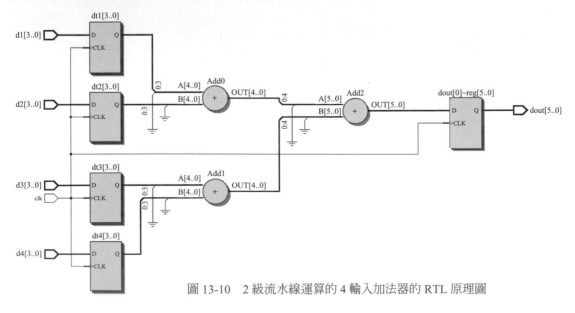

圖 13-10　2 級流水線運算的 4 輸入加法器的 RTL 原理圖

　　由圖 13-10 可知，輸入的 4 輸入數據經 D 型正反器後，依次經過 2 級雙輸入加法運算（Add0 和 Add1 是並行運算），再由 D 型正反器送出。整個加法器共有 2 級流水線操作，2 級 D 型正反器之間的邏輯電路為 2 級加法運算。因此，相對於 3 級流水線運算來講，2 級流水線運算的 D 型正反器之間的邏輯電路增加了，系統的運行速度就會降低。

　　重新編譯器後，查看時序分析報告，可知此時的最高時鐘工作頻率為 108.543MHz。前面分析的 3 級流水線操作的最高時鐘工作頻率為 128.963MHz。2 級流水線與 3 級流水線的時序分析報告得到的時鐘工作頻率相近，這是由於電路本身比較簡單（僅為 4 輸入加法器），且時序約束條件比較寬鬆。當電路比較複雜時，不同流水線運算的程式碼所能實現的時鐘工作頻率會有明顯的不同。

　　圖 13-11 為 2 級流水線運算的加法器的 ModelSim 模擬波形圖，從圖中可以看出，s1、s2 的運算結果與 dt1、dt2、dt3、dt4 之間沒有延遲，從輸入資料（d1、d2、d3、d4）到輸出 dout 之間共有 2 個時鐘週期的延遲。

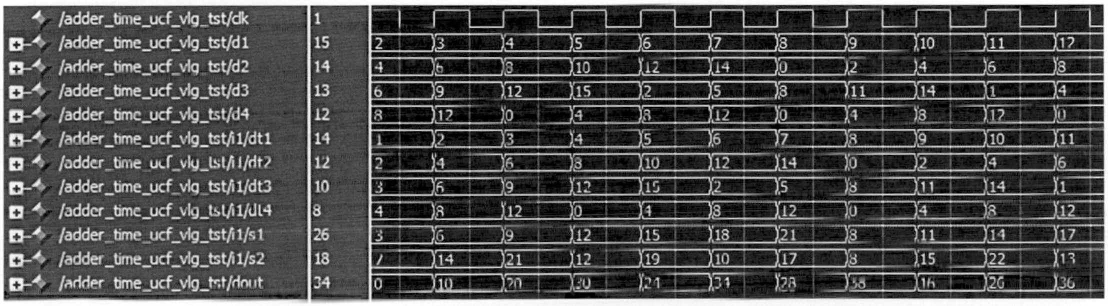

圖 13-11　2 級流水線運算的加法器的 ModelSim 模擬波形圖

13.3.3　用一個加法器完成 4 輸入加法

實例 13-3：串列結構加法器電路設計

　　Verilog HDL 與 C 語言的本質區別在於並行與循序執行的區別。用 Verilog HDL 編寫的程式最終要形成 RTL 電路，FPGA 中有數量豐富的邏輯資源、加/減法器及乘法器、記憶體等資源。用 C 語言編寫的程式並不涉及電路結構，因為最終的執行部件均是 CPU，幾乎所有的運算都是循序執行的。Verilog HDL 設計的電路是並存執行的，也就是說如果要使多個運算單元同時運算，每個運算單元都要佔用相應的邏輯資源。

　　前面討論的 4 輸入加法器電路採用流水線結構，為完成並行運算共用了 3 個加法器，可以實現每個時鐘處理一次 4 輸入運算（延遲 2 個時鐘週期或 3 個時鐘週期），資料登錄速率與時鐘工作頻率相同。

　　如果我們只採用一個加法器完成 4 輸入運算，則可以節約 2 個加法器的邏輯資源。由於只有一個加法器做運算，每次僅能完成一次雙輸入加法，4 輸入加法需要按順序進行 3 次加法運算。具體步驟為：首先完成 dt1、dt2 的加法運算得到 sum2，其次完成 sum2 與 dt3 的加法運算得到 sum3，最後完成 sum3 與 dt4 的加法運算得到 dout。

　　描述加法運算的步驟並不複雜，如何完成上述步驟的 Verilog HDL 建模，如何完成程式碼設計才是重點。實際上，我們需要採用 Verilog HDL 程式碼來描述循序執行的加法運算。

　　首先我們設計一個 2 輸入的加法器模組 add2.v，且加法器模組爲組合邏輯電路，輸入輸出之間沒有延遲。在頂層文件 adder_serial.v 中調用 add2.v 檔，將加法器的運算結果 sum 由 D 型正反器輸出。然後控制加法器輸入信號的狀態，使得在第 1 個時鐘週期內輸入信號爲 dt1、dt2，在第 2 個時鐘週期內輸入信號爲 dt3、sum（此時 sum=dt1+dt2），在第 3 個時鐘週期內輸入信號爲 dt4、sum（此時 sum=dt1+dt2+dt3），則此時加法器的輸出爲 sum=dt1+dt2+dt3+dt4。

　　爲便於讀者理解，下面先給出 adder2.v 和 adder2_serial.v 的 Verilog HDL 程式碼。

```verilog
//adder2.v 程式碼
module adder2(
    input [5:0] d1,d2,
    output [5:0] dout);

    assign dout = d1 + d2;

endmodule

//adder2_serial.v 程式碼
module adder2_serial(
    input clk,                  //時鐘工作頻率爲資料登錄速率的 3 倍
    input [3:0] d1,d2,d3,d4,
    output reg [5:0] dout);

    wire [5:0] add_out;
    reg [5:0] sum=0;
    reg [5:0] ad1=0;
    reg [5:0] ad2=0;
    reg [1:0] cn=0;
    reg [5:0] dt1=0;
    reg [5:0] dt2=0;
    reg [5:0] dt3=0;
    reg [5:0] dt4=0;

    //產生週期爲 3 的計數器
    always @(posedge clk)
        if (cn<2)
            cn <= cn + 1;
        else
            cn <= 0;
```

```
        //每 3 個 clk 週期讀取一次輸入資料，且擴展成 5bit
        always @(posedge clk)
            if (cn==2) begin
                    dt1 <= {2'd0,d1};
                    dt2 <= {2'd0,d2};
                    dt3 <= {2'd0,d3};
                    dt4 <= {2'd0,d4};
                    end

        //實例化雙輸入加法器
        adder2 u1 (
            .d1 ( ad1 ),
            .d2 ( ad2 ),
            .dout (add_out));

        //加法器輸出結果經 D 型正反器輸出
        always @(posedge clk)
            sum <= add_out;

        //根據計數控制加法器的輸入信號
        always @(*)
            case(cn)
                0: begin ad1 <= dt1; ad2 <= dt2; end
                1: begin ad1 <= dt3; ad2 <= sum; end
                2: begin ad1 <= dt4; ad2 <= sum; dout <= add_out;   end
                default: begin ad1 <= dt1; ad2 <= dt2; end
            endcase

endmodule
```

　　程式 adder2.v 為一個雙輸入，位寬為 5bit 的加法器電路。adder2_serial.v 程式中，首先生成了週期為 3 的計數器 cn，而後當 cn==2 時讀取一次輸入資料，且將資料擴展成 5bit，相當於每 3 個 clk 週期完成一次資料讀取操作，即加法器的時鐘頻率是資料登錄速率的 3 倍。程式中實例化了一個雙輸入加法器 u1（adder2），並將加法器的運算結果經 D 型正反器 sum 輸出。程式的最後一段程式碼用於根據 cn 的計數狀態控制 adder2 的輸入信號，當為 0 時完成 dt1+dt2，為 1 時完成 dt1+dt2+dt3，為 2 時完成 dt1+dt2+dt3+dt4，同時由 dout 輸出最後的 4 輸入加法運算結果。

　　串列加法器電路的 ModelSim 模擬波形圖如圖 13-12 所示。由於程式中的 dt1、dt2、dt3、dt4 均在 cn 為 2 時輸出，且經過一級 D 型正反器輸出，因此在波形中與 cn 為 0 的時刻對齊輸出。波形圖左側，cn 第一次為 0 時，dt1、dt2、dt3、dt4 分別為 6、12、2、8。根據 adder2_serial.v 程式，控制 adder2 輸入信號的為組合邏輯電路，且當 cn 為 0 時輸入信號為 dt1、dt2，因此在波形圖中當 cn 為 0 時，ad1、ad2 分別為 6、12，且加法結果 add_out 為 18，sum 為 add_out 經過一級 D 型正反器的輸出，因此 sum 比 add_out

延遲一個 clk 週期，當 cn 為 1 時為 dt1+dt2=18；當 cn 為 1 時 ad1、ad2 分別為 dt3（2）、sum（18），此時 add_out 為 20；當 cn 為 2 時 ad1、ad2 分別為 dt4（8）、sum（20），此時 add_out 為 28，即為 dt1、dt2、dt3、dt4 的加法運算結果，此時 dout 輸出 add_out，即 28。

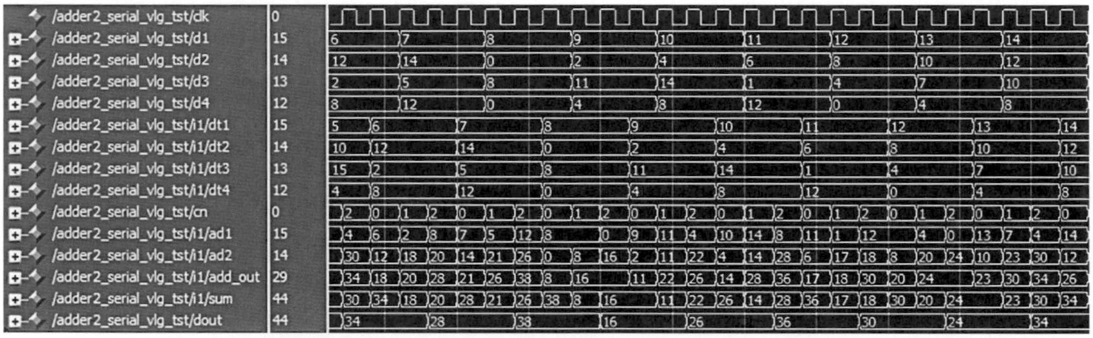

圖 13-12　串列加法器電路的 ModelSim 模擬波形圖

13.3.4　串列加法器時序分析

　　為串列加法器工程添加與並行加法器工程相同的埠及時鐘週期約束檔，重新編譯工程，查看時序分析報告，可知串列加法器的最高時鐘工作頻率為 107.578MHz。

　　由前文可知，串列加法器的時鐘工作頻率與並行加法器的時鐘工作頻率相近。由於串列加法器的資料登錄速率為時鐘頻率的 1/3，因此串列加法器的資料處理速率實際上為 35.86MHz，遠低於並行加法器的資料處理速率。

　　串列加法器中用於資料加法運算的加法單元只有一個，為了實現串列加法運算，串列加法器還增加了計數器、加法器輸入信號控制電路等輔助電路。對於 4 輸入加法運算來講，並行加法器與串列加法器所使用的邏輯資源相差不大，但隨著輸入資料位元寬的增加，以及加法運算元的增加，串列加法器所需的邏輯資源沒有太大變化（主要由一個加法器、計數器、輸入信號控制電路組成），並行加法器則需要成倍增加加法運算單元。因此，使用串列加法器可以極大地節約邏輯資源，同時隨著加法運算元的增加，如運算元為 N 個，串列加法器的資料處理速率則為時鐘頻率的 1/（N-1）。因此，與並行加法器相比，串列加法器是以降低資料處理速率為代價，實現節約邏輯資源的目的的。反之，與串列加法器相比，並行加法器則是以增加資源為代價，實現提高運算速度的目的的。

　　本章中的加法器實例僅用來講解時序約束方法，其時序約束設計還有較大的改進空間。例如，為了提高系統運行速度，降低輸入輸出埠的時序約束要求，一般會在輸入輸出資料端增加一級暫存器，合理設計埠的接腳位置約束也會對系統的運行速度產生一定的影響。但總的來講，提高系統的運行速度或減少電路的邏輯資源的最有效方式仍然是合理的 FPGA 電路建模及 Verilog HDL 程式碼設計。

13.4　小結

時序約束是提高系統運行速度性能的方式之一，但更有效的方式是通過優化 Verilog HDL 程式碼，合理設計各級流水線中的邏輯運算步驟。一般來講，FPGA 的時鐘工作頻率可在 100MHz 以上。對於運行速度要求不高的電路，一般不需要進行任何時序約束，當系統運行頻率達到 100MHz 以上時，一般需要通過時序約束確保電路能夠正確工作。速度與面積的取捨是 FPGA 工程師經常要面對的問題，工程師通常需要根據設計需求及 FPGA 晶片的邏輯資源情況採取合理的電路結構設計方案。

本章的學習要點可歸納為：

（1）理解決定電路運行速度的關鍵時序資訊。

（2）理解週期約束約束時序參數的準確含義。

（3）掌握週期約束時序約束的基本方法。

（4）掌握閱讀時序分析報告的方法。

（5）掌握速度與面積互換的設計思路。

第 14 章

採用 IP 核設計

IP（Intellectual Property）核就是智慧財產權核。IP 核是一個功能完備、性能優良、使用簡單的功能模組。我們可以將 IP 核看作硬體設計中的晶片，設計者所要完成的工作是讀懂晶片的使用手冊，根據晶片的功能設計介面信號，正確使用這些晶片。合理使用 IP 核，可以在確保電路性能的前提下極大地提高 FPGA 的設計效率。

14.1　FPGA 設計中的"拿來主義"——使用 IP 核

14.1.1　IP 核的一般概念

IP 核是指智慧財產權核或智慧財產權模組，在 FPGA 設計中具有重要的作用。美國著名的 Dataquest 諮詢公司將半導體產業的 IP 核定義為"用於 ASIC 或 FPGA 中預先設計好的電路功能模組"。

由於 IP 核是經過驗證的、性能及效率均比較理想的電路功能模組，因此其在 FPGA 設計中具有十分重要的作用，尤其是一些較為複雜又十分常用的電路功能模組，如果使用相應的 IP 核，就會極大地提高 FPGA 設計效率。

在 FPGA 設計領域，一般把 IP 核分為軟 IP 核（軟核）、韌 IP 核（韌核）和硬 IP 核（硬核）三種。下面先來看看絕大多數著作或網站上對這三種 IP 核的描述。

IP 核有行為（Behavior）級、結構（Structure）級和物理（Physical）級三種不同程度的設計，對應著描述功能行為的軟 IP 核（Soft IP Core）、描述結構的韌 IP 核（Firm IP Core），以及基於物理描述並經過製造技術驗證的硬 IP 核（Hard IP Core）。這相當於積體電路（元件或部件）的毛坯、半成品和成品的設計。

軟 IP 核是用 VHDL 或 Verilog HDL 等硬體描述語言描述的功能模組，並不涉及用哪個具體電路元件實現這些功能。軟 IP 核通常是以 HDL 檔的形式出現的，在開發過程中與普通的 HDL 檔十分相似，只是所需的開發軟硬體環境比較昂貴。軟 IP 核的設計週期短、投入少，由於不涉及物理實現，為後續設計留有很大的發揮空間，增大了 IP 核的靈活性和適應性。軟 IP 核的主要缺點是在一定程度上使後續的擴展功能無法適應整體設計，從而需要在一定程度上對軟 IP 核進行修正。由於軟 IP 核是以程式碼的形式提供的，儘管程式碼可以採用加密方法，但軟 IP 核的保護問題仍然是一個不容忽視的問題。

硬 IP 核提供的是最終階段的產品形式：換句話說。硬 IP 核以經過完全佈局佈線的網表形式提供，既具有可擴展性，也可以針對特定製造技術或用戶進行功耗和尺寸上的優化。儘管硬 IP 核缺乏靈活性、可攜性差，但由於無須提供暫存器傳輸級（RTL）檔，因而更易於實現硬 IP 核保護。

韌 IP 核則是軟 IP 核和硬 IP 核的折中。大多數應用於 FPGA 的 IP 核均為軟 IP 核，軟 IP 核有助於用戶調節參數並增強可重複使用性。軟 IP 核通常以加密的形式提供，這樣實際的 RTL 檔對用戶是不可見的，但佈局佈線靈活。在加密的軟 IP 核中，如果對軟 IP 核進行了參數可配置設計，那麼使用者就可通過標頭檔或圖形使用者介面（GUI）方便地對參數進行修改。對於那些對時序要求嚴格的 IP 核（如 PCI 介面 IP 核），可預佈線特定信號或分配特定的佈線資源以滿足時序要求，這些 IP 核可歸類為韌 IP 核。由於韌 IP 核是預先設計的程式碼模組，因此有可能影響包含該韌 IP 核整體設計產品的功能及性能。由於韌 IP 核的資料建立時間、資料保持時間和連結信號都可能是固定的，因此在設計其他電路時必須考慮與該韌 IP 核之間的信號時序要求。

14.1.2　FPGA 設計中的 IP 核類型

前面對 IP 核的三種類型的描述比較專業，也正因為其專業，所以理解起來有些困難。對於 FPGA 應用設計來講，用戶只要瞭解所使用 IP 核的硬體結構及基本組成方式即可。據此，可以把 FPGA 中的 IP 核分為兩個基本的類型：基於 LUT 等邏輯資源封裝的軟 IP 核、基於固定硬體結構封裝的硬 IP 核。

具體來講，所謂軟 IP 核，是指基本實現結構為 FPGA 中的 LUT、正反器等資源，用戶在調用這些 IP 核時，其實是調用了一段硬體描述語言（VHDL 或 Verilog HDL）程式碼，以及已進行綜合優化的功能模組。這類 IP 核所佔用的邏輯資源與使用者自己編寫硬體描述語言程式碼所佔用的邏輯資源沒有任何區別。

所謂硬 IP 核，是指基本實現結構為特定硬體結構的資源，這些特定的硬體結構與 LUT、正反器等邏輯資源完全不同，是專用於特定功能的資源。在 FPGA 設計中，即使用戶沒有使用硬 IP 核，這些資源也不能用於其他場合。換句話講，我們可以簡單地將硬 IP 核看成嵌入 FPGA 中的專用晶片，如乘法器、記憶體等。由於硬 IP 核具有專用的硬體結構，雖然功能單一，但通常具有更好的性能。硬 IP 核的功能單一，可滿足 FPGA 設計時序的要求，以及與其他模組的介面要求，通常需要在硬 IP 核的基礎上增加少量的 LUT 及正反器資源。使用者在使用硬 IP 核時，應當根據設計需求，通過硬 IP 核的設置介面對其介面及其他參數進行設置。

在 FPGA 設計中，要實現一些特定的功能，如乘法器或記憶體，既可以採用普通的 LUT 等邏輯資源來實現，也可以採用專用的硬 IP 核來實現。FPGA 開發軟體的 IP 核生成工具通常會提供不同實現結構的選項，使用者可以根據需要來選擇。

　　用戶該如何選擇呢？有時候選項多了，反而會增加設計的難度。隨著我們對 FPGA 結構理解的加深，對設計需求的把握更加準確，或者具有更強的設計能力時，就會發現選項多了，會極大地增加設計的靈活性，更利於設計出完善的產品。例如，在 FPGA 設計中，有兩個不同的功能模組都要用到多個乘法器，而 FPGA 中的乘法器是有限的，當所需的乘法器數量超出 FPGA 晶片內的硬體乘法器數量時，將無法完成設計。此時，可以根據設計的速度及時序要求，將部分乘法器用 LUT 等邏輯資源實現，部分對運算速度要求較高的功能採用硬體乘法器實現，最終解決程式的設計問題。

　　IP 核的來源主要有 3 種：FPGA 開發環境整合的免費 IP 核、FPGA 公司提供（需要付費）的 IP 核，以及協力廠商公司提供的 IP 核。在 FPGA 設計中，最常用的 IP 核還是由 FPGA 開發環境直接提供的 IP 核。由於 FPGA 規模及結構的不同，不同 FPGA 所支援的 IP 核種類也不完全相同，每種 IP 核的資料手冊也會給出其所適用的 FPGA 型號。在進行 FPGA 設計時，應當先查看開發環境針對目標 FPGA 元件提供的 IP 核有哪些，以便儘量減少設計的工作量。

　　這裡以高雲公司的低成本 FPGA 系列 GW1N-UV4LQ44 為例，查看該 FPGA 所能提供的 IP 核。

　　在雲源軟體中新建 FPGA 工程，按一下“Tools”→“IP Core Generator”，打開 IP 核類型選擇介面，如圖 14-1 所示。

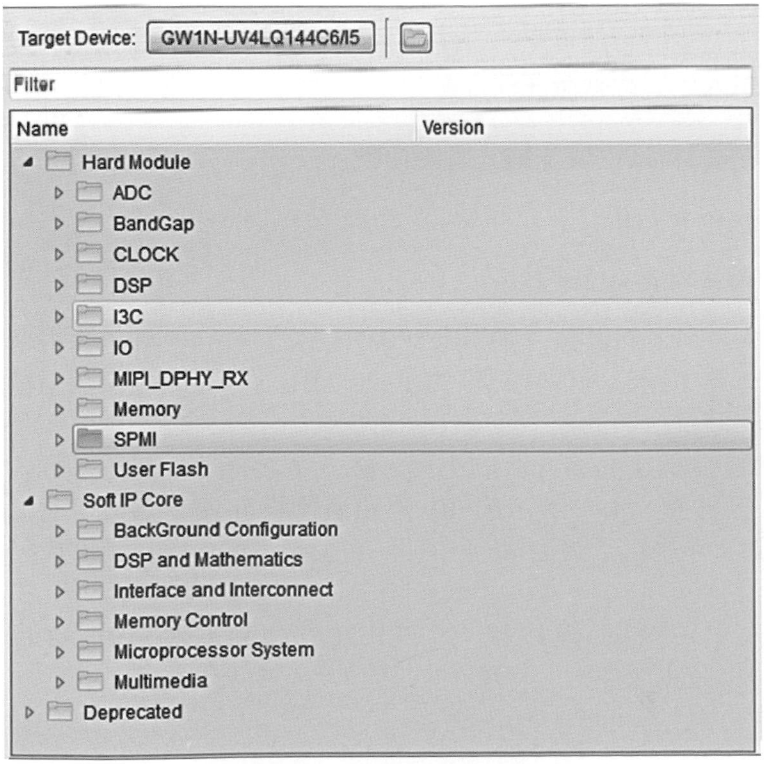

圖 14-1　IP 核類型選擇介面

　　圖 14-1 列出了目標 FPGA 元件可用的所有 IP 核類型。雲源軟體提供的 IP 核類型非常多，如時鐘類型 IP 核、數位信號處理 IP 核、記憶體 IP 核等。

14.2 　時鐘 IP 核

14.2.1　全域時鐘資源

　　在介紹時鐘 IP 核之前，有必要先瞭解一下 FPGA 全域時鐘資源的概念。全域時鐘資源是指 FPGA 內部為實現系統時鐘到達 FPGA 內部各邏輯單元、輸入輸出接腳，以及記憶體模組等基本邏輯單元的延遲和抖動最小化，採用全銅層製造技術設計和實現的專用緩衝與驅動結構。

　　由於全域時鐘資源的佈線採用了專門的結構，比一般佈線資源具有更好的性能，因此主要用於 FPGA 中的時鐘信號佈局佈線。也正因為全域時鐘資源的特定結構和優異性能，FPGA 內的全域時鐘資源數量十分有限，如 CGD100 開發板的目標 FPGA 晶片 GW1N-UV4 內僅有 16 個全域時鐘資源。

　　全域時鐘資源是一種佈線資源，且這種佈線資源在 FPGA 內的物理位置是固定的，如果設計不使用這些資源，也不能提高整個設計的佈線效率，因此，全域時鐘資源在 FPGA 設計中使用得十分普遍。全域時鐘資源有多種使用形式，使用者可以通過雲源軟體的語言範本查看全域時鐘資源的各種原語。更常見的方式是時鐘信號從 FPGA 晶片的專用時鐘接腳引入，雲源軟體在綜合實現時會自動將信號網路分配為全域時鐘資源。

14.2.2　採用時鐘 IP 核生成多輸入時鐘信號

1.　時鐘鎖相環 IP 核設計

實例 14-1：時鐘鎖相環 **IP** 核設計

　　已知 FPGA 的時鐘接腳輸入頻率為 50 MHz 的時鐘信號，要求利用時鐘 IP 核生成 3 輸入時鐘信號：第 1 路時鐘信號的頻率為 100 MHz，第 2 輸入時鐘信號的頻率為 12.5 MHz，第 3 輸入時鐘信號的頻率為 4.1667MHz。

　　在雲源軟體中新建名為 pll 的工程，按一下功能表中的 "Tools" → "IP Core Generator"，打開圖 14-1 所示的 IP 核類型選擇介面，展開 "Hard Module" → "CLOCK" 條目，按兩下 "rPLL" 條目，打開 rPLL 類型的 IP 核參數設置介面，如圖 14-2 所示。

　　雲源軟體提供了多種時鐘 IP 核，如 CLKDIV、CLKDIV2、DCS、DQCE、rPLL 等。其中 rPLL 可以同時生成多輸入時鐘信號。

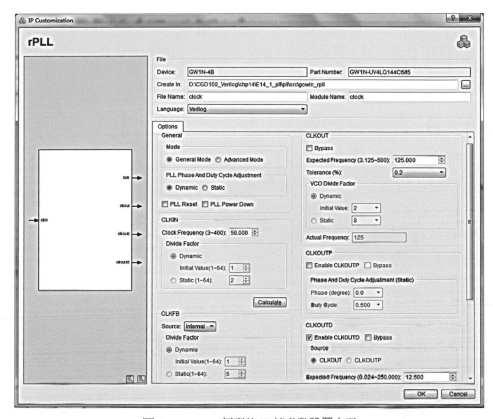

圖 14-2　rPLL 類型的 IP 核參數設置介面

在 IP 核參數設置介面中的"File Name"編輯方塊中輸入 IP 核的檔案名 clock；在 "Module Name"編輯方塊中輸入模組的名稱 clock。

由於 rPLL 的輸入時鐘爲 FPGA 的外部輸入信號，CGD100 開發板的外部晶振時鐘頻率爲 50MHz，設置"Clock Frequency"爲 50MHz。"CLKOUT"時鐘可產生 CLKIN 的整數倍倍頻或分頻頻率，也可以產生依次對 CLKIN 進行整數倍倍頻及分頻的時鐘頻率，如輸入信號 CLKIN 的頻率爲 50MHz，可產生 50MHz×5/2=125MHz 的時鐘信號。

"CLKOUTP"時鐘的頻率與 CLKOUT 相同，同時可由使用者配置時鐘信號的占空比和時鐘偏移相位，當勾選"Enable CLKOUTP"核取方塊時，IP 核參數設置介面左側的 IP 核介面示例中會自動增加控制占空比及相位偏移的控制信號介面。本實例不使用該信號，不勾選"Enable CLKOUTP"核取方塊。

勾選"Enable CLKOUTD"核取方塊，選中"Source"欄中的"CLKOUT"選項按鈕，設置 IP 核輸出 CLKOUTD 信號，且 CLKOUTD 的時鐘信號輸入源爲 CLKOUT。CLKOUTD 可以產生 CLKOUT 整數倍分頻的時鐘信號。設置"Expected Frequency"爲 12.5MHz，表示產生 CLKOUT 的 3 分頻信號，頻率爲 12.5MHz。

拖動 IP 核參數設置介面右側的捲軸，勾選"CLKOUTD3"核取方塊，設置 IP 核輸出 CLKOUTD 的 3 分頻的 4.1667MHz 信號。

按一下"OK"按鈕，完成時鐘 IP 核 clock 的創建。

2. 實例化時鐘 IP 核

完成時鐘 IP 核創建後，自動返回雲源軟體介面，則檔編輯區自動打開 IP 核的實例化程式碼，程式碼如下

```
clock your_instance_name(
    .clkout(clkout_o),          //output clkout
    .lock(lock_o),              //output lock
    .clkoutd(clkoutd_o),        //output clkoutd
    .clkoutd3(clkoutd3_o),      //output clkoutd3
    .clkin(clkin_i)             //input clkin
);
```

新建 Verilog HDL 文件 clock_top.v，在文件中實例化 clock 核，程式碼如下。

```
module clock_top(
    input clk50m,
    output clk100m,
    output clk12m5,
    output clk3m,
    output lock);

    clock u1(
        .clkin(clk50m),
        .clkout(clk100m),
        .clkoutd(clk12m5),
        .clkoutd3(clk3m),
        .lock(lock));

endmodule
```

3. 時鐘管理 IP 核的功能模擬

在完成時鐘 IP 核及頂層檔設計後，可以對檔進行模擬測試。打開 ModelSim 模擬軟體，新建 ms_pll 工程，添加檔 clock.v、clock_top.v 到工程中，新建 clk_top_vlg_tst.v 測試激勵檔，產生 50MHz 的時鐘信號 clk50m。

成功編譯當前工程中的所有檔後，運行 ModelSim 模擬功能，命令視窗出現無法模擬的提示資訊，程式碼如下。

```
# Loading work.clock
# ** Error: (vsim-3033) D:/CGD100_Verilog/chp14/E14_1_pll/ms_pll/clock.v(38): Instantiation of 'rPLL'
failed. The design unit was not found.
#
#            Region: /clock_top_vlg_tst/i1/u1
#            Searched libraries:
#                D:/CGD100_Verilog/chp14/E14_1_pll/ms_pll/work
# Error loading design
```

提示資訊表明沒有成功實例化時鐘 IP 核檔 rPLL。這是因爲模擬工程中用到了高雲 FPGA 的 IP 核，ModelSim 是協力廠商軟體，沒有將我們在安裝 ModelSim 時編譯的高雲 FPGA 的 IP 核與當前工程關聯起來。

依次按一下"Simulate→Start Simulation"，打開模擬設置對話方塊，按一下對話方塊中的"Libraries"標籤，打開 IP 核編譯庫添加介面。按一下"Add"按鈕，選中安裝 ModelSim 時編譯的 IP 核資料夾，如圖 14-3 所示。

按一下"Design"標籤，選中"work"→"clock_top_vlg_tst"，按一下對話方塊中的"OK"按鈕啓動 ModelSim 模擬，如圖 14-4 所示。

圖 14-3　IP 核編譯庫添加介面

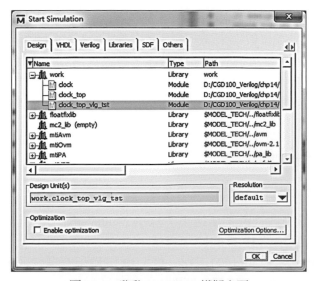

圖 14-4　啓動 ModelSim 模擬介面

　　在 ModelSim 介面中添加信號波形，調整波形視窗顯示介面，得到圖 14-5 所示的模擬波形。從圖 14-5 中可以看出，上電後 3 輸入輸出信號均為低電壓準位，lock 為低電壓準位，表示時鐘信號沒有鎖定。經過一段時間後，才輸出穩定的 3 輸入時鐘信號，且 lock 變為高電壓準位，表示時鐘鎖相環已完成鎖定，可以輸出穩定、準確的時鐘信號，且輸出時鐘信號的頻率正確。

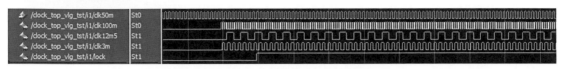

圖 14-5　時鐘 IP 核的 ModelSim 模擬波形

　　從圖 14-5 可以看出，lock 能夠及時準確地反應輸出時鐘信號的穩定狀態。因此，在 FPGA 設計中，如果設計中用到時鐘 IP 核，通常採用 lock 作為後續電路的全域重置信號。當 lock 為 0 時重置，當 lock 為 1 時不重置，在電路取消重置時可確保輸出時鐘信號穩定有效。

14.3　乘法器 IP 核

　　乘法是數位信號處理中的基本運算。對於 DSP、CPU、ARM 等元件來講，採用 C 語言等高階語言實現乘法運算十分簡單，僅需要採用乘法運算元即可，且可實現幾乎沒有任何誤差的單精確度浮點數或雙精度浮點數的乘法運算。工程師在利用這類元件實現乘法運算時，無須考慮運算量、資源或精度的問題。對 FPGA 工程師來講，一次乘法運算就意味著一個乘法器資源，而 FPGA 中的乘法器資源是有限的。另外，由於有限字長效應的影響，FPGA 工程師必須準確掌握乘法運算的實現結構及乘法器的性能特點，以便在 FPGA 設計中靈活運用乘法器資源。

　　對於相同位寬的二進位數字來講，進行乘法運算所需的資源遠多於進行加法或減法運算所需的資源。另外，乘法運算的步驟較多，導致其運算速度較慢。為瞭解決乘法運算所需的資源較多以及運算速度較慢的問題，FPGA 一般都整合了實數乘法器 IP 核。雲源軟體提供了乘法、乘加等多種 IP 核，本節以具體的設計實例來討論基本乘法器 IP 核的使用方法。

14.3.1　乘法器 IP 核參數的設置

實例 14-2：用乘法器 IP 核實現實數乘法運算

　　通過乘法器 IP 核完成實數乘法運算，採用 ModelSim 來模擬實數乘法運算的輸入/輸出信號波形，掌握乘法器 IP 核的使用方法。

　　在雲源軟體中新建名為 mult 的工程，進入 IP 核類型選擇介面，展開 "Hard Module →DSP" 條目，按兩下 "MULT" 條目，打開 MULT 類型的 IP 核參數設置對話方塊，如圖 14-6 所示。

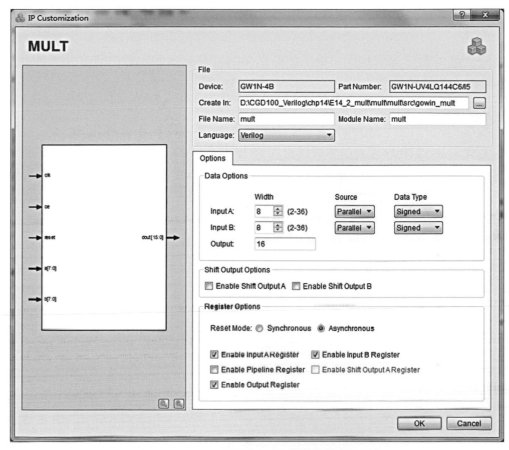

圖 14-6　MULT 類型的 IP 核參數設置對話方塊

　　雲源軟體提供的單個乘法器 IP 核可以配置成單個 36×18 乘法器、2 個 18×18 乘法器或 4 個 9×9 乘法器。

　　設置乘法器 IP 核的檔案名和模組名均為 mult，實例化語言（Language）為 Verilog，輸入信號 A、B 的位元寬均為 8bit，資料類型（Data Type）為有符號數（Signed）。設置重置信號為非同步重置（Asynchronous）。選擇輸入信號 A 增加暫存器（Enable Input A Register）、輸入信號 B 增加暫存器（Enable Input B Register），以及輸出資料增加暫存器（Enable Output Register）。根據電路的流水線操作原理，輸入輸出均增加暫存器，則整個乘法運算需要 2 級流水線，乘法運算結果比輸入信號延遲 2 個時鐘週期。

　　按一下"OK"按鈕完成乘法器 IP 核的創建，返回雲源軟體主介面，自動打開乘法器 IP 核的實例化程式碼，如下所示。

```
mult your_instance_name(
    .dout(dout_o),      //output [15:0] dout
    .a(a_i),            //input [7:0] a
    .b(b_i),            //input [7:0] b
    .ce(ce_i),          //input ce
    .clk(clk_i),        //input clk
```

```
        .reset(reset_i)        //input reset
    );
```

根據二進位數字運算規則，乘法運算結果的位寬爲兩個乘數位寬之和，因此 2 個 8bit 數相乘，運算結果爲 16bit。

14.3.2 乘法器 IP 核的功能模擬

在完成乘法器 IP 核設計後，可以直接用 IP 核生成的 mult.v 檔進行模擬測試，也可以新建 Verilog HDL 檔 mult_top.v，在文件中實例化 mult.v。打開 ModelSim 模擬軟體，新建 ms_mult 工程，添加檔 mult.v、mult_top.v 到工程中，新建 mult_top_vlg_tst.v 測試激勵檔，產生時鐘信號 clk 、兩路輸入信號和重置信號 reset 及時鐘致能信號 ce。

測試激勵檔 mult_top_vlg_tst.v 的程式碼如下。

```verilog
`timescale 1 ns/ 1 ns
module mult_top_vlg_tst();
reg clk;
reg [7:0] a;
reg [7:0] b;
reg reset;
reg ce;
wire [15:0]   dout;

//添加這行程式碼，會產生全域重置信號 GSR
GSR GSR(.GSRI(1'b1));

mult_top i1 (
    .clk(clk),
    .a(a),
    .b(b),
    .reset(reset),
    .ce(ce),
    .dout(dout)
);

initial
begin
  reset <=1'b0;
  ce <= 1'b1;
  clk <= 1'b0;
  a <= 8'd0;
  b <= 8'd0;
end

always   #10 clk <= !clk;
```

```
always @(posedge clk)
    begin
        a <= a + 10;
        b <= b + 20;
    end

endmodule
```

在測試激勵檔中，首先產生 50MHz 的時鐘信號 clk，然後在 clk 的控制下，設置輸入信號 a 在每個時鐘週期增加 10，信號 b 在每個時鐘週期增加 20。

需要注意的是，添加全域重置信號的程式碼如下：

```
GSR GSR(.GSRI(1'b1));
```

如果不添加這行程式碼，在運行 ModelSim 模擬時，命令列會報錯：

```
Loading work.mult
# Loading E:/softprograms/ModelSim/gowin/gw1n/prim_sim.MULT9X9
# ** Error: (vsim-3043) C:/Gowin/Gowin_V1.9.8.07/IDE/simlib/gw1n/prim_sim.v(8829): Unresolved reference
to 'GSR'.
```

表示調用乘法器 IP 核模擬庫時沒有找到 GSR 信號。這是因為在設計過程中調用乘法器 IP 核時，元件庫裡面自動調用了全域重置信號 GSR，但是 GSR 模組在模擬情況下是沒有的，它是在綜合過程中自動加入設計裡面的，默認為高電壓準位輸入輸出。因此，在模擬檔中需要手動添加 GSR 模組的實例化程式碼。

成功編譯當前工程中的所有檔後，添加 ModelSim 編譯的對應 IP 核庫檔，運行 ModelSim 模擬功能，添加信號波形，調整 ModelSim 波形視窗，得到圖 14-7 所示的模擬波形。

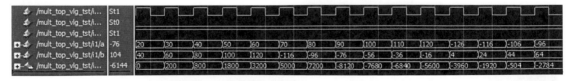

圖 14-7　乘法器 IP 核的 ModelSim 模擬波形

從圖 14-7 中可以看出，乘法器 IP 核可進行乘法運算，且輸出信號比輸入信號延遲 2 個時鐘週期。例如，當輸入信號分別為 30 和 60 時，2 個時鐘週期後輸出信號的值變為 1800，這是因為乘法器 IP 核設置了 2 級流水線運算。

14.4　記憶體 IP 核

14.4.1　ROM

記憶體是電子產品設計中常用的基本部件，用於儲存資料。根據 FPGA 的工作原理，組成 FPGA 的基本部件為查閱資料表（LUT），LUT 本身就是記憶體。由於記憶體

在 FPGA 設計中的使用十分普遍，爲提高 FPGA 晶片內部的使用者資料儲存空間，高雲
FPGA 內部整合了專用的記憶體塊，並提供了調用記憶體塊的 IP 核。從功能上講，記
憶體 IP 核可以分爲唯讀記憶體（Read Only Memory，ROM）核和隨機讀取記憶體
（Random Access Memory，RAM）核兩種。

實例 14-3：通過 ROM 產生正弦波信號

1.　創建 ROM

通過 ROM 產生正弦波信號，使用 ModelSim 模擬輸出信號波形，掌握 ROM 的工
作原理及使用方法。系統時鐘信號頻率爲 50 MHz，輸出信號爲 8 bit 的有符號數，正弦
波信號的頻率爲 195.3125 kHz。

在雲源軟體中新建名爲 rom 的工程，按一下功能表中的 "Tools→IP Core
Generator"，打開 IP 核類型選擇介面，展開 "Hard Module" → "Memory" → "Block
Memory"
→ "pROM" 條目，按兩下 "pROM" 條目，打開 pROM 類型的 IP 核參數設置介面，如圖
14-8 所示。

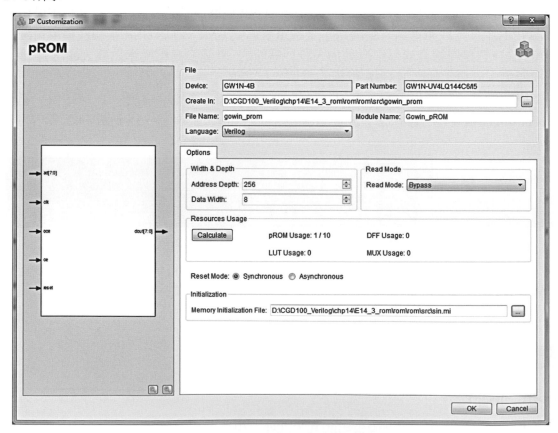

圖 14-8　pROM 類型的 IP 核參數設置介面

選擇"Language"爲 Verilog，設置 ROM 的位址深度（Address Depth）爲 256，資料位元寬（Data Width）爲 8bit，設置 ROM 的初始化資料爲採用 MATLAB 設計產生的正弦波信號檔 sin.mi。按一下"OK"按鈕完成 ROM 的創建。接下來討論 ROM 的初始資料檔案的產生方法。

2. 使用 MATLAB 生成 ROM 儲存的資料

在設置 ROM 時必須預先裝載資料，在程式運行中不能更改儲存的資料（不能進行寫入操作），只能通過記憶體的位址來讀取儲存的資料。根據實例的要求，設置時鐘信號的頻率爲 50 MHz，正弦波信號的頻率爲 195.3125 kHz，在每個時鐘週期內要對正弦波信號採樣 50 MHz/195.3125 kHz=256 個資料。在時鐘信號的驅動下，每個時鐘週期依次讀取一個正弦波信號對應的資料，即可連續不斷地產生所需要的正弦波信號。

查閱 ROM 的手冊，ROM 的儲存資料檔案（.mi）格式如下。

```
#File_format=Hex          %資料格式（十六進位數)
#Address_depth=256        %地址深度（256）
#Data_width=8             %數據位元寬（8bit）
3A40                      %數據
```

下面是 MATLAB 生成正弦波信號的程式碼。

```
%sin_wave.m
%sin_wave.m
fs=50*10^6;              %採樣頻率爲 50MHz
f=fs/256;                %時鐘信號的頻率爲採樣頻率的 1/256
t=0:255;                 %產生一個週期的時間序列
t=t/fs;

s=sin(2*pi*f*t);         %產生一個週期的正弦波信號
plot(t,s);               %繪製正弦波信號波形

Q=floor(s*(2^7-1));      %對信號進行 8 bit 量化
%將資料轉換成整型資料
for i=1:length(Q)
    if Q(i)<0
        Q(i)=Q(i)+2^8;
    end
 end

%將資料寫入.mi 文件中
fid=fopen('D:\CGD100_Verilog\chp14\E14_3_rom\rom\rom\src\sin.mi','w');
fprintf(fid,'#File_format=Hex\r\n');
fprintf(fid,'#Address_depth=256\r\n');
fprintf(fid,'#Data_width=8\r\n');
for i=1:length(Q)
    if(abs(Q(i))<16)
```

```
            fprintf(fid,'0%x\r\n',(Q(i)));
        else
            fprintf(fid,'%x\r\n',(Q(i)));
        end
    end
    fclose(fid);
```

3.　ROM 的功能模擬

在 rom 工程中新建 rom.v 文件，實例化 gwin_pROM，程式碼如下。

```
module rom (
    input clk50m,
    output [7:0] dout);

    reg [7:0] addr=0;
    always @(posedge clk50m)
        addr <= addr + 1;

    Gowin_pROM u1(
        .dout(dout), //output [7:0] dout
        .clk(clk50m), //input clk
        .oce(1'b1), //input oce
        .ce(1'b1), //input ce
        .reset(1'b0), //input reset
        .ad(addr) //input [7:0] ad
    );

endmodule
```

程式碼中設計了迴圈計數的位址信號 addr。完成 ROM 的創建、頂層檔的設計之後，打開 ModelSim 軟體，新建 ms_rom 工程，在工程中添加 rom.v、Gowin_pROM.v 文件。新建測試激勵檔 rom_vlg_tst.v，僅需在測試激勵檔中添加生成 clk50m 信號的程式碼及全域重置信號 GSR 的實例化程式碼。

添加編譯後的 IP 核模擬庫，運行 ModelSim 模擬，可得到 ROM 的 ModelSim 模擬波形，如圖 14-9 所示。

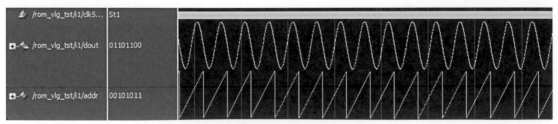

圖 14-9　ROM 的 ModelSim 模擬波形

在圖 14-9 中，addr 為無符號數；dout 為讀出的 ROM 資料，設置為有符號數。從波形上看，addr 為鋸齒形波，符合迴圈遞增規律；dout 為標準的正弦波信號，滿足設計要求。

14.4.2　RAM

實例 14-4：採用 RAM 完成資料速率的轉換

輸入為連續資料流程，資料位元寬為 8bit，速率為 25 MHz，採用雙埠 RAM 設計產生 IP 核的週邊介面信號，將資料速率轉換為 50 MHz，且每幀資料為 32bit。

1. 速率轉換電路的信號時序分析

在電路系統設計過程中，當兩個模組的資料速率不一致且需要進行資料交換時，通常需要設計速率轉換電路。本實例的資料登錄速率為 25 MHz，資料輸出速率為資料登錄速率的 2 倍，為 50 MHz。本實例要將低資料速率轉換為高資料速率。在開始 FPGA 設計之前，必須準確把握電路的介面信號時序，才能設計出符合要求的程式。圖 14-10 為速率轉換電路的時序圖，也是介面信號的波形圖。

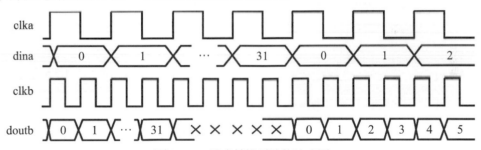

圖 14-10　速率轉換電路的時序圖

在圖 14-10 中，clka 為時鐘信號，頻率為 25 MHz；dina 為輸入資料；clkb 為轉換後的時鐘信號，頻率為 50 MHz；doutb 為輸出資料。根據設計需求，每幀的資料為 32bit，轉換後的資料輸出速率是資料登錄速率的 2 倍，因此每兩幀之間有 32 個無效資料。

2. RAM 參數的設置

在雲源軟體中新建名為 ram 的工程，新建 IP 類型的資源，設置資源檔名為 ram。在 IP 核類型選擇介面中展開"Hard Module"→"Memory"→"Block Memory→SDPB"條目，按兩下"SDPB"條目，打開 SDPB 類型的 RAM 參數設置介面，如圖 14-11 所示。

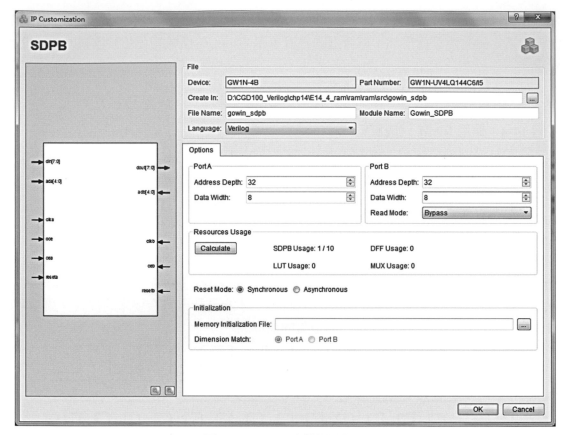

圖 14-11　RAM 參數設置介面

選擇"Language"為 Verilog，RAM 的兩個埠的位址深度（Address Depth）均為 32，資料位元寬（Data Width）均為 8bit，其他選項保持預設設置。按一下"OK"按鈕完成 RAM 的創建。

3. 速率轉換電路 Verilog HDL 程式的設計

RAM 僅提供了對資料的讀/寫功能，設計者還需要設計 Verilog HDL 程式，完善介面信號，實現速率的轉換。

RAM 的介面信號種類會由於使用者的 IP 核設置情況而有所差異。速率轉換電路的輸入資料在 25 MHz 的寫時鐘信號控制下，會連續不斷地把幀長為 32bit 的資料寫入 RAM 中，要求在速率轉換電路的輸出端將資料輸出速率提高到 50 MHz。根據 RAM 的工作原理，可以控制寫資料埠 A 的位址信號 ada 和讀數據埠 B 的位址信號 adb 的時序，使得 RAM 中每 64 個 50 MHz 的讀時鐘連續讀取 32 個資料，同時需要確保在讀數據時，在輸入端沒有對相同位址的資料進行寫操作，以免發生資料讀取錯誤。

下面是速率轉換模組程式 ram.v 的程式碼。

```
module ram(
        input [4:0] addra,        //輸入資料位址
        input [7:0] dina,         //輸入資料
```

```verilog
    input clka,                    //輸入資料時鐘信號：25MHz
    output reg [4:0] addrb,        //輸出資料位址
    output [7:0] doutb,            //輸出資料
    input clkb,                    //輸出資料時鐘信號：50MHz
    output reg enb);               //輸出資料有效信號


    reg [4:0] rdaddr=5'd0;
    reg [4:0] rdaddr1=5'd0;
    reg wren=1'b1;

    //實例化 RAM
    Gowin_SDPB your_instance_name(
        .dout(doutb),              //output [7:0] dout
        .clka(clka),               //input clka
        .cea(wren),                //input cea
        .reseta(1'b0),             //input reseta
        .clkb(clkb),               //input clkb
        .ceb(1'b1),                //input ceb
        .resetb(1'b0),             //input resetb
        .oce(1'b1),                //input oce
        .ada(addra),               //input [4:0] ada
        .din(dina),                //input [7:0] din
        .adb(rdaddr)               //input [4:0] adb
    );


    //檢測到寫 31 個資料時，連續計 32 個數，連續讀出 32 個數
    always @(posedge clkb)
        if ((addra==31) && (rdaddr==0)) begin
            rdaddr <= rdaddr + 1;
            enb <= 1;
            end
        else if ((rdaddr>0) && (rdaddr<31)) begin
            rdaddr <= rdaddr + 1;
            enb <= 1;
            end
        else if (rdaddr==31) begin
            rdaddr <= 0;
            enb <= 1;
            end
        else
            enb <= 0;

    //根據 RAM 讀數據時序，調整位址及資料有效信號時序，使 addrb、enb、doutb 同步
    always @(posedge clkb)
        begin
```

```
            addrb    <= rdaddr;
        end

endmodule;
```

　　由檔的程式碼可知，整個速率轉換電路由 RAM 和控制 IP 核介面信號的程式碼組成。為了避免同時對 RAM 的同一個位址進行讀和寫操作，檢測到寫資料位址的值為 31 時，開始產生連續 32 個 50 MHz 時鐘週期的讀 RAM 的允許信號（enb）和位址信號（rdaddr）。由於向 RAM 寫資料的時鐘信號頻率為 25 MHz，讀數據的時鐘信號頻率為 50 MHz，因此可確保不會對 RAM 的同一個位址進行讀和寫操作，實現將資料速率從 25 MHz 轉換成 50 MHz 的功能。

4.　速率轉換電路的功能模擬

　　完成速率轉換電路的 Verilog HDL 程式設計後，可以對頂層檔進行模擬測試，測試激勵檔為 ram_vlg_tst.v，程式碼如下。

```
//初始化信號
`timescale 1 ns/ 1 ns
module ram_vlg_tst();
reg [4:0] addra;
reg clka;
reg clkb;
reg [7:0] dina;
// wires
wire [4:0]    addrb;
wire [7:0]    doutb;
wire enb;

reg clk;
reg [1:0] cn=0;

GSR GSR(.GSRI(1'b1));

ram i1 (
    .addra(addra),
    .addrb(addrb),
    .clka(clka),
    .clkb(clkb),
    .dina(dina),
    .doutb(doutb),
    .enb(enb)
);
initial
begin
    clk <= 0;
```

```
          clka <= 0;
          clkb <= 0;
          addra <= 0;
          dina <= 0;
      end

   always    #5 clk <= !clk;

   always @(posedge clk)
      begin
      cn <= cn + 1;
      clka <= cn[1];          //25MHz;
      clkb <= cn[0];          //50MHz;
      end

   always @(posedge clka)
      begin
      addra <= addra + 1;
      dina <= dina + 1;
      end

endmodule
```

在測試激勵檔中，首先對輸入信號進行初始狀態的設置，宣告了時鐘信號 clk，並將 clk 信號的頻率設置爲 100MHz。程式中宣告了 2bit 信號 cn，在 clk 的驅動下產生四進制計數器，則 cn[1]爲 25MHz 時鐘信號，cn[0]爲 50MHz 時鐘信號。將 cn[1]、cn[0]分別作爲 RAM 的寫資料時鐘信號 clka 及讀數據時鐘信號 clkb。在 clka 的驅動下，設置寫資料位址 addra 爲遞增資料，資料 dina 也爲遞增資料。在 clka 的驅動下，dina 按 addra 的位址依次迴圈寫入 RAM 中，且資料速率爲 25MHz。

運行 ModelSim 模擬，可得到速率轉換電路的 ModelSim 模擬波形。圖 14-12 爲模擬波形的全域圖，從圖中可以看出轉換後的資料輸出速率是資料登錄速率的 2 倍，且每隔 32 個時鐘週期有 32 個無效資料。

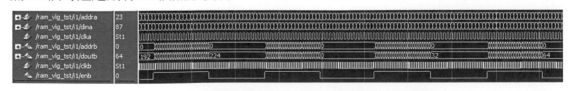

圖 14-12　速率轉換電路的 ModelSim 模擬波形（全域圖）

圖 14-13 是模擬波形的局部圖（一幀資料的模擬波形），從圖中可以看出資料輸出速率爲 50 MHz，addrb 爲輸出資料的位址資訊，doutb 爲轉換後的 50MHz 資料，enb 爲高電壓準位，表示輸出資料有效。由於模擬測試激勵檔中寫資料位址從 0～31 迴圈設置，寫資料爲 0～255 迴圈產生，RAM 儲存深度爲 32，因此 RAM 轉換後的每幀資料爲 32 個，第 1 幀數據爲 0～31，第 2 幀數據爲 32～63，第 3 幀資料爲 64～95，最後一幀

資料爲 224～255。圖 14-13 中的輸出資料爲第 2 幀，從模擬波形可以看出，速率轉換電路滿足設計要求。

圖 14-13　速率轉換電路的 ModelSim 模擬波形（局部圖）

14.5　小結

　　作者在讀研究生時期時，一位專業課的老師曾講過，當你冥思苦想，好不容易得到了一個覺得很不錯的設計思路時，不要過於驕傲，因爲你的想法有百分之九十九的可能性已被別人實踐過；當你輾轉反側，對某個技術問題仍不知其所以然的時候，不要過於氣餒，因爲你遇見的問題有百分之九十九的可能性已被別人遇見過。所以，我們要做的事，不過是查閱資料，找到並理解別人對類似問題的解決方法或思路，經過修改，將它完美地應用到自己的設計中。

　　採用 IP 核是 FPGA 設計中十分常用的設計方法。FPGA 設計工具一般都提供了種類繁多、功能齊全、性能穩定的 IP 核。靈活運用這些 IP 核的前提是：首先瞭解已有的 IP 核種類，其次要準確理解 IP 核的功能特點及使用方法。本章的學習要點可歸納爲：

　　（1）IP 核可以分爲軟 IP 核、硬 IP 核和韌 IP 核 3 種，最常用的是軟 IP 核和硬 IP 核。軟 IP 核是指採用 LUT 等邏輯資源形成的核，硬 IP 核是具有專用功能的核。

　　（2）不同 FPGA 提供的免費 IP 核種類是不完全相同的。

　　（3）全域時鐘資源是專用的佈線資源，這種佈線資源延遲小、性能好，但數量有限。

　　（4）一個 FPGA 的各路時鐘信號一般是通過時鐘管理 IP 核生成的。

　　（5）爲提高乘法運算速度，一般使用 FPGA 中的乘法器硬體 IP 核。

　　（6）熟悉 ROM、RAM 的使用方法，掌握速率轉換電路程式的設計及除錯方法。

第 15 章

採用線上邏輯分析儀偵錯工具

　　FPGA 專案設計過程中，ModelSim 用於程式本身的模擬，通過模擬除錯確保 Verilog HDL 程式碼語法及功能的正確性。當 FPGA 程式下載到目標元件後，通常需要進行軟硬體系統聯調，目前各大 FPGA 廠商均提供了線上邏輯分析儀，它可分析程式下載後 FPGA 內部電路的實際工作狀態，對於軟硬體聯調具有重要作用。本章簡要討論雲源軟體提供的線上邏輯分析儀 Gowin Analyzer Oscilloscope（GAO）的使用方法。

15.1　線上邏輯分析儀的優勢

　　根據 FPGA 的基本設計流程，完成 Verilog HDL 程式碼設計後，一般需要採用 ModelSim 等模擬工具對程式碼進行功能或時序模擬，確保程式編寫正確，而後在完成接腳約束、時序約束後重新對工程進行編譯，最後將編譯形成的程式檔下載到目標元件中，完成 FPGA 專案開發。

　　理想情況下，硬體電路工作穩定，FPGA 程式設計正確，且接腳約束正確，程式下載到目標元件後即能正常工作。但工程設計過程中，尤其在稍複雜的 FPGA 專案中，上述的理想情況實際上是比較少見的。公司專案組中比較常見的情況是這樣的：FPGA 工程師確認程式 ModelSim 模擬正確，硬體工程師保證硬體沒問題，但 FPGA 程式下載到目標元件後工作不正常。要準確定位是程式還是硬體的問題，需要借助硬體除錯工具。最直接的方法是採用價格昂貴的傳統邏輯分析儀，逐個測試 FPGA 接腳信號，確認是硬體連接錯誤還是程式工作失常。

　　其實，邏輯分析儀不僅價格昂貴，還要求手動連接很多測試線，使用起來不方便，因此 FPGA 工程師使用較少。幸運的是，目前幾乎各大 FPGA 廠商都推出了自己的線上邏輯分析儀，如 Intel 公司的 Quartus II 中整合了 SignalTap II，AMD 公司的 ISE 開發環境中整合了 Chipscope。高雲公司的雲源軟體中則整合了 Gowin Analyzer Oscilloscope（GAO）。與傳統邏輯分析儀功能類似，線上邏輯分析儀主要用來分析邏輯資料的波形。線上邏輯分析儀都是利用 FPGA 內部的邏輯單元及記憶體資源即時地擷取、儲存資料，並通過 JTAG 介面傳輸和顯示即時信號，所以需要消耗一定的 FPGA 內部資源。

與 ModelSim 模擬的不同之處在於，線上邏輯分析儀需要與硬體結合，程式在 FPGA 中運行，即時顯示真實的資料。工程師可以選擇要擷取的內部信號、觸發條件、捕捉的時間，以及捕捉多少資料樣本等，便於查看即時資料進行除錯。與傳統邏輯分析儀相比，線上邏輯分析儀不僅能觀察分析 FPGA 接腳的信號，還能夠分析 FPGA 內部的即時信號。

使用線上邏輯分析儀分析 FPGA 內部信號的優點如下：

（1）成本低廉，只需要 1 條 JTAG 線即可完成信號的分析（雲源軟體已整合了 GAO 工具）。

（2）靈活性大，可分析信號的數量和儲存深度僅由 FPGA 的空閒 BSRAM 數量決定，空閒的 BSRAM 越多，可分析信號的數量和儲存深度就越大。

（3）使用方便，線上邏輯分析儀可以自動讀取原設計生成的網表，可區分時鐘信號和普通信號，對待觀察信號的設定也十分方便，儲存深度可變，可設計多種觸發條件的組合。線上邏輯分析儀可自動將 IP 核的網表插入原設計生成的網表中，且測試 IP 核中使用少量的 LUT 資源和暫存器資源，對原始 FPGA 設計的影響很小。

（4）可以十分方便地觀察 FPGA 內部的所有信號，如暫存器、網線等，甚至可以觀察綜合器產生的重命名的連接信號，使 FPGA 不再是"黑箱"，可以很方便地對 FPGA 的內部邏輯進行除錯。

15.2　GAO 的使用流程

雲源軟體線上邏輯分析儀 GAO 的使用流程如圖 15-1 所示，可以看出，採用 GAO 偵錯工具時需要將 GAO 添加到專案中，並將編譯完成的程式檔下載到目標 FPGA 元件中。也就是說，GAO 分析的信號是真實的電路信號，是 FPGA 元件中實際電路運行時產生的信號。

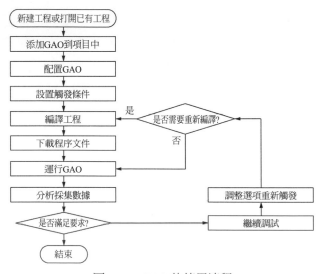

圖 15-1　GAO 的使用流程

15.3　採用 GAO 除錯串列埠通訊程式

15.3.1　除錯目的

實例 15-1：採用 GAO 除錯串列埠通訊程式

本書前面章節詳細討論了串列埠通訊程式的設計，完成了開發板與電腦之間的雙向通信。接下來我們採用 GAO 對串列埠通訊程式進行除錯。除錯目的主要有以下幾項：

（1）觀察開發板接收到的串列埠通訊資料；

（2）觀察開發板發送的串列埠通訊資料；

（3）觀察開發板接收到的並行資料及資料接收有效信號。

15.3.2　添加 GAO 到項目中

根據前面章節討論的串列埠通訊程式的功能，下面採用 GAO 觀察程式下載到 CGD100 開發板後的 rs232_txd（串列埠發送信號）、rs232_rec（串列埠接收信號）、data（接收到的並行資料）和 dv（資料接收有效信號）。

根據 GAO 的使用流程，首先需要在工程中添加 GAO。打開第 11 章設計的串列埠通訊工程 uart。新建 GAO 檔，在彈出的對話方塊中設置 GAO 的檔案類型為"For RTL Design""Standard"，如圖 15-2 所示。"For Post-Synthesis Netlist"類型的 GAO 文件為綜合後的網表類型文件。由於綜合後的程式檔中的信號名可能被優化重組，不便於採用 GAO 觀察原設計檔中的信號波形，因此推薦選擇"For RTL Design"類型，保持 Verilog HDL 原始檔案中的信號名稱。

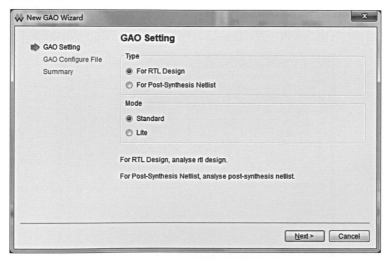

圖 15-2　GAO 檔案類型設置介面

按一下"Next"按鈕，在彈出的對話方塊中輸入 GAO 檔的名稱，保持默認名 uart 即可。在接下來的介面中按一下"Finish"按鈕完成 GAO 檔的創建。

15.3.3 設置觸發信號及觸發條件

完成 GAO 檔（檔案副檔名為.rao）的創建後，返回雲源軟體主介面。按兩下“Design”視窗中的 uart.rao 檔，打開 GAO 檔參數設置介面，如圖 15-3 所示。

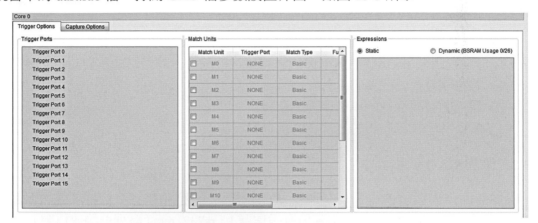

圖 15-3 GAO 檔參數設置介面

“Trigger Options”欄為觸發埠設置欄，雲源軟體提供了 16 個觸發埠（Trigger Port0 ～Trigger Port15）；在“Match Units”欄中可設置觸發條件，最多可以設置 16 個（M0～M15）；“Expressions”欄用於設置前面的 M0～M15 的組合關係，可以使用任意一個，也可以使用幾個進行邏輯組合來產生觸發條件。當觸發條件比較複雜時，這個功能非常有用。

接下來我們添加第一個觸發信號 rs232_txd。按兩下“Trigger Port0”，在彈出的窗口中右擊 按鈕，彈出觸發信號添加介面，按一下“Search”按鈕，在清單方塊中選中“rs232_txd”，按一下“OK”按鈕，添加 rs232_txd 為觸發信號，如圖 15-4 所示。

圖 15-4 觸發信號添加介面

採用相同的方式，將 rs232_rec 添加為第二個觸發信號。勾選"Match Units"介面中 M0 左側的核取方塊，按兩下 M0 條目，打開觸發條件設置對話方塊，如圖 15-5 所示。

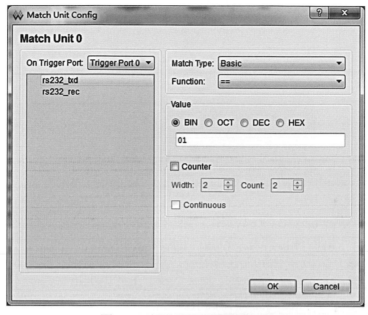

圖 15-5　觸發條件設置對話方塊

在"On Trigger Port"下拉清單中選擇前面添加的觸發埠 Trigger Port0，在下面的清單方塊中自動顯示該埠的兩個信號 rs232_txd、rs232_rec。在"Match Type"下拉清單中可選擇觸發信號的顯示模式，保持預設的 Basic 即可。在"Function"下拉清單中可選擇觸發信號的函數類型，這裡選擇"=="。在"Value"欄中設置觸發信號的值，選中"BIN"選項按鈕，設置數值為"01"，則表示觸發條件為 rs232_txd 為低電壓準位、rs232_rec 為高電壓準位。按一下"OK"按鈕完成觸發條件的設置。

按兩下"Expressions"欄，選中"Static"選項按鈕，在彈出的對話方塊中選擇創建的觸發條件 M0，按一下"OK"按鈕完成觸發信號及觸發條件的設置。

15.3.4　設置擷取信號參數

觸發條件設置即設置 GAO 在滿足什麼條件時才擷取信號。當不滿足觸發條件時（前面設置的條件為 rs232_txd 為低電壓準位，rs232_rxd 為高電壓準位），GAO 不會擷取信號，也就不會顯示擷取到的信號波形。擷取信號，是指 GAO 需要抓取的信號，或者工程師希望觀察的信號。按一下圖 15-3 中的"Capture Options"標籤，打開擷取信號參數設置介面，如圖 15-6 所示。

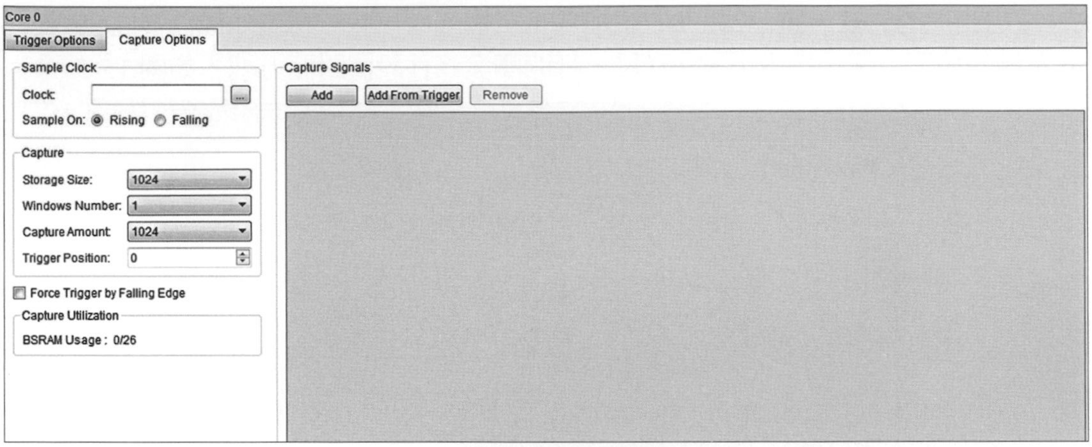

圖 15-6　擷取信號參數設置介面

　　首先需要設置擷取信號的時鐘信號（System Clock）。GAO 在每個時鐘週期擷取一次資料。uart 工程中的時鐘信號有 clk50m、clk_rec、clk_send。如果採用 clk50m 作爲擷取時鐘信號，則觀察一個資料幀的串列埠發送資料需要 50MHz/9600Hz×10=52083 個時鐘週期，也就是說資料的儲存深度至少爲 52083。由於串列埠資料的速率爲 9600bit/s，因此可以採用 19200Hz 的 clk_rec 作爲擷取時鐘信號，只需 20 個時鐘週期（1 個起始位元、8 個資料位元、1 個停止位元，共 10 個資料位元）即可完成一幀串列埠資料的擷取。

　　按一下"Clock"右側的流覽按鈕，在彈出的對話方塊中選擇 clk_rec 作爲擷取時鐘信號，設置資料儲存深度（Storage Size）和擷取深度（Capture Amount）均爲 1024。

　　按一下介面右側的"Add"按鈕，打開添加擷取資料對話方塊，在彈出的對話方塊中依次添加 rs232_txd、rs232_rec、dv、data[7:0]等信號。完成所有設置後的擷取信號參數設置介面如圖 15-7 所示。

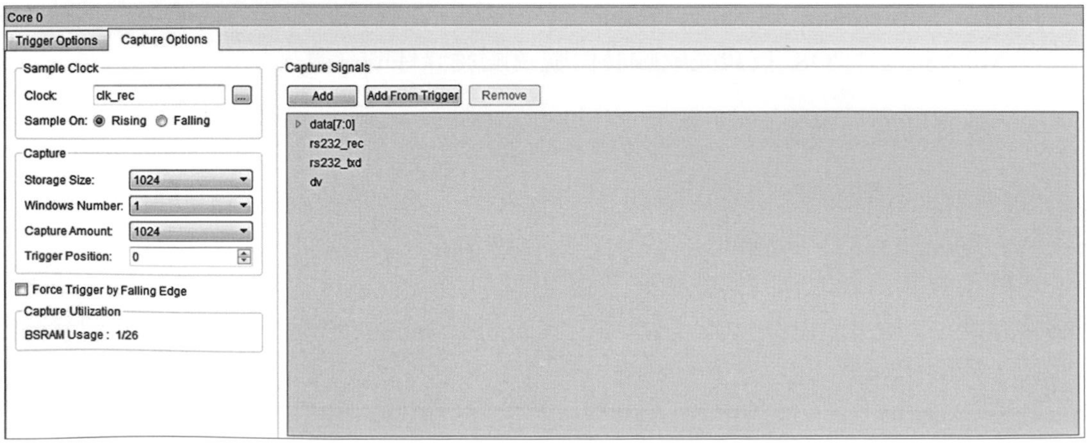

圖 15-7　完成所有設置後的擷取信號參數設置介面

15.3.5　觀察串列埠收發信號波形

　　保存當前 GAO 設置的 uart.rao 檔，重新完成當前工程的編譯。將 CGD100 開發板通過兩條 USB 線分別連接到電腦，其中一條 USB 線為下載線，另一條 USB 線為串列埠通訊線。啟動程式下載工具，將編譯生成的 ao_0.fs 檔（這個.fs 檔是軟體自動生成的，注意不是與工程同名的 uart.fs 文件）下載到開發板中。

　　打開串列埠除錯助手，通過串列埠除錯助手發送"AA"字元，根據串列埠通訊程式的功能，串列埠除錯助手介面每隔 1s 顯示開發板發回的"AA"字元。按一下雲源軟體主介面中的 🖼 按鈕，啟動 GAO 工具，設置"Cable"為 GWU2X，按一下 ▶ 按鈕啟動擷取過程，得到圖 15-8 所示的擷取到的串列埠發送信號波形。

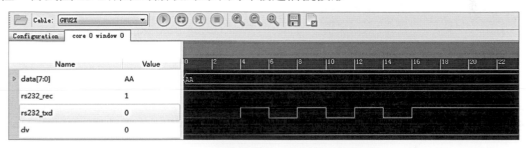

圖 15-8　GAO 擷取到的串列埠發送信號波形

　　從圖 15-8 可以看出，rs232_txd 信號從左至右依次出現"001010101"的波形。根據串列埠通訊協定，首先發送 1bit 的低電壓準位起始位元 0，而後發送資料的低位元，再依次發送資料的高位，最後發送 1bit 的高電壓準位停止位 1，即 rs232_txd 信號線上的資料為"AA"。同時串列埠接收到的 8bit 資料 data 的值始終為"AA"。

　　按一下 GAO 軟體介面中的"Configuration"標籤，修改觸發條件的值為"10"，即設置 rs232_txd 為高電壓準位、rs232_rec 為低電壓準位為觸發條件。重新運行 GAO 擷取信號，此時 GAO 始終處於擷取狀態，沒有顯示波形。這是因為串列埠除錯助手沒有向 CGD100 發送資料，rs232_rec 始終為高電壓準位，不滿足觸發條件，因此沒有擷取到信號波形。在串列埠除錯助手中發送"55"字元，GAO 立刻擷取到信號，得到圖 15-9 所示的波形。

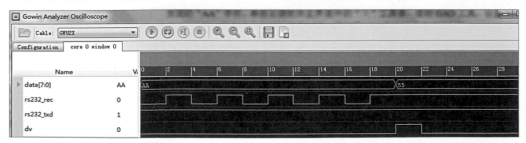

圖 15-9　GAO 擷取到的串列埠接收信號波形

　　根據圖 15-9 所示的波形，可知 CGD100 接收到的資料為"55"。信號 data 由"AA"轉換成"55"，dv 在資料接收完成後出現一個高電壓準位脈衝。

15.4 小結

線上邏輯分析儀是 FPGA 設計過程中的重要除錯工具，可以方便地觀察電路運行的即時狀態，以及對特定的接腳或電路內部信號進行觀察。熟練應用線上邏輯分析儀是 FPGA 工程師必備的技能。本章的學習要點可歸納為：

（1）線上邏輯分析儀利用 FPGA 中的空閒邏輯資源及記憶體資源儲存即時信號資料。

（2）熟練掌握用 GAO 分析信號波形的方法及步驟。

（3）熟練掌握採用 GAO 工具設置觸發信號、觸發條件、擷取信號的方法。

第 16 章

常用的 **FPGA** 設計技巧

進行 FPGA 設計不僅需要瞭解數位電路的基本知識、Verilog HDL 語法特點，以及理解硬體電路的程式設計思維，還需要對 FPGA 晶片的結構有一定瞭解，並根據 FPGA 晶片的結構特點進行設計，以實現最佳的電路性能。本章介紹一些常用 FPGA 設計技巧及實現方法，並給出了部分設計實用程式碼。建議讀者多動手實踐，儘快熟悉並掌握這些技巧及方法，以提高自己的設計效率及品質。

16.1 預設接腳狀態設置

FPGA 的用戶接腳數量多，使用十分靈活，在設計硬體電路板時爲了兼顧產品的升級和功能擴展，通常會將部分實際未用到的用戶接腳與電路板上的其他元件相連。一個比較常見的情況是，在 FPGA 實驗課上，教學實驗開發板上一般配置有 LED 數碼管、LED 燈、按鍵及蜂鳴器，大家在做流水燈實驗時，給開發板下載流水燈程式時，實驗室開始此起彼伏響起吱吱的蜂鳴聲，但蜂鳴器並不是流水燈實驗設計的功能。

因爲各元件介面定義的區別，介面信號狀態可能需要進行專門設置（接地、上拉或懸空）。在進行 Verilog HDL 程式下載時，使用者可以指定未使用的使用者接腳的狀態。

1. 設置元件參數時指定未使用接腳的狀態

在雲源軟體左側的"Process"窗格中，按一下窗格底部的"Process"標籤，右擊窗格中的"Synthesize"條目，在彈出的功能表中按一下"Configuration"條目，打開綜合參數設置介面。

在左側的清單方塊中選中"Unused Pin"，在介面右側即可設置未使用接腳的預設狀態，如圖 16-1 所示。FPGA 對默認的未使用的用戶接腳一般可設置爲接地、上拉、下拉、三態輸入、弱上拉、弱下拉等狀態。不同 FPGA 廠商提供的預設狀態設置有一定區別。如果軟體預設設置未使用的使用者接腳的狀態爲上拉，而開發板上的蜂鳴器電路設計爲高電壓準位鳴響，則在下載 LED 等未涉及蜂鳴器功能的 Verilog HDL 程式時，也會使蜂鳴器發出微弱的聲音。此時,將未使用的接腳的狀態設置爲接地(As open drain driving ground),則可以關閉蜂鳴器的聲音。

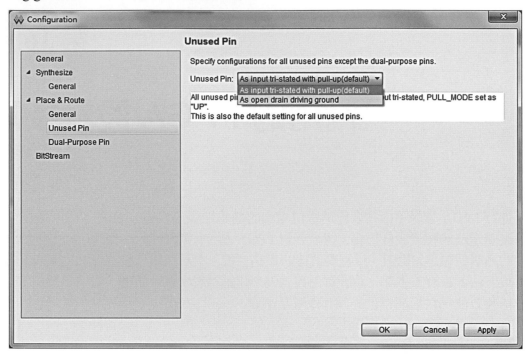

圖 16-1　未使用接腳的狀態設置介面

　　雲源軟體中對未使用的接腳的狀態預設設置爲弱上拉(As input tri-stated with pull-up),CGD100 開發板上的蜂鳴器電路需要輸出高電壓準位才能發出聲音,因此未涉及蜂鳴器的 FPGA 程式不會使其發出聲音。由於 CGD100 開發板上的 LED 爲高電壓準位點亮,如果程式中沒有用到 LED 電路,則預設狀態下,由於使用者接腳爲弱上拉狀態,這些 LED 也會發出比較微弱的亮光。

2.　程式中直接指定埠輸出狀態

　　在程式設計時,有時爲了考慮程式的功能擴展及介面的一致性,可以在頂層設計中設置後續可能用到的埠信號。對於設計中未用到的埠信號,可以直接在設計檔中指定其輸出狀態,下面是一個簡單的例子:

```
module pinset(
    input din,
    output dout,
    output d1_unused,
    output d2_unused);

assign dout    = !din;
assign d1_unused = 1'b1;
assign d2_unused = 1'b0;
```

```
    endmodule
```

　　程式將"d1_unused"的狀態設置為高電壓準位，"d2_unused"的狀態設置為低電壓準位。當程式以後進行功能擴展時，頂層介面可保持不變，直接修改與"d1_unused""d2_unused"相關的程式即可。

16.2　重置信號的處理方法

　　記得以前的老式電腦或電器一般會設置一個重置按鍵，當設備工作異常時用於對其進行重置操作，即對電腦中的一些程式變數進行重置處理，同時使系統重新從初始主程序入口開始運行。但目前市場上的產品，不僅是桌上型電腦或筆記本電腦，即使一些常用的電子產品一般也不再設置重置按鍵。原因之一在於電子設備的性能越來越穩定，重置功能的用處越來越少。如果電子設備出現故障，常見的處理方法是直接斷電重啓。

　　如果要設置重置功能，一般會給電路增加一個外接的重置按鍵，內部電路接收到重置按鍵發出的信號後即可執行重置功能。即使沒有重置按鍵，程式上電後一般也要對程式內部的一些暫存器變數進行初始狀態設置。

　　根據 Verilog HDL 語法規則，暫存器初始狀態可以在宣告變數時直接指定。但對於一些比較複雜的電路系統，系統仍然需要在上電後產生一個統一的重置信號用於系統重置。

　　上電後產生重置信號有兩種方法。一是利用時鐘鎖相環模組輸出的 lock 信號作為全域重置信號。該信號在上電後為低電壓準位，當時鐘鎖相環輸出的時鐘信號穩定後拉高。讀者可參考本書前面章節討論的時鐘 IP 核相關內容瞭解 lock 信號的特性。二是採用計數器的方法設定重置信號產生的時間，即上電後設置重置信號有效，同時開始計數，計數到一定時間後釋放重置信號。下面為相關程式碼。

```
module rst_mod(
    input clk,          //時鐘信號
    output reg rst);    //上電後為高電壓準位，1000 個時鐘週期後拉低

reg [9:0] cn=0;
always @(posedge clk)
    if (cn<1000)    begin
        cn <= cn + 1;
        rst <= 1'b1;
    else
        rst <= 1'b0;

endmodule
```

16.3　合理利用時鐘致能信號設計

　　本書前面章節討論過全域時鐘資源的相關設計。FPGA 晶片中的全域時鐘資源數量是有限的，預設情況下 Verilog HDL 中的每個不同的時鐘信號都會自動佔用一個全域時鐘資源。通常在一個完整的 FPGA 設計專案中，存在多種不同速率資料處理需求，如果每種不同的資料速率都採用一個獨立的時鐘信號來設計，不僅不利於整個系統的協同工作，還極有可能因需要過多的全域時鐘資源而無法完成佈局佈線。

　　比如，要設計一個同時需要外接 8 輸入 UART 串列埠的 FPGA 電路，並且 8 輸入 UART 的串列傳輸速率不完全相同。本書在前面章節討論串列埠通訊設計時，收發資料分別採用了時鐘信號 clk_send、clk_rec，因此會佔用 2 個全域時鐘資源。如果按照這個思路完成 8 輸入不同串列傳輸速率的 UART 串列埠設計，則需要 16 個全域時鐘資源。

　　一個比較常見的處理方法是採用時鐘致能信號來完成慢速資料處理的電路設計。具體來講，假設系統時鐘工作頻率為 50MHz，則可以採用計數器的方式產生頻率為 9.6kHz 和 19.2kHz 的計數器（假設串列埠的串列傳輸速率為 9600bit/s，參考本書第 11 章瞭解串列埠收發時脈速率的設置方法），根據計數器的狀態產生頻率為 9.6kHz（19.2kHz），持續時間為一個 clk 週期的高電壓準位信號作為串列埠發送（接收）的時鐘致能信號，則串列埠在 clk 和時鐘致能信號的共同作用下完成資料發送（接收）。

　　按照上面的思路進行設計，第 11 章的串列埠反射程式經修改後如下所示。

```
// 修改後的 send.v 程式碼
module send(
    input clk50m,    //50MHz
    input start,
    input [7:0] data,
    output reg txd );

//reg [12:0] cn=0;
//50 000 000/9600=5208 每 2604 個數翻轉一次，產生 9600Hz 的時鐘致能信號 ce
always@(posedge clk50m)
        if (cn12==5207) begin
            cn12<=0;
             ce <= 1;
             end
        else begin
            cn12<=cn12+1;
             ce <= 0;
             end

//檢測到 start 為高電壓準位時，連續計 10 個數
reg [3:0] cn=0;
always @(posedge clk50m)        //50MHz 時鐘信號為驅動時鐘信號
```

```
        if (ce) begin              //ce 為 9600Hz 信號，控制發送資料
            if (cn>4'd8)
                cn <=0;
            else if (start==1)
                cn <= cn + 1;
            else if (cn>0)
                cn <= cn + 1;
            end

    //根據計數器 cn 的值，依次發送起始位元、資料位元、停止位元
    always @(*)
        case (cn)
            1: txd<=0;
            2: txd<=data[0];
            3: txd<=data[1];
            4: txd<=data[2];
            5: txd<=data[3];
            6: txd<=data[4];
            7: txd<=data[5];
            8: txd<=data[6];
            9: txd<=data[7];
            default txd<=1;
        endcase

endmodule
```

　　修改後的串列埠反射程式中，驅動時鐘信號的頻率為 50MHz，由於時鐘致能信號 ce 的頻率為 9600Hz，則串列埠發送計數器的處理頻率為 9600Hz，避免了反射程式因採用 9600Hz 的時鐘信號而需要額外增加全域時鐘資源。

　　同理，串列埠接收程式也可以採用類似的處理方法，則串列埠收發程式的時鐘信號與系統時鐘信號相同，均為 50MHz 時鐘信號 clk50m，不需要額外增加全域時鐘資源。即使專案中共有 8 輸入 UART 串列埠電路，也不需要額外增加任何全域時鐘資源。採用類似的處理方法，同一個 FPGA 程式中如果有大量的低速資料處理需求，則均可以利用系統的高速時鐘信號結合時鐘致能信號的方法，減少對全域時鐘資源的需求。

16.4　利用移位相加實現乘法運算

　　眾所周知，FPGA 元件中的硬體乘法器資源是十分有限的，而乘法運算本身比較複雜，用基本 LUT 等邏輯單元按照乘法運算規則實現乘法運算，需要佔用大量的邏輯資源。設計中遇到的乘法運算可分為信號與信號之間的運算，以及常數與信號之間的運算。對於信號與信號之間的運算，通常只能使用乘法器核實現，而對於常數與信號之間的運算則可以通過移位及加減法實現。信號 A 與常數相乘運算操作的分解例子如下：

$$A×16=A \text{ 左移 } 4 \text{ 位}$$
$$A×20=A×16+A×4=A \text{ 左移 } 4 \text{ 位}+A \text{ 左移 } 2 \text{ 位}$$
$$A×27=A×32-A×4-A=A \text{ 左移 } 5 \text{ 位}-A \text{ 左移 } 2 \text{ 位}-A$$

需要注意的是，由於乘法運算結果的位數比乘數的位數多，因此在用移位及加法操作實現乘法運算前，需要將資料位元數進行擴展，以免出現資料溢出現象。下面是實現信號 A 與常數 20 相乘的運算程式原始程式碼：

```
// mult20.v 程式碼
module mult20(
    input clk5,
    input [7:0] A,
    output reg [12:0] dout );

    always @(posedge clk)
        dout <= {A[7],A,4'd0}+{A[7],A[7],A[7],A,2'd0};
endmodule
```

16.5　根據晶片結構制定設計方案

與 DSP、CPU 等類型元件不同，FPGA/CPLD 元件內部的資源使用數量由設計規模決定。為提高 FPGA 的運行速度或獲得更高的性能，FPGA/CPLD 元件內通常會整合一些常見的硬體核，其中最常見的 IP 核為乘法器和記憶體核，設計者可以根據設計需要對 IP 核參數進行配置，最終生成所需要的設計模組。硬體核的數量及結構是固定的，在程式設計前瞭解目標元件內硬體核的基本結構及數量，並根據硬體核的特點制定設計方案，可更有效地利用資源，提高設計性能。

我們以 GW1N-UV4LQ144 晶片為例進行說明，查閱晶片資料手冊可知，該晶片內整合了 10 個 18kbit 的 BSRAM（塊狀靜態隨機記憶體）和 16 個 18bit×18bit 的 Multiplier（乘法器）。每個塊記憶體可以配置成 16kbit×1 或 8kbit×2、4kbit×4、2kbit×8、1kbit×16、512bit×32、2kbit×9、1kbit×18、512bit×36 的記憶體。如果在設計過程中，需要儲存 36bit 位元寬的資料，則只能實現 512bit 的最大深度。如果需要儲存 100×37bit 或 600×17bit，則需要佔用 2 個 18kbit 的 BSRAM 資源，因為一個塊記憶體的儲存空間的位址及資料分配的模式有限，無法任意切塊拼裝使用。一個 18kbit 的 BSRAM 的最大位寬是 36bit，設計 37bit 位元寬的記憶體至少需要 2 個 BSRAM 資源；位寬為 17bit 的記憶體深度最大為 512，設計深度為 600 的 17bit 位元寬記憶體也需要 2 個 18kbit 的 BSRAM。

同理，由於 GW1N-UV4LQ144 晶片的乘法器 IP 核為 18bit×18bit，雖然單個 18bit×18bit 乘法器可以配置成 2 個 9bit×9bit 乘法器。若要設計 19bit×18bit 的乘法器，則需要佔用 4 個（注意不是 2 個）18bit×18bit 乘法器資源。

因此，當設計比較複雜，所需資源較多時，為更加合理地使用元件的資源，必須首先瞭解元件本身的基本結構特徵。

16.6 浮點乘法器設計

目前稍微複雜的程式設計均採用的是同步時序電路設計方式,即整個系統均在統一的一個或幾個時鐘信號的控制下工作。系統工作頻率(系統主時鐘頻率)是衡量系統性能高低的主要指標,因為時鐘頻率越高意味著資料處理速度越快。在提高系統運算速度的情況下,還要考慮儘量縮短運算的流水線,便於儘早獲得最終的運算結果。本書介紹週期約束時已講到,系統的工作頻率決定於各暫存器之間的電路延遲。對於一個系統來說,各種運算及操作的複雜性不同,因此通常不會將所有操作設計在一個時鐘週期內完成。比如,一個系統需要先做兩次加法運算,再做一次乘法運算,如果每次加法運算及乘法運算均在一個時鐘週期內完成,則整個運算需要三個時鐘週期,因乘法運算所需時間明顯比加法運算多,故系統的工作頻率也就直接由乘法運算的速度決定。在這種情況下,提高系統工作頻率的方式是將乘法運算分解為多個運算步驟,在多個時鐘週期內完成,也就是說需要增加整個運算所需的時鐘週期數;為減少系統運算所需的時鐘週期,可將多個加法運算整合在一個時鐘週期內完成。下面我們以浮點乘法器為例來討論如何合理分配各時鐘週期內的運算操作。

16.6.1 單精確度浮點數據格式

浮點數據的格式有多種,不同格式的浮點數據在處理的流程及演算法上基本相同。其中單精確度(IEEE Single-Precision Std.754)浮點數據格式如圖 16-2 所示。

圖 16-2 單精確度浮點數據格式

IEEE Single-Precision 標準中,數值為 32bit。其中 bit 31 是符號位元,當其為 0 時表示正數,為 1 時表示負數;bit30~23 為範圍為 0~255 的正整數;bit22~0 表示數值的有效位。浮點數所表示的具體值可用下面的通式表示:

$$V = (-1)^s \times 2^{e-127} \times (1.f)$$

其中尾數$(1.f)$中的"1"為隱藏位,當 $e = 0$,$f = 0$ 時浮點數據值為 0。表 16-1 是單精確度浮點數據與整數之間的對應關係表。

表 16-1 單精確度浮點數據與整數之間的對應關係表

符號(s)	指數(e)	尾數(f)	整數值(V)
1	127(01111111)	1.5(10000000000000000000000)	-1.5
1	129(10000001)	1.75(11000000000000000000000)	-7
0	125(01111101)	1.75(11000000000000000000000)	0.4375
0	123(01111011)	1.875(11100000000000000000000)	0.1171875
0	127(01111111)	2.0(11111111111111111111111)	2
0	127(01111111)	1.0(00000000000000000000000)	1
0	0(00000000)	1.0(00000000000000000000000)	0

16.6.2 單精確度浮點數乘法運算分析

一般說來，浮點乘法器的操作步驟如下：

（1）指數相加：完成兩個運算元的指數相加運算。

（2）尾數調整：將尾數"f"調整爲"$1.f$"的補數格式。

（3）尾數相乘：完成兩個運算元的尾數相乘運算。

（4）規格化：根據尾數運算結果調整指數位，對尾數進行捨入截位操作，規格化輸出結果（尾數的第 1 位元必須是有效資料）。

第（1）步需一級 8bit 加法操作；第（2）步將 23bit 的無符號數根據符號位元調整爲 24bit 的補數，需一級取反操作和一級 24bit 的加法操作；第（3）步完成一級 24bit 的乘法操作；第（4）步的規格化操作也需一級 8bit 加法操作。在這 4 個步驟中，第（1）步和第（2）、（3）步可並存執行。這樣要完成整個浮點乘法運算需依次進行一級 24bit 加法、一級 24bit 乘法（同時進行 8bit 加法操作）及一級 8bit 的加法操作。在 FPGA 的實現中，運算速度主要受限於乘法操作的速度，而目前的 FPGA 晶片中內部整合的乘法器均爲 18bit×18bit 的固定結構。1 個 24bit×24bit 的乘法器需要由 4 個 18bit×18bit 乘法器組成（相當於兩級 18bit×18bit 乘法操作）。顯然，採用 IEEE Single-Precision Std.754 浮點數據格式的浮點乘法器難以達到很高的運算速度，且所需的資源較多，運算延遲至少爲 3 個時鐘節拍。

16.6.3 自訂浮點數據格式

由上文分析可知，浮點乘法器的運算速度主要由 FPGA 內部整合的硬體乘法器決定。如果將 24bit 的尾數修改爲 18bit 的尾數，則可在儘量保證運算精度的前提下最大限度地提高浮點乘法運算的速度，也可大量減少所需的乘法器資源。IEEE 標準中尾數設置的隱藏位主要是考慮節約暫存器資源，而 FPGA 內部具有豐富的暫存器資源，若直接將尾數表示成 18bit 的補數格式，則可減少第（2）步的運算，也可以減少一級流水線操作。由此我們定義一種新的浮點數據格式，如圖 16-3 所示。其中 e 爲 8bit 有符號數（$-128 \leq e \leq 127$）；f 爲 18bit 有符號小數（$-1 \leq f < 1$），若將尾數看作有符號整數 m（$-2^{17} \leq m < 2^{17}-1$），則 $f = m/2^{17}$。

圖 16-3　自訂適合 FPGA 實現的浮點數據格式

自訂浮點數據所表示的具體值可用下面的通式表示：

$$V = f \times 2^e$$

爲便於資料規格化輸出及運算，規定數值"0"的表示方法爲指數爲"0"，尾數爲"0"；正無窮大"$+\infty$"的表示方法爲指數爲"127"，尾數爲"011111111111111111"；負無窮大"$-\infty$"的表示方法爲指數爲"127"，尾數爲"100000000000000000"。爲了使尾數表示的有效資料位元儘量多,規定除無窮大的數外,如果資料為正數,則尾數的前兩位必須為 "01";如果資料為負數,則尾數的前兩位必須為"10"。自訂浮點數據格式與單精確度浮點數據格式的區別在於:自訂浮點數據格式將原來的符號位元與尾數位元合成 18bit 的補數格式定點小數,表示精度有所下降,卻可以有效節約乘法器資源(由 4 個 18bit×18bit 乘法器減少到 1 個),並有效地減少運算步驟,提高運算速度(由二級 18bit×18bit 乘法運算減少到一級 18bit×18bit 乘法運算)。自訂浮點數據與整數之間的對應關係,如表 16-2 所示。

表 16-2　自訂浮點數據與整數之間的對應關係

指數(e)	尾數(f)	整數值(V)
1(00000001)	0.5(010000000000000000)	1.0
0(00000000)	0.5(010000000000000000)	0.5
2(00000010)	0.875(011100000000000000)	3.5
-1(11111111)	0.875(011100000000000000)	0.4375
-2(11111110)	1.0(011111111111111111)	0.25
0(00000000)	-1.0(100000000000000000)	-1
-2(11111110)	-0.5(110000000000000000)	-0.125
127(11111111)	1.0(011111111111111111)	+∞
127(11111111)	-1.0(100000000000000000)	-∞
-128(10000000)	0(000000000000000000)	0

16.6.4　自訂浮點數據乘法演算法設計

實例 16-1:自訂浮點乘法器電路設計

本實例要完成自訂 24bit 浮點乘法器電路設計,並模擬分析運算結果。

為提高系統時鐘頻率並減少浮點乘法運算的週期延遲,需要根據浮點運算步驟對演算法進行設計。設計的關鍵在於合理劃分運算步驟,並根據各運算步驟之間的前後關係確定順序或並存執行,同時確定運算所需的時鐘週期數及各時鐘節拍內需完成的操作。

圖 16-4 是浮點數據乘法運算的演算法設計結構圖。採用晶片提供的 18bit 乘法器 IP 核進行尾數相乘運算,設置 18bit 乘法運算採用一級流水線實現,在一個時鐘週期內完成。在進行乘法運算的同時,進行運算元判斷(判斷運算元是否為 "0" "+∞" "-∞") 並給出 3 位元二進位編碼資料"jab",根據"jab"進行尾數加法運算。由於 18bit 乘法運算與運算元判斷及尾數加法運算是並存執行的,因此對於這一級運算來說,系統時鐘的頻率決定於運算較慢的步驟。在工程設計時可先分別設計兩個並行的運算,通過時序約束的方式查看各自的最高時鐘頻率,以此對各運算步驟進行調整,以盡可能優化運算步驟,提高系統性能。第二級操作為規格化輸出,即根據尾數及指數運算結果按自訂浮點數據格式輸出結果資料,其中主要涉及資料溢出、尾數調整、指數調整等操作。為更好地提供與其他功能電路模組的使用者介面,通常會對輸入輸出資料先進行一次時鐘延遲輸出,因此整個浮點乘法器操作實際為 3 級流水線操作:第一級流水線用於對輸入資料進行延遲處理,第二級流水線完成尾數相乘及運算元判斷操作,第三級流水線完成規格化輸出。

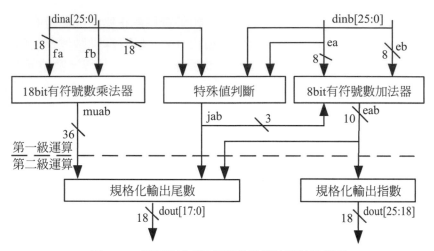

圖 16-4　浮點數據乘法運算的演算法設計結構圖

16.6.5　演算法 Verilog HDL 實現

1）第一級時鐘週期的演算法設計

在雲源軟體中新建名為 floatmult 的工程。在工程中新建"Verilog HDL File"類型資源檔"first_level.v"。其中使用一個 18bit 有符號數乘法器 MULT IP 核 mult，在乘法器 IP 核生成介面中將輸入資料位元寬均設置成 18bit 有符號資料（signed），設置乘法器流水線級數為 1（設置輸入信號無暫存器，輸出信號有暫存器）。first_level.v 檔原始程式碼如下。

```
//第一級運算程式檔 first_level.v 原始程式碼
module first_level(
    input clk,
    input [25:0] dina,dinb,
    output [35:0] muab,
    output reg [2:0] jab,
    output reg [17:0] fa,fb,
    output reg [8:0] eab);

    reg [17:0] f_a,f_b;
    reg [7:0] e_a,e_b;
    reg [2:0] j_ab;
    reg [8:0] e_ab;

    parameter USINFINITE=26'b01111111_01111111111111111111;    //正無窮大
    parameter SINFINITE =26'b01111111_10000000000000000000;    //負無窮大
    parameter ZERO =     26'b00000000_000000000000000000000;    //零

    //輸入資料經過一級暫存器
    //輸入資料的指數和尾數延遲一個週期輸出，與 muab 保持同步
    always @(posedge clk)
```

```
            begin
                f_a <= dina[17:0];                              //第一級流水線
                f_b <= dinb[17:0];
                e_a <= dina[25:18];
                e_b <= dinb[25:18];
                fa <= f_a;
                fb <= f_b;
                jab <= j_ab;
                eab <= e_ab;
            end


    //利用乘法 IP 核實現尾數相乘，第二級流水線
    mult u1(
            .dout(muab),
            .a(f_a),
            .b(f_b),
            .ce(1'b1),
            .clk(clk),
            .reset(1'b0) );


    //特殊值判斷
    always @(*)
        begin
            if ({e_a,f_a}==ZERO || {e_b,f_b}==ZERO) j_ab <= 0;
            else if ({e_a,f_a}==USINFINITE) j_ab <= 1;
            else if ({e_a,f_a}==SINFINITE)    j_ab <= 2;
            else if ({e_b,f_b}==USINFINITE) j_ab <= 3;
            else if ({e_b,f_b}==SINFINITE)    j_ab <= 4;
            else j_ab <= 5;
        end


    //尾數運算
    always @(*)
        e_ab <={e_a[7],e_a}+{e_b[7],e_b};

endmodule
```

2）第二級演算法設計

　　第二級演算法主要實現指數及尾數的規格化輸出，在輸出資料時需要根據"jab"對特殊值以及溢出資料進行處理，最後通過暫存器輸出運算結果。自訂浮點格式資料中尾數表示範圍爲-1～1，18bit 的資料中小數點位於"bit17"與"bit16"之間，"bit0"的加權值爲 $1/2^{17}$。爲確保資料不溢出，採用 36bit 資料存放 18bit 乘法運算結果，只有當兩個運算元均爲-1 時，bit35 才是有效位元資料，否則 bit35 與 bit34 均爲符號位元。小數點在 bit33 與 bit32 之間，因此 bit16～bit0 的加權值非常小，在 IEEE 定義的浮點運算中需要對 bit16 ～bit0 進行四捨五入運算（如 bit16 爲"1"，則將由 bit34～bit17 組成的尾數加 1 作爲尾

數輸出結果，否則直接取 bit34～bit17 作為尾數運算結果），本例為了簡化運算，沒有進行捨入操作。

　　根據浮點數據的格式規範，尾數的 bit17 與 bit16 必定不同，規格化輸出時也需要確保資料格式相同。對於二進位定點資料的乘法運算來講，乘法結果的整數位元數為運算元整數位元之和，小數位數為運算元小數位之和。由於尾數的整數位元均為 1bit，小數位均為 17bit，因此乘法結果的 36bit 資料中，小數位為 2bit，整數位元為 34bit。

　　對於兩個運算元來講，因為每個運算元的高 2 位均不相同（為 01 或 10），因此乘法結果中，高 4 位不可能為全 0 或全 1，需要根據高 4 位元的狀態對指數進行運算，同時完成尾數的截位輸出。second_level.v 檔原始程式碼如下。

```
//第二級運算程式檔 second_level .v 原始程式碼
module second_level(
    input clk,
    input [35:0] muab,
    input [2:0] jab,
    input signed[8:0]    eab,
    input signed [17:0] fa,fb,
    output reg [25:0] dout);

    parameter USINFINITE=26'b01111111_011111111111111111;    //正無窮大
    parameter SINFINITE =26'b01111111_100000000000000000;    //負無窮大
    parameter ZERO =26'b00000000_000000000000000000;         //零

    reg signed [25:0] douttem;

    always @(posedge clk)
        case (jab)
            0: dout<=ZERO;
            1: if (fb[17])   dout <= SINFINITE;
                else         dout <= USINFINITE;
            2: if (fb[17])   dout <= USINFINITE ;
                else         dout <= SINFINITE;
            3: if (fa[17])   dout <= SINFINITE;
                else         dout <= USINFINITE ;
            4: if (fa[17])   dout <= USINFINITE;
                else         dout <= SINFINITE;
            5:               dout <= douttem;
        endcase

    //規格化正常資料的指數輸出
    always @(*)
        //由於兩個運算元的最高位元與次高位始終相反，因此乘法結果的高 4 位一定不為全 0 或全 1
        if (muab[35:34]==2'b01) begin
            if (eab>126) douttem <= USINFINITE;
```

```verilog
            else if (eab<-129) douttem <= ZERO;
          else begin
                douttem[25:18] <=eab+1;
                douttem[17:0] <= muab[35:18];
                end
      end
   else if (muab[35:34]==2'b10) begin
        if (eab>126) douttem <= SINFINITE;
          else if (eab<-129) douttem <= ZERO;
          else begin
                douttem[25:18] <=eab+1;
                douttem[17:0] <= muab[35:18];
                end
      end

   else if (muab[35:33]==3'b001) begin
        if (eab>127) douttem <= USINFINITE;
          else if (eab<-128) douttem <= ZERO;
          else begin
                douttem[25:18] <=eab;
                douttem[17:0] <= muab[34:17];
                end
          end
   else if (muab[35:33]==3'b110) begin
        if (eab>127) douttem <= SINFINITE;
          else if (eab<-128) douttem <= ZERO;
          else begin
                douttem[25:18] <=eab;
                douttem[17:0] <= muab[34:17];
                end
          end

   else if (muab[35:32]==4'b0001) begin
        if (eab>128) douttem <= USINFINITE;
          else if (eab<-127) douttem <= ZERO;
          else begin
                douttem[25:18] <=eab-1;
                douttem[17:0] <= muab[33:16];
                end
          end
   else if (muab[35:32]==4'b1110) begin
        if (eab>128) douttem <= SINFINITE;
          else if (eab<-127) douttem <= ZERO;
          else begin
                douttem[25:18] <=eab-1;
                douttem[17:0] <= muab[33:16];
```

```
                    end
            end
endmodule;
```

3）頂層模組設計

頂層模組設計比較簡單，直接將第一級運算模組及第二級運算模組產生實體即可。頂層文件 floatmult.v 的原始程式碼如下。

```
//頂層文件 floatmult.v 的原始程式碼
module floatmult(
    input clk,
    input [25:0] dina,dinb,
    output [25:0] dout);

    wire [35:0] muab;
    wire [2:0] jab;
    wire [17:0] fa,fb;
    wire [7:0] ea,eb;
    wire [8:0] eab;

    first_level u1(
            .clk(clk),
            .dina(dina),
            .dinb(dinb),
            .muab(muab),
            .jab(jab),
            .fa(fa),
            .fb(fb),
            .eab(eab));

    second_level u2(
            .clk(clk),
            .muab(muab),
            .jab(jab),
            .eab(eab),
            .fa(fa),
            .fb(fb),
            .dout(dout));

endmodule
```

4）模擬測試

　　為簡化測試過程，將測試激勵檔中的輸入設置為幾個特殊的值，根據波形查看浮點運算結果。

　　打開 ModelSim 軟體，新建名為 ms_floatmult 的工程，添加浮點乘法器的所有 Verilog HDL 檔，新建測試激勵檔，程式碼如下。

```
//測試激勵檔 floatmult_vlg_tst.v 的程式碼
`timescale 1 ns/ 1 ns
module floatmult_vlg_tst();
reg clk=0;
reg [25:0] dina;
reg [25:0] dinb;
// wires
wire [25:0]    dout;

GSR GSR(.GSRI(1'b1));

floatmult i1 (
     .clk(clk),
     .dina(dina),
     .dinb(dinb),
     .dout(dout));

always #10 clk<= !clk;

initial
begin

dina=26'b00000001_010000000000000000;   //1;
dinb=26'b00000010_011100000000000000;   //0.875*4=3.5
#45;
dina=26'b01111111_011111111111111111;   //正無窮大;
dinb=26'b00000001_010000000000000000;   //1
#75;
dina=26'b11111110_110000000000000000;   //-0.125
dinb=26'b11111111_011100000000000000;   //0.4375
#105;
dina=0;
dinb=26'b11111110_110000000000000000;   //-0.125
end

endmodule
```

　　設置好模擬參數，添加編譯好的 IP 核模擬庫檔，運行 ModelSim 模擬工具，查看波形介面。為便於查看波形，並核對運算結果，在波形視窗中，將輸入輸出資料的指數部分和尾數部分分別組成單獨的資料顯示。展開 dina 資料，選中高 8bit 數據 dina[25:18]，在右鍵彈出功能表中選中 Combine signals 選項，在彈出的對話方塊中設置數據名稱爲 exp_a。採用類似方法依次設置 dina 的尾數 man_a，dinb 的指數 exp_b，dinb 的尾數 man_b，輸出資料的指數 exp_out 和輸出資料的尾數 man_out。設置好的模擬波形如圖 16-5 所示。

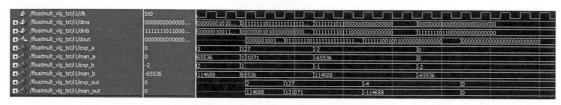

圖 16-5　浮點乘法器模擬波形圖

　　由圖 16-5 可以看出，浮點乘法運算結果相對於輸入資料有 3 個時鐘週期的延遲（其中 1 個時鐘週期的延遲用於輸入資料處理，浮點運算只佔用了 2 個時鐘週期）。起始狀態時，dina 的指數爲 1，尾數爲 65536，實際值爲 $2 \times 65536/2^{17}=1$，dinb 的指數爲 2，尾數爲 114688，實際值爲 $2^{2} \times 114688/2^{17}=3.5$，得到的運算結果與 dina 相同，爲 3.5；下一個資料中，dina 爲正無窮大，dinb 爲正數，運算結果爲正無窮大；第 3 個運算資料時，dina 的指數爲-2，尾數爲-65536，實際值爲 $-2^{(-2)} \times 65536/2^{17}=-0.125$，dinb 的指數爲-1，尾數爲 114688，實際值爲 $-2^{(-1)} \times 114688/2^{17}=0.4375$，運算結果的指數爲-4，尾數爲 -114688，實際結果爲 $-2^{(-4)} \times 114688/2^{17}=-0.0547$，即-0.125×0.4375=-0.0547。經過上面的資料驗算，說明設計的浮點乘法器電路功能正確，且處理流水線爲 3 級。

16.7　小結

　　FPGA 設計所涉及的知識非常廣泛，Verilog HDL 語法只是其中非常基礎的內容。要時刻牢記，我們雖然在寫 Verilog HDL 程式碼，但實際設計的是電路。所謂簡潔高效的程式碼，歸根結底是簡潔高效的電路。

　　本書僅討論了一些 FPGA 設計的基本知識，遠遠沒有講完 FPGA 工程師所需要掌握的全部知識，實際上也無法用一本書來闡述 FPGA 工程師需要掌握的所有知識。因爲眞實的工程設計需求總是千差萬別，需要 FPGA 工程師根據自己的知識結構和設計思維形成合理的設計方案，進而完成設計。優秀的 FPGA 工程師需要不斷在工程實踐中打磨自己的設計思維，提升自己的設計能力。

　　本章的學習要點可歸納爲：

　　（1）掌握多種預設接腳狀態的設置方法。

　　（2）掌握不同的重置信號處理方法。

　　（3）採用時鐘致能信號的設計方法減少全域時鐘資源的佔用。

　　（4）可以採用移位相加法實現常係數乘法運算。

　　（5）瞭解晶片的硬體結構，制定最佳的設計方案。

　　（6）理解浮點乘法器的設計過程。

參考文獻

[1] 康華光，張林．電子技術基礎：類比部分[M]．7版．北京：高等教育出版社，2021.

[2] 康華光，張林．電子技術基礎：數位部分[M]．7版．北京：高等教育出版社，2021.

[3] Michael D C．Verilog HDL 高級數位設計[M]．張雅綺，李鏘，等譯．北京：電子工業出版社，2006.

[4] 夏宇聞，韓彬．Verilog 數位系統設計教程[M]．4版．北京：北京航空航太大學出版社，2017.

[5] 杜勇．數位濾波器的 MATLAB 與 FPGA 實現：Altera/Verilog 版[M]．2版．北京：電子工業出版社，2020.

國家圖書館出版品預行編目資料

零基礎學 FPGA 設計 ：理解硬體程式編輯概念 / 杜
　勇原著 ； 葉濰銘編譯. —— 初版. —— 新北市 ：
　全華圖書股份有限公司, 2023. 11
　　面 ； 　公分
　ISBN 978-626-328-785-3(平裝)
　1.CST: 積體電路　2.CST: 設計

448.62　　　　　　　　　　　　　　112019822

零基礎學 FPGA 設計－理解硬體程式編輯概念

零基础学 FPGA 设计－理解硬件编程思想

編　　　譯 / 葉濰銘

校　　　閱 / 陸瑞強

原　書　名 / 零基础学 FPGA 设计－理解硬件编程思想

原　發　行 / 電子工業出版社

原　　　著 / 杜勇

發　行　人 / 毅青國際有限公司

出　版　者 / 毅青國際有限公司

地　　　址 / 新北市汐止區南興路 82 巷 5 號 3 樓

初版　一刷 / 2024 年 1 月

定　　　價 / 新台幣 550 元

I　S　B　N / 978-626-328-785-3 (平裝)

若您對書籍內容有任何問題，歡迎來信：SERVICE@SNGIC.COM.TW

經銷商 / 全華圖書股份有限公司　總經銷

地址 / 23671 新北市土城區忠義路 21 號

電話 / (02)2262-5666　傳眞 / (02)6637-3696

圖書編號 / 10542

全華網路書店 / www.opentech.com.tw